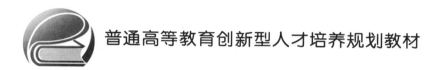

普通高等教育创新型人才培养规划教材

电 工 基 础
（第 4 版）

主　编　邢迎春　葛廷友

副主编　刘福珍　王新岚

主　审　杜振玉

北京航空航天大学出版社

内 容 简 介

"电工基础"是应用型本科及高职高专机电类及相关专业的一门主干课程,其任务是使学生掌握电工基础理论以及电路分析计算的基本方法与技巧。

本教材包括基础理论、实验实训、附录三部分。基础理论的编写以"宽、浅、精"为原则,以"必需、够用"为度,注意内容的深度与广度的结合,注意内在联系。实验实训部分是根据电工基础教学的基本要求编写的,同时充分考虑了各院校的实验实训条件,能框架式地适应相关院校的教学实践。附录部分是根据电工基础教学、实验实训以及电气测量操作要求编写的。每章配有典型例题、章后习题及测试题。同时,本书还配有习题及测试题的详细解答供教师参考,如有需要,请发邮件至 goodtextbook@126.com 或致电 010 - 82317037 申请索取。

本教材可供应用型本科及高职高专机械、机电、电工电子等专业教学使用,也可供相关专业的师生选用或参考。

图书在版编目(CIP)数据

电工基础 / 邢迎春,葛廷友主编. -- 4 版. -- 北京 :
北京航空航天大学出版社,2016.1
ISBN 978 - 7 - 5124 - 1992 - 6

Ⅰ. ①电… Ⅱ. ①邢… ②葛… Ⅲ. ①电工学 Ⅳ.
①TM1

中国版本图书馆 CIP 数据核字(2015)第 311486 号

电工基础(第 4 版)

主　编　邢迎春　葛廷友
副主编　刘福珍　王新岚
主　审　杜振玉

责任编辑　董　瑞

*

北京航空航天大学出版社出版发行

北京市海淀区学院路 37 号(邮编 100191)　http://www.buaapress.com.cn
发行部电话:(010)82317024　传真:(010)82328026
读者信箱:goodtextbook@126.com　邮购电话:(010)82316936
北京时代华都印刷有限公司印装　各地书店经销

*

开本:787 mm×1 092 mm　1/16　印张:19.25　字数:493 千字
2016 年 2 月第 4 版　2019 年 8 月第 3 次印刷　印数:6 001～8 000 册
ISBN 978 - 7 - 5124 - 1992 - 6　定价:49.00 元

前　言

本教材是结合应用型本科及高职高专教育发展的实际需求编写的。教材第4版是在第3版的基础上征求使用本教材院校的意见并为实现当前教学目标重新编写的。本教材在原内容框架不变的原则下，对部分内容进行了修改，纠正了第3版教材中的错误，增加了2.8、8.5及第9章内容。本教材可供应用型本科及高职高专机械、机电、电工电子类专业使用，也可供相关专业选用或参考。

本教材包括基础理论、实验实训、附录三部分。

基础理论的编写以"宽、浅、精"为原则，以"必须、够用"为度，注意内容的深度与广度的结合，注意内在联系，定量定性地把握内容，尽量避免繁琐的数学分析与推导，力求做到基本概念清楚、语言简练通畅。每章有典型题例，章后有习题、测试题，以便学生掌握基本内容，提高分析问题与解决问题的能力。

实验实训部分是根据电工基础教学的基本要求编写的，同时充分考虑了各院校的实验实训条件，能框架式地适应相关院校的教学实践。在编写过程中，将重点放在培养学生的基本动手和操作能力、规范地使用各类仪器及设备上。同时，注意培养学生运用基础理论知识分析、观察、记录和处理实验数据的能力。编写时力求做到目的明确、思路清晰、方法合理、操作可行、步骤得当，每一实验后均提出让学生分析思考的问题，以便扩展思维，取得良好的实验实训效果。

附录部分是根据电工基础教学、实验实训以及电气测量操作要求编写的。编写过程中，将重点放在常用电工仪表的分类、选择、工作原理及测量方法上。编写时注意工作原理细化，测量方法明确。该部分也可作为常用电工仪表的内容进行单独授课或培训。

教学中可根据各专业的学时和教学目标选学教材中的内容。

本书由大连海洋大学应用技术学院邢迎春、葛廷友主编。参加本书编写工作的有大连海洋大学应用技术学院邢迎春（第1、2章），大连海洋大学应用技术学院葛廷友（第8、9、10章，实验实训1～5、16），山西农业大学平遥机电学院刘福珍（第4章，实验实训7～10），山西农业大学平遥机电学院王新岚(第 5、6 章,实验实训 6、11~14),山西农业大学平遥机电学院李伍元(第 3、7 章,实验实训 15、附录 6),山西农业大学平遥机电学院张进彪(附录 1~5、7)。全书由大连海洋大学应用技术学院邢迎春统稿。

山西农业大学平遥机电学院杜振玉老师对本书进行了精心审阅并提出了许多宝贵意见,在此表示诚挚的谢意。

由于编者水平有限,书中缺点、错误、遗漏或不妥之处恳请广大读者批评指正。

编 者

2015 年 11 月

本书配有习题及测试题的参考答案供教师参考,如有需要,请发邮件至 goodtextbook@126.com 或致电 010 - 82317037 申请索取。

目　录

第一部分　基础理论

第二部分　实验实训

第三部分　附　录

第一部分　基础理论

第1章　电路的基本概念和基本定律

本章主要介绍电路与电路模型以及电路的基本概念和基本定律。其内容有：电流、电压、电功率等主要物理量的基本概念，电路的参考方向与电路的关联方向在电路图上的实际意义，欧姆定律、基尔霍夫两个定律的使用条件和方法，以及电阻元件的特点、电压源、电流源的电路模型。

1.1　电路与电路模型

1.1.1　电　路

为了研究电路理论，首先要了解什么是电路。电路是各种电气元器件按需要，以一定方式连接起来组成的总体，它提供了电流流过的路径。

现代工程技术领域中存在着许多种类繁多、形式和结构各不相同的电路，但就其作用而言，有两个重要作用：一是进行能量的转换、传输和分配，电力系统电路就是这样的典型例子，即发电机组将其他能量转换成电能，经变压器、输电线传输分配到用电部门，在那里又把电能转换成光能、热能、机械能等形式加以利用；二是对电信号的处理和变换，收音机或电视机就是把电信号经过调谐、滤波、放大等环节的处理、变换，使其成为人们所期望的信号。电路的这种作用在自动控制、通信、计算机技术等方面同样得到广泛的综合应用。电路有时也称为电网络。

1.1.2　电路模型

电路模型就是用理想元器件及其组合近似地替代实际电路元器件，把实际电路的本质特征抽象出来所形成的理想化的电路。

实际的电路元器件在工作时的电磁性质是比较复杂的，绝大多数元器件同时存在多种电磁效应，给分析问题带来了困难。为了使问题得以简化，以便探讨电路的普遍规律，在分析和研究具体电路时，对实际的电路元器件，一般取其主要作用方面，并用一些理想电路元器件替代。所谓理想电路元器件是指在理论上具有某种确定的电磁性质的假想元器件，它们以及它们的组合可以反映出实际元器件的电磁性质和实际电路的电磁现象。这是因为，实际电路元器件虽然种类繁多，但在电磁特性方面可以分类。例如，有的元器件主要是供给能量的，它们能将非电能量转换成电能，如干电池、发电机等就可用"电压源"这样一个理想元件来表示；有的元器件主要是消耗电能的，如电炉、白炽灯等，就可用"电阻"这样一个理想元件来表示；另外,还有的元器件主要是储存磁场能量或储存电场能量的,就可用"电感"或"电容"这样一个理想元件来表示等。

1.1.3 电路原理图

用规定的电路符号(图形与字母)表示各种理想元器件,得到的电路模型图称为电路原理图。

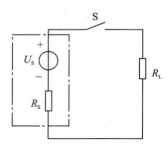

图 1-1　一个简单电路图

电路原理图简称电路图,电路图只反映元器件相互联系的实际情况,而不反映它们的几何位置等信息。图 1-1 就是一个按规定符号画出的简单电路图。其中 U_s(如干电池)是电路中的电源元件;R_L 是电路中的电阻元件,表示负载(如灯泡);S 表示开关,连接导线消耗的电能很少,电阻可忽略不计。其他电路元件符号将在以后逐一介绍。

实际电路可分为"集中参数电路"和"分布参数电路"两大类:当一个实际电路的几何尺寸远小于电路中电磁波波长时,就称其为集中参数电路;否则就称其为分布参数电路。集中参数电路可用有限个理想元件构成其电路模型,电路中的电磁量仅仅是时间的函数;而分布参数电路情况,则比较复杂,其电磁量不仅是时间的函数,而且还是空间距离的函数。集中参数电路理论是电路的最基本理论,本书讨论的电路都是集中参数电路。

1.2　电路的基本物理量

电路分析中常用到电流、电压、电动势、电位、电功率等物理量。本节对这些物理量及其有关概念进行简要说明。

1.2.1 电流、电压及其参考方向

1. 电　流

带电粒子有规律地定向运动形成了电流。单位时间内通过导体截面的电荷量定义为电流,用 i 表示,根据定义有

$$i = \frac{\mathrm{d}q}{\mathrm{d}t} \tag{1-1}$$

式中,$\mathrm{d}q$ 为导体截面在 $\mathrm{d}t$ 时间内通过的电荷量。国际单位制(SI)中,电荷量的单位为库仑(C);时间单位为秒(s);电流单位为安培,简称安(A),有时还用千安(kA)、毫安(mA)、微安(μA)等单位。

$$1\ \mathrm{kA} = 10^3\ \mathrm{A}, \qquad 1\ \mathrm{mA} = 10^{-3}\ \mathrm{A}, \qquad 1\ \mu\mathrm{A} = 10^{-6}\ \mathrm{A}$$

电流的方向规定为正电荷运动的方向。对金属导体而言,运动的电荷是自由电子(负电荷),规定的电流正方向与电子实际运动的方向相反。

当电流的大小和方向不随时间而变化时,就称为直流电流。以后对不随时间变化的物理量都用大写字母来表示。在直流时,式(1-1)应写为

$$I = \frac{Q}{T} \tag{1-2}$$

2. 电　压

电荷在电路中运动,必定受到力的作用,也就是说力对电荷做了功。为了衡量其做功的能力,引入电压这一物理量,并定义:电场力把单位正电荷从 A 点移到 B 点所做的功,称为 A 点到 B 点间的电压。用 u_{AB} 表示,即

$$u_{AB} = \frac{dw_{AB}}{dq} \qquad (1-3)$$

式中,dw_{AB} 为电场力将 dq 正电荷从 A 点移到 B 点所做的功。功的单位为焦耳(J);电荷单位为库仑(C);电压的单位为伏特,简称伏(V),有时还用(kV)、毫伏(mV)和微伏(μV)等单位。

直流时,式(1-3)应写为

$$U_{AB} = \frac{W_{AB}}{Q} \qquad (1-4)$$

由电压的定义可知,电压是有方向的。电压的方向是电场力移动正电荷的方向,这个方向也是规定的电压正方向。实际上只要有电场存在,电场中两点之间就有电压,而与受力电荷 Q 存在与否无关。如图 1-2 所示,A、B 两端的电压存在,且为 U_{AB}。

3. 参考方向

以上电流、电压的方向,是电路中客观存在的,称为实际方向,对于一些简单的电路是可以直接确定的。但在分析计算较复杂的电路时,往往很难判断出某一元件或某一段电路上电流或电压的实际方向;而对那些大小和方向都随时间变化的电流或电压,要在电路中标出它们的实际方向就更不方便了。因此,在分析计算电路时,在电路上要标定"参考方向"。参考方向是人们任意在电路图上选定的一个方向,也就是假设的,例如对于图 1-3(a)、(b)所示电路中的一个元件,其电流的实际方向虽然事先不知,但它只有两种可能,不是 A 流向 B,就是 B 流向 A。可以任意选定一个方向作为参考方向,并用箭头标出。如果选定的参考方向是从 A 指向 B 的,若计算出 $i>0$,则表明电流的参考方向与实际电流方向是一致的,如图 1-3(a)所示;若计算出 $i<0$,则表明电流的参考方向与实际电流方向是相反的,如图 1-3(b)所示。于是在选定的参考方向下,电流的正负值也就反映了它的实际方向。

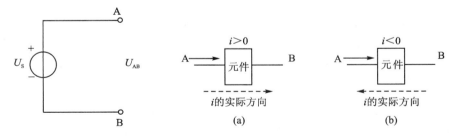

图 1-2　电源与端电压　　　　图 1-3　电流参考方向与实际方向的关系

同样的道理,电路中两点间的电压也可以任意选定一个参考方向,并用参考方向和电压值的正负来反映该电压的实际方向。

电压参考方向可以用一个箭头表示,如图 1-4(a)所示;也可以用正(＋)、负(－)极性表示,称为参考极性,如图 1-4(b)所示。另外还可以用双下标表示,例如,u_{AB} 表示 A、B 两点间电压的参考方向是从 A 指向 B 的,如图 1-4(c)所示。以上几种表示方法只须任选一种标出即可。

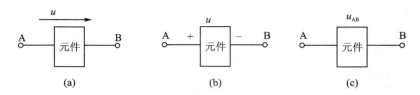

图 1-4　电压参考方向的表示方法

在以后的电路分析中,完全不必先去考虑电流、电压的实际方向如何;而应首先在电路图中标出它们的参考方向,然后根据参考方向列出有关电路方程,计算结果的正负值与标定的参考方向就反映了它们的实际方向。所以参考方向下的电压、电流是一个代数量。参考方向一经选定,在电路分析计算过程中就不能再改动了。

对于同一个元件或同一段电路上的电压和电流的参考方向,习惯常将电压和电流的参考方向标为同一方向,称其为关联的参考方向,简称关联方向。图 1-5 所示电路中电压与电流的参考方向为关联方向。

参考方向并不是一个抽象的概念,电流表测量直流电路中的电流时,该表有"+""-"标记的两个端钮,事实上就已为被测电流选定了从"+"端流入,"-"端流出作参考方向。如果指针正偏(右摆),电流为正值,如图 1-6(a)所示;若电流的实际方向是由"-"端流入,"+"端流出,则指针反偏(左摆),电流为负值,如图 1-6(b)所示。

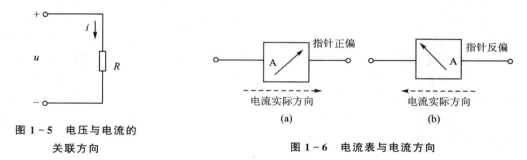

图 1-5　电压与电流的
关联方向

图 1-6　电流表与电流方向

同理,直流电压表测量电压时,表上两端钮也选定了参考方向,指针同样出现正偏或反偏两种可能。

1.2.2　电　位

在电路中任选一点 O 作为参考点,则该电路中 A 到参考点 O 的电压就称为 A 点的电位,也就是电场力把单位正电荷从 A 点移动到参考点 O 点所做的功,用 φ_A 表示。

$$\varphi_A = u_{AO} \tag{1-5}$$

电路参考点电位规定为零,即 $\varphi_O = 0$,也称为零电位点。电路中除了参考点外,其他各点的电位可能是正值,也可能是负值。某点电位比参考点高,则该点电位就是正值;反之,则为负值。

在图 1-7 中,以电路中 O 点为参考点,则另两点 A、B 的电位分别为 $\varphi_A = u_{AO}$,$\varphi_B = u_{BO}$,电场力把单位正电荷从 A 点移到 B 点所做的功,即 u_{AB} 就应该等于电场力把单位正电荷从 A 点移到 O 点,再从 O 点移到 B 点所做功的和,即

$$u_{AB} = u_{AO} + u_{OB} = u_{AO} + (-u_{BO})$$

$$u_{AB} = u_{AO} - u_{BO}$$

即

$$u_{AB} = \varphi_A - \varphi_B \tag{1-6}$$

式(1-6)说明,某两点的电压,就等于该两点的电位之差;因此,电压也称电位差,可以说电压的实际方向是由高电位指向低电位的。

例 1-1　在图 1-8 所示电路中,已知 $U_{CO} = 5\ V$, $U_{CD} = 2\ V$,若分别以"O"或"C"点为参考点,求 φ_C、φ_D、φ_O 及 U_{OD}。

图 1-7　电压的表示　　　　　　　　图 1-8　例 1-1 图

解　(1)若取"O"为电位的参考点,即

$$\varphi_O = 0$$

则
$$U_{CO} = \varphi_C - \varphi_O$$
$$\varphi_C = U_{CO} + \varphi_O = (5+0)\ V = 5\ V$$
$$U_{CD} = \varphi_C - \varphi_D$$
$$\varphi_D = \varphi_C - U_{CD} = (5-2)\ V = 3\ V$$
$$U_{OD} = \varphi_O - \varphi_D = (0-3)\ V = -3\ V$$

(2)若取"C"为电位的参考点,即

$$\varphi_C = 0$$

则
$$U_{CD} = \varphi_C - \varphi_D$$
$$\varphi_D = \varphi_C - U_{CD} = (0-2)\ V = -2\ V$$
$$U_{CO} = \varphi_C - \varphi_O$$
$$\varphi_O = \varphi_C - U_{CO} = (0-5)\ V = -5\ V$$
$$U_{OD} = \varphi_O - \varphi_D = (-5+2)\ V = -3\ V$$

由例 1-1 可知,参考点是可以任意选定的,一经选定,电路中其他各点的电位也就确定了。参考点选择的不同,电路中同一点的电位会随之而变;但两点之间的电压(即电位差)是不变的。

在电路中不指明参考点而谈某点电位是没有意义的,在一个电路系统中只能选一个参考点,至于选哪点为参考点,要根据分析问题的方便而定。在实际电路中常选一条(或一点)特定的公共线(或公共点)作为参考点。这条公共线(或点)常是诸多元件的汇集处,常用符号"⊥"表示。

1.2.3　电动势

电动势是表示电源性质的物理量。在图 1-9 所示电路中,在电源外部电路,正电荷总是从电源正极流出,最后流回电源的负极。就是说,从高电位流向低电位。这是电场力推动正电

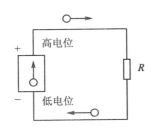

图 1-9　电源的作用

荷做功的结果。为了在电路中保持持续的电流,就必须使正电荷从电源负极,经过电源内部,移动到电源正极,即电源内部存在某种非电场力。例如,电池内部因化学作用而产生的化学力,发电机内部因电磁感应作用而产生的电磁力,等等。这些非电场力又称局外力或电源力,它能够把正电荷从电源的负极移到正极。在这个过程中,电源力所做的功转换为电能。为了表征电源内部电源力对正电荷做功的能力;或者说,电源将其他形式能量转换为电能的本领,人们引入电动势的概念。电源力将单位正电荷由负极移到正极所做的功称为电源的电动势,用 E 表示,即

$$E = \frac{W}{Q} \tag{1-7}$$

交流电时

$$e = \frac{\mathrm{d}w}{\mathrm{d}q}$$

由式(1-7)可知,电动势在数值上等于电源力把单位正电荷从负极经电源内部移到正极所做的功,显然电动势的单位也是伏特。

从电位概念可知,电压的实际方向是从高电位指向低电位,即电位是下降的;而电动势的作用是使正电荷从低电位移到高电位,所以规定电动势的实际方向是从低电位指向高电位,即电位上升的方向,刚好与端电压实际方向相反。

电动势的标注有三种方法,如图 1-10 所示。人们在讨论电源时,一般常用端电压 U_{S} 来表示,如图 1-10(c)所示。

在电路分析与计算中,电动势同样像电流、电压一样,在电路图上标注的方向是参考方向,所以它也是一个代数量,它的数值可正可负。

当电源内部没有其他能量转换时,根据能量守恒定律,若电动势 E 及端电压 U_{AB} 的参考方向选择相反,如图 1-11(a)应有 $U_{\mathrm{AB}} = E$;若 E 及端电压 U_{AB} 的参考方向选择相同如图 1-11(b)所示,应有 $U_{\mathrm{AB}} = -E$;而图 1-11(c)所示电路中,$U_{\mathrm{AB}} = U_{\mathrm{S}}$。

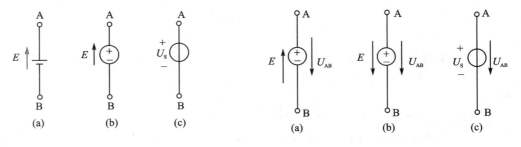

图 1-10　电动势的标注　　　　　　图 1-11　电动势与端电压

例 1-2　在图 1-12 所示电路中,已知 $\varphi_{\mathrm{A}} = 60\ \mathrm{V}$,$\varphi_{\mathrm{B}} = -40\ \mathrm{V}$,$\varphi_{\mathrm{C}} = 20\ \mathrm{V}$。求:

(1) $U_{\mathrm{BA}} = ?$ $U_{\mathrm{AC}} = ?$ $U_{\mathrm{CA}} = ?$

(2) 若元件 4 为具有电动势的电源装置,在图中所标的参考方向下,求 E 的值。

解　(1) 因为电压就是电位差,所以

$$U_{BA} = \varphi_B - \varphi_A = (-40 - 60)\ \text{V} = -100\ \text{V}$$

$$U_{AC} = \varphi_A - \varphi_C = (60 - 20)\ \text{V} = 40\ \text{V}$$

$$U_{CA} = -U_{AC} = -40\ \text{V}$$

（2）根据电位定义

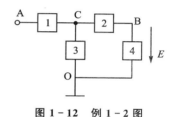

图 1 - 12　例 1 - 2 图

$$\varphi_B = U_{BO}$$

图中电动势的参考方向与电压 U_{BO} 的参考方向相同，故有关系式

$$E = -U_{BO}$$

$$E = -\varphi_B = 40\ \text{V}$$

1.2.4　功率与电能

正电荷从一段电路的高电位端移到低电位端是电场力对正电荷做了功，该段电路消耗了电能；正电荷从电路的低电位端移到高电位端是电源力克服电场力做了功，即这段电路将其他能量转换成电能释放出来。把单位时间内电路消耗或发出的电能定义为该电路的功率，用 P 表示。设在 $\mathrm{d}t$ 时间内电路转换的电能为 $\mathrm{d}w$，则

$$P = \frac{\mathrm{d}w}{\mathrm{d}t} \tag{1-8}$$

国际单位制（SI）中，功率的单位为瓦特，简称瓦（W），此外还常用到千瓦（kW）、毫瓦（mW）等单位。

对式（1-8）进一步推导可得

$$P = \frac{\mathrm{d}w}{\mathrm{d}t} = \frac{\mathrm{d}w}{\mathrm{d}q} \cdot \frac{\mathrm{d}q}{\mathrm{d}t} = ui \tag{1-9}$$

即电路的功率等于该段电路电压与电流的乘积，直流时，式（1-9）应写为

$$P = UI \tag{1-10}$$

一段电路，在 u 和 i 的关联方向下，若 $P > 0$，说明这段电路上的电压和电流的实际方向是一致的，正电荷在电场力作用下做了功，电路消耗了功率；若 $P < 0$，则说明这段电路上电压和电流的实际方向不一致，一定是电源力克服电场力做了功，电路发出功率。在使用式（1-9）及式（1-10）时，必须注意 u 和 i 的参考方向和各数值正负号的含义。

根据能量守恒定律，一个电路中，一部分元件发出的功率，一定等于其他部分元件消耗的功率。

式（1-8）可写为

$$\mathrm{d}w = P \cdot \mathrm{d}t$$

在 t_0 到 t_1 的一段时间内，电路消耗的电能应为

$$w = \int_{t_0}^{t_1} P \mathrm{d}t \tag{1-11}$$

直流时，P 为常数，则

$$w = P(t_1 - t_0) \tag{1-12}$$

国际单位制中，电能 W 的单位是焦耳（J），它表示功率为 1 W 的用电设备在 1 s 时间内所消耗的电能，实际中还常采用千瓦小时（kW·h）的电能单位，称为 1 度电，即

$$1 \text{ 度电} = 1 \text{ kW} \cdot \text{h} = 1 \times 10^3 \times 3\ 600 \text{ J} = 3.6 \times 10^6 \text{ J} \qquad (1-13)$$

例 1-3 图 1-13 为某一电路中的一部分,三个元件流过相同的电流 $I = -2$ A,$U_1 = 2$ A。

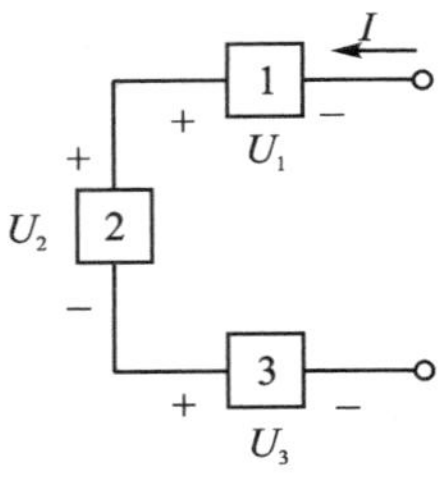

(1) 求元件 1 的功率 $P_1 = ?$ 并说明是消耗还是发出功率。

(2) 若已知元件 2 发出功率为 20 W,元件 3 消耗功率为 10 W,求 U_2、U_3。

解 (1) 对于元件 1,图上电压与电流为非关联方向,此时,计算功率的公式为

$$P_1 = -U_1 I$$

$$P_1 = -2 \times (-2) \text{ W} = 4 \text{ W(消耗)}$$

(2) 元件 2 的电压 U_2 与电流 I 是关联方向,且发出功率,则 P_2 为负值,即

$$P_2 = U_2 I = -20 \text{ W}$$

$$U_2 = \frac{P_2}{I} = \left(\frac{-20}{-2} \right) \text{ V} = 10 \text{ V}$$

同理,元件 3 有关系式

$$P_3 = U_3 I = 10 \text{ W}$$

$$U_3 = \frac{P_3}{I} = \left(\frac{10}{-2} \right) \text{ V} = -5 \text{ V}$$

图 1-13 例 1-3 图

1.3 电阻元件

1.3.1 电阻与电阻元件

物体在运动过程中要受到各种阻碍。电荷在电场力作用下运动,通常也要受到阻碍。例如,在金属导体中,电荷在作定向运动时,会相互碰撞、摩擦,受到阻碍作用(即阻碍电流流动的作用),表现为"电阻",人们用电阻元件集中表示这种阻碍作用。

对于金属导体的电阻,人们通过实验,在一定的温度下,电阻除了和导体的材料有关,还与导体的长度 L、导体的横截面积 S 有关,其表达式为

$$R = \rho \frac{L}{S} \qquad (1-14)$$

式中,L 为导体长度(m);S 为导体截面积(m²);ρ 为电阻率(Ωm);R 为电阻(Ω)。

常用的金属导体如:银、铜、铝、铁等,它们常用于电路中的连接导线或电器中的某些组件。

材料的电阻率是反映材料导电性能的。电阻率越大,材料的导电性能越差。按电阻率大小可以把材料大致分为三类:电阻率小于 10^{-6} $\Omega \cdot$ m 的材料称为导体,如各种金属材料;电阻率大于 10^7 $\Omega \cdot$ m 的材料称为绝缘体,如塑料、陶瓷等;介于导体和绝缘体之间的材料,称为半导体,如硅、锗等。

表 1 - 1　常见材料电阻率

材料名称		电阻率 ρ/(Ω·m) 20 ℃时	材料名称		电阻率 ρ/(Ω·m) 20 ℃时
导体	银	1.59×10^{-8}	半导体	碳（纯）	3.5×10^{-5}
	铜	1.69×10^{-8}		锗（纯）	0.60
	铝	2.65×10^{-8}		硅（纯）	2 300
	钨	5.48×10^{-8}	绝缘体	塑料	$10^{15} \sim 10^{16}$
	铁	9.78×10^{-8}		陶瓷	$10^{12} \sim 10^{13}$
	钢	$(1.30 \sim 2.50) \times 10^{-7}$		云母	$10^{11} \sim 10^{15}$
	铂	1.05×10^{-7}		石英	75×10^{16}
	锡	1.14×10^{-7}		玻璃	$10^{10} \sim 10^{14}$
	锰铜	$(4.2 \sim 4.8) \times 10^{-7}$	注：1. 表中给出的电阻率随材料的纯度和成分的不同而有所改变		
	康铜	$(4.8 \sim 5.2) \times 10^{-7}$	2. 材料的电阻率还随温度的变化而有所变化；本表只列出 20 ℃时的电阻率，较精确的计算可查有关资料获得		
	镍铬合金	$(1.0 \sim 1.2) \times 10^{-6}$			
	铁铬铝合金	$(1.3 \sim 1.4) \times 10^{-6}$			

1.3.2　电阻元件的约束

　　电阻元件是反映电路元件消耗电能这一物理性能的理想元件。它有两个端钮与电路相连接，这样的元件以后都称为二端元件。

　　在讨论各种理想元件的性能时，重要的是要确定电压与电流之间的关系，这种关系称为元件的约束，简称 VCR。欧姆定律就反映了任一时刻电阻元件的这种约束关系。在电压与电流的关联方向下，欧姆定律表达式为

$$u = iR \tag{1-15}$$

直流电路中应为

$$U = IR$$

　　式（1-15）中，R 为电阻元件的电阻值，常用单位有欧（Ω）、千欧（kΩ）、兆欧（MΩ）等。

　　若电阻 R 值与其工作电压或电流无关，它就是一个常数，那么这样的电阻元件称为线性电阻元件。线性电阻元件在电路中的符号如图 1-14（a）所示。在 $u-i$ 坐标平面上画出的电阻元件的电压与电流的关系曲线称为该元件的伏安特性曲线，简称伏安特性，线性电阻的伏安特性是一条通过原点的直线，如图 1-14（b）所示。

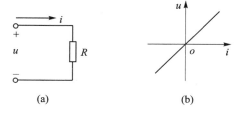

图 1 - 14　线性电阻及其伏安特性

　　应用欧姆定律时要注意电压和电流的参考方向，在电阻元件中，电压及电流为非关联方向下，欧姆定律应表达为

$$u = -iR \tag{1-16}$$

电阻 R 的倒数称为电导,用 G 表示,即

$$G = \frac{1}{R} \qquad (1-17)$$

电导的单位为西门子(S)。

同一个电阻元件,既可以用 R 表示,也可以用电导 G 表示,引用电导后,欧姆定律可表达为

$$i = uG \qquad (1-18)$$

如果电阻元件的电阻值不是一个常数,也就是说,它的数值会随着其工作电压或电流的变化而变化,那么这样的电阻元件称为非线性元件,它的伏安特性就不再是一条通过原点的直线。图 1-15 所示是某个二极管的伏安特性曲线,二极管是非线性电阻元件。

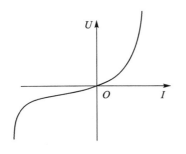

图 1-15 非线性电阻元件的伏安特性

实际的电阻元件如电阻器、白炽灯、电炉等,或多或少有非线性因素存在,但这些元件在一定范围内,它们的电阻值变化很小,可以近似地看做线性电阻元件,这样便于进行电路分析。在后面的章节中,若无特殊说明,一般所说的电阻元件均指线性电阻元件,并简称为电阻,有关非线性电阻元件将在后续内容介绍。

1.3.3 电阻元件的功率

图 1-14(b)所示的伏安特性曲线说明,在关联参考方向下,电阻元件上的电压和电流值总是同号的,由式(1-9)可知,其功率 P 总是正值,即电阻元件总是在消耗功率,所以,电阻元件是耗能元件。

由 $u = iR$、$P = ui$ 很容易得到计算电阻元件功率的另外两个公式

$$P = i^2 R \qquad (1-19)$$

$$P = \frac{u^2}{R} \qquad (1-20)$$

在直流电路中,只要把小写字母改换成大写字母即可。在应用以上两式时,一定要注意电流必须是流过这个电阻的电流,电压必须是这个电阻两端的电压。

电阻的大小与负载的大小是两个不同的概念,人们在电工技术中,把用电设备称为负载,而经常说到的负载的大小,其含义是指负载所取用电功率的大小,由式(1-9)可知,当在电路电压不变的条件下,负载的大小可用流过用电器的电流的大小来衡量。电路电阻减小就是负载增大,电路电阻增大就是负载减小。

例 1-4 如图 1-16 所示,已知 $U = 10$ V、$R_1 = 3\ \Omega$、$R_2 = 2\ \Omega$,分别计算 S 打开与闭合时电路的电流与功率。

解 根据

$$P = \frac{U^2}{R} \qquad I = \frac{U}{R}$$

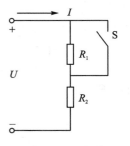

图 1-16 例 1-4 图

S 打开时

$$I = \frac{U}{R_1 + R_2} = \frac{10}{5} \text{ A} = 2 \text{ A}$$

$$P = \frac{U^2}{(R_1 + R_2)} = \frac{10^2}{3 + 2} \text{ W} = \frac{100}{5} \text{ W} = 20 \text{ W}$$

S 闭合时

$$I = \frac{U}{R_2} = 5 \text{ A}$$

$$P = \frac{U^2}{R_2} = \frac{10^2}{2} \text{ W} = \frac{100}{2} \text{ W} = 50 \text{ W}$$

1.3.4　电路的工作状态

电源与负载相连接,根据所接负载的情况,电路有三种工作状态。

1. 开路状态

开路状态也称断路状态,这时电源与负载没有构成通路,负载上电流为零,电源空载,不输出功率,这时开路处的电压就为电源的端电压。

2. 短路状态

短路状态是指电源两端由于某种原因而短接在一起的状态,这时相当于负载电阻为零,电源端电压为零,不输出功率,由于电源内阻很小,短路电流很大,会使电源导线发热以致损坏。为防止电源短路的事故发生,通常在电路中接入熔断器保护装置,以便在发生短路时能迅速切断电路,达到保护电源的目的。

3. 额定工作状态

额定工作状态是指电气设备、负载在额定值情况下运行的工作状态,负载的额定值包括额定电压、额定电流、额定功率。负载的功率超过额定值称为过载,负载的功率不足额定值称为轻载。

1.4　电压源与电流源

电源是将其他形式的能量转换成电能的装置,称之为有源元件,它具有两种电路模型,即电压源和电流源。

1.4.1　电压源

电压源是理想电压源的简称。理想电压源是这样的一种理想二端元件:它两端的电压是一个定值 U_s 或是一定的时间函数 u_s,与流过它的电流无关;而流过它的电流不全由它本身确定,应由与之相连接的外电路共同确定。

理想电压源在电路中的图形符号如图 1-17(a)所示,其中 u_s 为电压源的电压,"+""-"号是参考极性。

如果电压源的电压是定值 U_s,则称之为直流电压源,图 1-17(b)、(c)是直流电压源的模型与伏安特性。

根据所连接的外电路,电压源中的电流的实际方向既可以从低电位端流向高电位端,也可以从高电位端流向低电位端,对外电路前者是在发出功率,起电源作用,而后者则是在消耗功

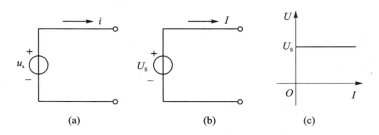

图 1-17 电压源模型与直流电压源伏安特伏

率,是电路的负载,如给蓄电池充电。

理想电压源是不存在的,电源内部总是存在一定电阻,称之为内阻 R_S。例如电池是一个实际的直流电压源,当接上负载 R_L 有电流流过时,内阻就会有能量损耗,取用电流越大,损耗就越大,端电压就越低,这样电池就不具有端电压为定值的特点。这时该实际电压源就可以用一个理想电压源 U_S 和内阻 R_S 相串联的电路模型来表示。如图 1-18(a) 中的点画线框内所示,图中 R_L 为外接负载,即电源的外电路。分析该电路的功率平衡情况,应有表达式

$$U_S I(电源发出功率) = UI(外部负载吸收功率) + I^2 R_S(电源电阻吸收功率)$$

即

$$U = U_S - IR_S \qquad (1-21)$$

式(1-21)说明,实际电压源端电压 U 是低于理想电压源 U_S 的,所低之值就是其内阻的压降 IR_S。图 1-18(b) 为实际直流电压源的伏安特性曲线。可见,实际电压源的内阻越小,外电路取用电流越小,其特性越接近理想电压源。工程中常用的稳压电源以及大型电网等在工作时的输出电压基本不随外电路变化的特点,都可近似地看做理想电压源,即电压源。

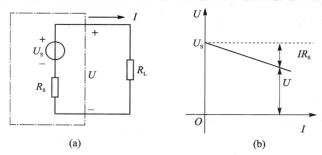

图 1-18 实际直流电压源模型及其伏安特性

1.4.2 电流源

电流源是理想电流源的简称。理想电流源也是一种理想的二端元件。它向外输出定值电流 I_S 或一定的时间函数 i_S,而与它们的端电压无关,它的端电压不全由它本身确定,而由与它相连接的外电路共同确定。

理想电流源在电路中的图形符号如图 1-19(a) 所示,其中 i_S 为电流源输出的电流,箭头标出了它的参考方向。图 1-19(b)、(c) 为直流电流源的模型及伏安特性。

根据所连接的外电路,电流源的端电压的实际方向可与其输出电流的实际方向相反,也可与输出电流的实际方向相同,对外电路前者是在发出功率,后者是在消耗功率。

理想电流源实际上也是不存在的,由于内电导 G_S 的存在,电流源中的电流并不能全部输

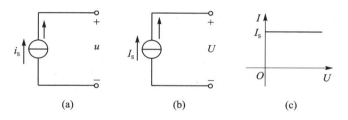

图 1-19　电流源模型与直流电流源的伏安特性

出,有一部分将在内部分流。实际电流源可用一个理想电流源 i_s 与内电导 G_s 并联的电路模型来表示。图 1-20(a)中,点画线框内所示为实际直流电流源的电路模型。很显然,该实际电流源输出到外电路中的电流 I 小于电流源电流 I_s,此值为内电导 G_s 上的电流 I_1,$I_1=UG_s$,写成表达式为

$$I = I_s - UG_s \tag{1-22}$$

图 1-20(b)为实际直流电流源的伏安特性,实际电流源的内电导越小,内部分流就越小,其特性就越接近理想电流源。晶体管稳流电源及光电池等器件在工作时可近似地看做理想电流源。

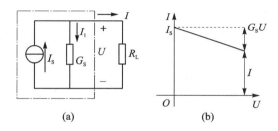

图 1-20　实际的直流电流源模型及其伏安特性

综上所述,电压源的输出电压及电流源的输出电流都不随外电路的变化而变化,它们都是独立电源。在实际电路分析中没有特殊说明,人们可以把实际的电压源、电流源看成电压源、电流源去处理。它们在电路中作为电源或信号源而起的作用,称为"激励"。在它们的作用下,电路其他部分相应地产生电压和电流,这些电压和电流就称为激励下的"响应"。

例 1-5　求图 1-21 电路中 I_s 及 U。

解　电流源向外输出定值电流,负载 R 上的电流即为电源的输出电流 I_s,即 $I_s=I=2$ A。电流源的端电压由与之相连的外电路共同决定,即为电阻 R 上的电压,所以

$$U=IR=2\times2 \text{ V}=4 \text{ V}$$

例 1-6　图 1-22 电路中,电压源与电流源相连接,试分析它们的功率情况。

图 1-21　例 1-5 图　　　　　　　　图 1-22　例 1-6 图

解 流过电压源的电流由与它相连接的电流源决定,在图示参考方向下,$I=2$ A,端电压 $U=4$ V,电压源的功率为

$$P_1 = UI = 4 \times 2 \text{ W} = 8 \text{ W(消耗)}$$

电流源的端电压由与之相连接的电压源决定,在图示方向下,$U=4$ V、$I=2$ A,电流源的功率为

$$P_2 = -UI = -4 \times 2 \text{ W} = -8 \text{ W(发出)}$$

在一个电路中,所谓"外电路"是相对而言的,本例中,电流源是电压源的外电路,而电压源又是电流源的外电路,发出的功率又等于吸收功率,体现了能量是守恒的。

1.5 基尔霍夫定律

基尔霍夫定律和欧姆定律都是电路的基本定律。这两个定律都是以大量的实验为基础,并且经过无数次实践所证实了的,如果说欧姆定律反映了线性元件上电流与电压的约束关系,那么基尔霍夫定律则是从电路结构上(与元件性质无关)反映了电路中电流之间或电压之间的约束关系。这种约束也称"拓扑约束"。

1.5.1 与拓扑约束有关的几个名词

1. 支 路

电路中至少有一个电路元件且通过同一电流的分支,称为支路。如图 1 - 23 所示,共有 ABE、ACE、ADE 三条支路,ABE、ACE 为有源支路,ADE 为无源支路。

2. 节 点

三个或三个以上支路的交汇点称为节点。图 1 - 23 所示电路中有 A、E 两个节点,而 B、C、D 则不称为节点。

3. 回 路

电路中沿着电路的任一闭合路径称为回路。图 1 - 23 电路中 ABECA、ACEDA、ABEDA 都是回路,此电路只有三个回路。

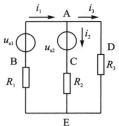

图 1 - 23 电路举例

4. 网 孔

回路平面内再不含有其他支路的回路称为网孔。图 1 - 23 电路中,回路 ABECA、ACEDA 就是网孔,而回路 ABEDA 平面内含有 ACE 支路,所以它就不是网孔,只能称为回路。

网孔只有在平面电路中才有意义。所谓平面电路,就是将该电路画在一个平面上时,不会出现互相交叉的支路。网孔是回路,而回路不一定是网孔。

1.5.2 基尔霍夫电流定律

基尔霍夫电流定律也称基尔霍夫第一定律,简称 KCL。其内容是:在集中参数电路中,任一时刻,流经任一节点电流的代数和恒等于零。它的表达式为

$$\sum i = 0 \tag{1-23}$$

直流电路中可表达为

$$\sum I = 0$$

电路计算都是在电路图事先标定的参考方向下进行的,在运用式(1-23)列写 KCL 方程时,应根据各支路电流的参考方向是流入还是流出某个节点,来决定方程各项在代数和中符号正负的取向。若流入节点的电流取正号,则流出节点的电流就取负号。例如对于图 1-23 电路中的节点 A,列 KCL 方程为

$$i_1 + (-i_2) + (-i_3) = 0$$

即

$$i_1 - i_2 - i_3 = 0$$

由于电路中使用参考方向,在 KCL 方程中,各项有正、负号存在,各电流本身的值还有正、负之分。在具体计算时必须注意两套正、负号的正确使用。

基尔霍夫电流定律通常用于节点,但也可推广应用于电路中包含着几个节点的封闭面。如图 1-24 中,点画线画出的三个节点 A、B、C 的封闭面,分别列出这些节点的 KCL 方程有

节点 A：$i_1 - i_4 + i_6 = 0$
节点 B：$-i_3 - i_5 + i_4 = 0$
节点 C：$i_2 + i_5 - i_6 = 0$
以上三个方程相加得

$$i_1 + i_2 + (-i_3) = 0$$

可见,任一时刻流入电路中任一封闭面的电流代数和恒等于零。

基尔霍夫电流定律体现了电流的连续性原理,即电荷守恒原理。在电路中进入某一地方多少电荷,必定同时从该地方出去多少电荷。这就是在电路的同一条支路中各处电流都相等的道理。

例 1-7　图 1-25 所示是某电路中的一部分,试根据图中给定条件,已知：$I_3 = 10\,A$,$I_4 = -3\,A$,$I_5 = -4\,A$,$I_6 = 2\,A$。求：I_1、I_2 的值。

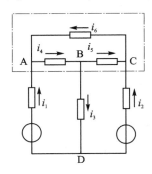

图 1-24　KCL 的推广

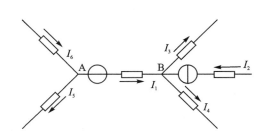

图 1-25　例 1-7 图

解　对 A 点列 KCL 方程

$$-I_1 - I_5 + I_6 = 0$$

根据已知条件,则

$$-I_1 - (-4) + 2 = 0$$

$$I_1 = 6 \text{ A}$$

对 B 点列 KCL 方程

$$I_1 + I_2 - I_3 - I_4 = 0$$

根据已知条件,则

$$6 + I_2 - 10 - (-3) = 0$$
$$I_2 = 1 \text{ A}$$

1.5.3 基尔霍夫电压定律

基尔霍夫电压定律也称基尔霍夫第二定律,简称 KVL,其内容是:在集中参数电路中,任一时刻,任一回路电压降的代数和恒等于零,它的表达式为

$$\sum u = 0 \qquad\qquad (1-24)$$

直流电路中应表达为

$$\sum U = 0$$

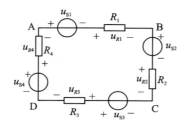

图 1-26 基尔霍夫电压定律举例

应用上式时,必须先选定回路的绕行方向,可以是顺时针,也可以是逆时针。各元件的电压参考方向也应选定,若电压的参考方向与回路的绕行方向一致,则该项电压取正号,反之则取负号。同时各元件电压本身的值也还有正负之分,所以应用基尔霍夫电压定律时也必须注意两套符号的正确使用。例如对于图 1-26 所示电路,选择顺时针绕行方向(图中不必标出),按图中各元件的参考方向,可列出 KVL 方程为

$$u_{S1} + u_{R1} + u_{S2} + u_{R2} - u_{S3} + u_{R3} - u_{S4} + u_{R4} = 0$$

基尔霍夫电压定律实质上是电路中两点间电压与路径选择无关这一性质的体现。从电路中的一点出发,经任意路径绕行一周回到原点,所经回路的电位差代数和一定为零。

基尔霍夫电压定律不仅适用于实际回路,也可推广应用于假想回路。例如对图 1-26 中的假想回路 ABCA,可列出 KVL 方程应为

$$u_{S1} + u_{R1} + u_{S2} + u_{R2} + u_{CA} = 0$$
$$u_{S1} + u_{R1} + u_{S2} + u_{R2} - u_{AC} = 0$$
$$u_{AC} = u_{S1} + u_{R1} + u_{S2} + u_{R2}$$

用这样的方法可以很方便地计算出电路中任意两点间的电压。

基尔霍夫两个定律从电路的整体上分别阐明了各支路电流之间和各支路电压之间的约束关系。这种关系与电路的结构和连接方式有关,而与电路元件的性质无关。电路的这种拓扑约束和表征元件性能的元件约束共同统一了电路的整体,支配着电路各处的电压和电流。

例 1-8 图 1-27 所示,某电路中的一个回路,通过 A、B、C、D 四个节点与电路的其他部分相连接,已知:$U_{S1} = 10$ V,

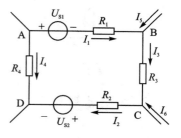

图 1-27 例 1-8 图

$U_{S2}=6$ V，$R_1=R_2=1$ Ω，$R_4=5$ Ω，$I_1=2$ A，$I_4=-2$ A，$I_5=-6$ A，$I_6=1$ A 求电路的 I_3、I_2、R_3、U_{BD}。

解　先按 KCL 列 B、C 节点方程

$$I_1+I_5-I_3=0$$
$$I_6+I_3-I_2=0$$

代入已知数据得

$$2+(-6)-I_3=0$$
$$I_3=-4 \text{ A}$$
$$1+(-4)-I_2=0$$
$$I_2=-3 \text{ A}$$

按 KVL 列回路电压方程，选择顺时针绕行方向，得

$$U_{S1}+I_1R_1+I_3R_3+I_2R_2+U_{S2}-I_4R_4=0$$

代入数据得

$$10+2\times1+(-4)\times R_3+(-3)\times1+6-(-2)\times5=0$$

整理后得

$$R_3=\frac{25}{4}\text{ Ω}=6.25\text{ Ω}$$

对假想回路 BCDB 列 KVL 方程

$$I_3R_3+I_2R_2+U_{S2}-U_{BD}=0$$
$$U_{BD}=I_3R_3+I_2R_2+U_{S2}$$
$$U_{BD}=\left[-4\times\frac{25}{4}+(-3)\times1+6\right]\text{ V}$$
$$U_{BD}=-22\text{ V}$$

也可对假想回路 BADB 列 KVL 方程求得 U_{BD}，答案是一致的，读者可自行练习。

本章小结

（1）电路是提供电流流通的路径，其作用是进行能量转换、传输、分配；信号的处理与变换等。

（2）电路模型就是把实际电路的基本特征抽象出来所形成的理想化电路，用规定的电路符号（图形、字母）表示各种理想元件而得到的电路模型称为电路原理图。

（3）电路的基本物理量有电流、电压、电动势、功率等，在电路中电动势一般用端电压来表示。电位是某点到参考点的电压，两点间的电压，就等于两点电位之差。

$$i=\frac{\mathrm{d}q}{\mathrm{d}t},\qquad u_{AB}=\frac{\mathrm{d}w_{AB}}{\mathrm{d}q},\qquad e=\frac{\mathrm{d}w_{AB}}{\mathrm{d}q},\qquad p=\frac{\mathrm{d}w}{\mathrm{d}t}=ui$$

（4）电路中的参考方向，是人们任意在电路图上选定的方向，也就是假设的，它是一个代数量，数值有正负之分。参考方向一经选定，在电路分析中就不能再改动。关联方向是对一个元件将电压和电流的参考方向选定为同一方向。欧姆定律中 $u=iR$、$p=ui$ 都是在关联方向下的表达式。

（5）电压源、电流源是理想电压源、理想电流源的简称。电压源输出的电流、电流源两端

的电压应由与之相连接的外电路去共同确定。实际的电压源、电流源在电路中有它们的模型。在电路分析中,没有特殊说明,可以把它看成是电压源、电流源去处理。

(6)基尔霍夫定律:第一定律也称电流定律,简称 KCL,第二定律也称电压定律,简称 KVL,表达式为 $\sum i = 0$、$\sum u = 0$,它从电路上分别阐明了各支路电流、电压间的约束关系,即"拓扑"约束,在电路分析列方程时,要注意两套符号的使用(电路参考方向有正负号,而数据上也有正负号)。

习　题

1-1　什么是电路?电路有什么作用?

1-2　什么是电路模型?

1-3　什么是电路原理图?

1-4　有一段 $L = 1\,000$ m 裸铜导线,测得电阻 $R = 6.76\ \Omega$,问该电线截面为多少平方毫米?当把这一段导线对折后,它的电阻值变为多少欧?

1-5　已知某电路中 $U_{AB} = -6$ V,说明 A、B 两点中哪点电位高?

1-6　图 1-28 中,已知 $\varphi_A = -5$ V,$\varphi_B = 3$ V,以 C 点为参考点,求 U_{AC}、U_{BC}、U_{AB};若改以 B 点为参考点,求 φ_A、φ_B、φ_C,再求 U_{AC}、U_{BC}、U_{AB}。

1-7　如图 1-29 所示,已知电路中 $I_1 = 2$ A,$I_2 = 1$ A,$I_3 = -1$ A,$U_1 = -4$ V,$U_2 = 8$ V,$U_3 = -4$ V,$U_4 = -3$ V,$U_5 = 7$ V,计算各元件功率。

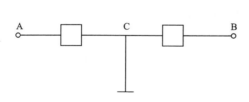

图 1-28　习题 1-6 图　　　　　图 1-29　习题 1-7 图

1-8　什么是元件的约束,什么是线性电阻元件?

1-9　求图 1-30 中的 U 和 I 的值,(a) 已知 $I = 3$ A;(b) 已知 $U = 15$ V。

1-10　有一电阻元件耗能 60 W,流过它的电流 2 A,计算这个元件的电阻与加在它两端的电压。

1-11　流过电压源的电流、电流源两端电压由什么确定?实际电压源与实际电流源有什么特点?

1-12　求图 1-31 电路中各元件的功率及电流源的端电压。

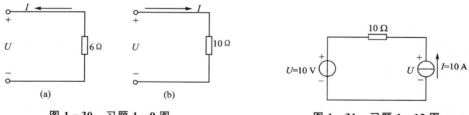

图 1-30　习题 1-9 图　　　　　图 1-31　习题 1-12 图

1-13 求图 1-32(a)与(b)两电路中的 I_0、I_1、U_{AB}。

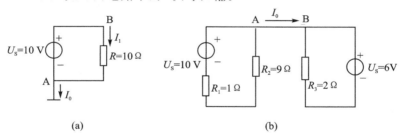

图 1-32 习题 1-13 图

1-14 有两只灯泡,一只是 220V、100W,另一只是 220V、40W,问:(1)哪一只灯泡电阻大?
(2)当两只灯泡并联或串联在 220V 电源上,哪个亮?

1-15 图 1-33 所示的电路中 U_{AB} 各为多少?

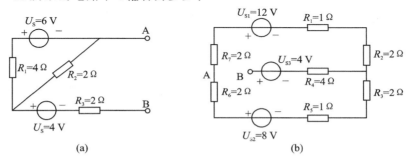

图 1-33 习题 1-15 图

1-16 图 1-34 所示电路中,若以 B 点为参考点,求 A、C、D 三点的电位 φ_A、φ_C、φ_D 和 U_{AC}、
U_{AD}、U_{CD}。若改 C 点为参考点,再求 A、C、D 点的电位 φ_A、φ_C、φ_D 及 U_{AC}、U_{AD}、U_{CD}。

1-17 以图 1-34 为例,当以 B 点为参考点,可画成电位表示图,如图 1-35 所示,请以 C 点
为参考点,画出电位表示图。

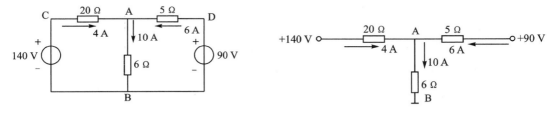

图 1-34 习题 1-16 图   图 1-35 习题 1-17 图

1-18 求图 1-36 中电压 U_{AB}。

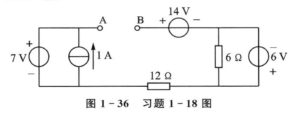

图 1-36 习题 1-18 图

1-19 求图 1-37 所示电路中电流表的读数并标出各支路电流的实际方向。(提示:电流表内阻为零。)

1-20 求图 1-38 中各电流源上两端电压。(提示:先由 KCL 求电流,再由 KVL 确定电流源上电压。)

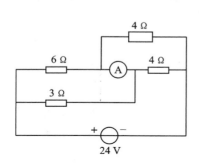

图 1-37 习题 1-19 图

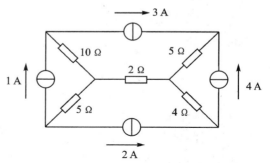

图 1-38 习题 1-20 图

测 试 题

1-1 填空题(10 分)

(1)电路原理图是用规定的_____表示各种理想元器件。

(2)电路图是在_____状态下绘制的。

(3)电位是指某点到_____的电压。

(4)假设电路图上电压与电流成同一方向称_____方向。

(5)KCL 称基尔霍夫_____定律,KVL 称基尔霍夫_____定律。

1-2 判断题(10 分)

(1)当外电路开路时,电源端电压等于零。(   )

(2)短路状态下,电源内阻的电压降不为零。(   )

(3)电路图上电压、电流假设的方向也就是实际方向。(   )

(4)电路中某两点的电位都很高,则这两点间的电压也一定高。(   )

(5)外电路正电荷是从高电位流向低电位。(   )

1-3 选择题(10 分)

(1)闭合电路中,负载电阻越大,则消耗功率将(   )。

A. 变小　　　　B. 不变　　　　C. 变大

(2)闭合电路中,负载电阻变小,则总电流将(   )。

A. 变小　　　　B. 变大　　　　C. 不确定

(3)下列材料(   )导电性能最好。

A. 铁　　　　　B. 铝　　　　　C. 钢

(4)用 KCL 列方程,是以电路的(   )所列。

A. 电阻　　　　B. 电压　　　　C. 电流

(5)用 KVL 列方程,是以电路的(   )所列。

A. 网孔电流　　B. 支路电流　　C. 回路电压

1-4　简答题(30 分)

　　(1) 在电路中,什么是支路、节点、回路、网孔?

　　(2) 简述 KCL 定律及 KVL 定律。

1-5　计算题(40 分)

　　(1) 用 KVL 求图 1-39 中 U_{AB} 电压。

　　(2) 计算图 1-40 中的 I_1、I_2、I_3、I_4。

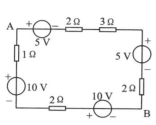

图 1-39　测试题 1-5-(1)图

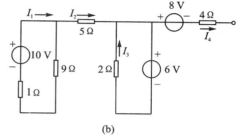

图 1-40　测试题 1-5-(2)图

　　(3) 电路如图 1-41 所示,计算电路中的电流 I。

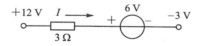

图 1-41　测试题 1-5-(3)图

第2章 直流电阻性电路的分析

本章主要介绍线性电阻电路的等效变换、网络方程及一些重要的电路定理,另外还简单介绍了受控源电路和非线性电阻电路的分析。

2.1 电阻的连接及等效电路

在电路分析中,根据等效的概念,可以使电路简化,使电路分析更方便、简捷。

2.1.1 等效网络的概念

在分析电路时,可以把电路的某一部分作为一个整体看待,如果这部分电路只有两个端钮与外部电路相连,则这部分电路称为二端网络,也称为一端口网络。

二端网络内部含有独立源,称为有源二端网络;二端网络内部如不含独立源,称为无源二端网络。

如果一个二端网络的伏安关系与另一个二端网络的伏安关系完全相同,那么这两个二端网络是等效的。等效网络的内部结构虽然不同,但对外电路的作用效果相同。

2.1.2 电阻的串联

几个电阻依次连接,组成一个无分支的电路,使各电阻中流过相同的电流,这种连接方式称为电阻的串联。图 2-1 所示为三个电阻串联电路。

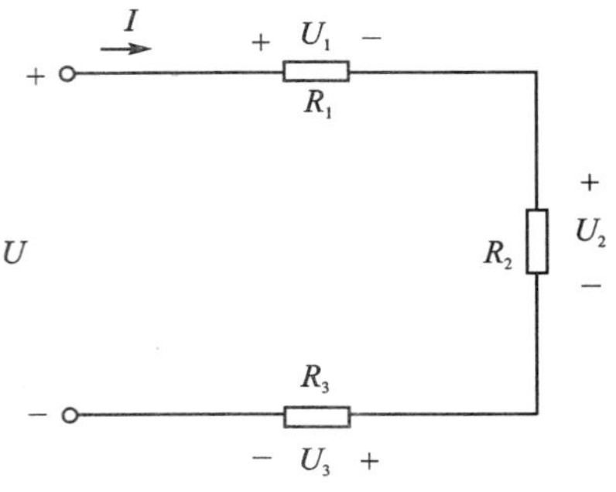

图 2-1 电阻串联电路

根据基尔霍夫电压定律,有

$$U = U_1 + U_2 + U_3$$

则

$$U = IR_1 + IR_2 + IR_3 = I(R_1 + R_2 + R_3) = IR$$

式中,R 为 R_1、R_2、R_3 串联的等效电阻,有

$$R = R_1 + R_2 + R_3 \qquad (2-1)$$

串联电阻的分压关系为

$$\left. \begin{aligned} U_1 &= R_1 I = R_1 \frac{U}{R} = \frac{R_1}{R} U \\ U_2 &= R_2 I = R_2 \frac{U}{R} = \frac{R_2}{R} U \\ U_3 &= R_3 I = R_3 \frac{U}{R} = \frac{R_3}{R} U \end{aligned} \right\} \qquad (2-2)$$

式中，$\dfrac{R_1}{R}$、$\dfrac{R_2}{R}$、$\dfrac{R_3}{R}$ 为分压比。电阻串联时，每个电阻的电压与电阻值成正比，电阻越大，分得的电压越大。

例 2 - 1　为扩大电压表量程，可在电压表表头上串联一分压电阻，如图 2 - 2 所示。若电压表原来的量程为 U_e，表头内阻为 R_e，现欲测电压 U，应串联的分压电阻 R_{fy} 为多少？

解　应串联的分压电阻 R_{fy} 为

$$R_{fy} = \frac{U_{fy}}{U_e}R_e = \frac{U - U_e}{U_e}R_e = \left(\frac{U}{U_e} - 1\right)R_e$$

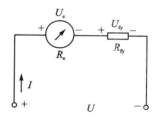

图 2 - 2　例 2 - 1 图

2.1.3　电阻的并联

几个电阻的两端分别连接在两个公共节点，使各电阻承受相同的电压，这种连接方式称为电阻的并联。图 2 - 3 所示为三个电阻并联电路。

根据 KCL，电路总电流等于各电阻电流之和，即

$$I = I_1 + I_2 + I_3$$

则

$$I = UG_1 + UG_2 + UG_3 = U(G_1 + G_2 + G_3) = UG$$

式中，G 为 G_1、G_2、G_3 并联的等效电导，有

$$G = G_1 + G_2 + G_3 \tag{2-3}$$

并联电阻的等效电导比每个电导都大，即并联电阻的总电阻比每一个电阻都小。

并联电阻的分流关系为

$$\left.\begin{array}{l} I_1 = G_1 U = G_1 \dfrac{I}{G} = \dfrac{G_1}{G}I \\[2mm] I_2 = G_2 U = G_2 \dfrac{I}{G} = \dfrac{G_2}{G}I \\[2mm] I_3 = G_3 U = G_3 \dfrac{I}{G} = \dfrac{G_3}{G}I \end{array}\right\} \tag{2-4}$$

式中，$\dfrac{G_1}{G}$、$\dfrac{G_2}{G}$、$\dfrac{G_3}{G}$ 为分流比。电阻并联时，每个电阻的电流与电导成正比，电导越大，分得的电流越大。

例 2 - 2　如图 2 - 4 所示两个电阻并联，求并联后的总电阻及各支路电流。

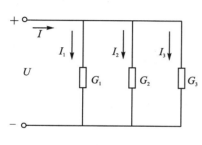

图 2 - 3　电阻并联电路

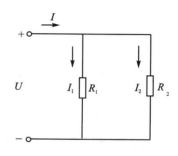

图 2 - 4　例 2 - 2 图

解 两个电阻并联,有

$$G = G_1 + G_2 = \frac{1}{R_1} + \frac{1}{R_2} = \frac{R_1 + R_2}{R_1 R_2} \qquad R = \frac{R_1 R_2}{R_1 + R_2}$$

各支路电流为

$$I_1 = \frac{G_1}{G}I = \frac{\dfrac{1}{R_1}}{\dfrac{R_1 + R_2}{R_1 R_2}}I = \frac{R_2}{R_1 + R_2}I$$

$$I_2 = \frac{G_2}{G}I = \frac{\dfrac{1}{R_2}}{\dfrac{R_1 + R_2}{R_1 R_2}}I = \frac{R_1}{R_1 + R_2}I$$

例 2 - 3 为扩大电流表量程,可在电流表表头上并联一电阻,如图 2 - 5 所示。若电流表原来的量程为 I_e,表头内阻为 R_e,现欲测电流 I,并联的分流电阻 R_{fl} 应为多少?

解 并联的分流电阻为

$$R_{fl} = \frac{I_e}{I_{fl}}R_e = \frac{I_e}{I - I_e}R_e$$

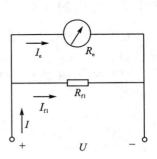

图 2 - 5 例 2 - 3 图

2.1.4 电阻的混联

电路中既有电阻的串联,又有电阻的并联,称为电阻的混联,如图 2 - 6(a)所示。

例 2 - 4 求图 2 - 6(a)所示混联电路的等效电阻。

解 图 2 - 6(b)、(c)、(d)为根据串并联等效关系将图 2 - 6(a)逐步化简,可得 $R = 8\ \Omega$。

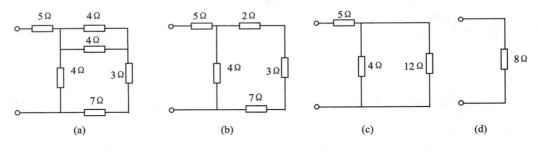

图 2 - 6 例 2 - 4 图

电阻构成的串、并、混联电路属于简单电路;而有些电路不能直接用串并联方法进行分析计算,这种电路称为复杂电路。

2.2 电阻的星形连接与三角形连接及等效变换

利用电阻星形连接和三角形连接的等效变换,可以对某些桥形电路进行分析计算。

2.2.1 电阻的星形连接与三角形连接

三个电阻 R_1、R_2、R_3 的一端接在一起,另一端分别与电路的三个点 1、2、3 连接,这种接法称为电阻的星形连接,如图 2－7 所示。

三个电阻 R_{12}、R_{23}、R_{31} 依次接成一个回路,三个连接点与电路的三个端点 1、2、3 连接,这种接法称为电阻的三角形连接,如图 2－8 所示。

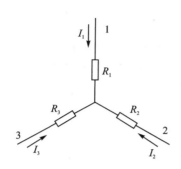

图 2－7　电阻的星形连接

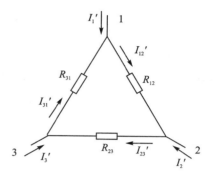

图 2－8　电阻的三角形连接

2.2.2　电阻的星形连接与三角形连接的等效变换

等效变换的条件是它们的外部性能相同。

根据基尔霍夫定律,列出图 2－7 所示星形连接电路的方程,有

$$U_{12} = R_1 I_1 - R_2 I_2$$
$$U_{23} = R_2 I_2 - R_3 I_3$$
$$U_{31} = R_3 I_3 - R_1 I_1$$
$$- I_1 - I_2 - I_3 = 0$$

解出电流

$$I_1 = \frac{R_3 U_{12}}{R_1 R_2 + R_2 R_3 + R_3 R_1} - \frac{R_2 U_{31}}{R_1 R_2 + R_2 R_3 + R_3 R_1}$$

$$I_2 = \frac{R_1 U_{23}}{R_1 R_2 + R_2 R_3 + R_3 R_1} - \frac{R_3 U_{12}}{R_1 R_2 + R_2 R_3 + R_3 R_1}$$

$$I_3 = \frac{R_2 U_{31}}{R_1 R_2 + R_2 R_3 + R_3 R_1} - \frac{R_1 U_{23}}{R_1 R_2 + R_2 R_3 + R_3 R_1}$$

设图 2－8 所示三角形连接与图 2－7 对应端钮间有相同的电压 U_{12}、U_{23}、U_{31}。

根据基尔霍夫电流定律,连接点电流分别为

$$I'_1 = \frac{U_{12}}{R_{12}} - \frac{U_{31}}{R_{31}}$$

$$I'_2 = \frac{U_{23}}{R_{23}} - \frac{U_{12}}{R_{12}}$$

$$I'_3 = \frac{U_{31}}{R_{31}} - \frac{U_{23}}{R_{23}}$$

两个电路如果等效,则流入对应点的电流相等,有

$$R_{12} = \frac{R_1 R_2 + R_2 R_3 + R_3 R_1}{R_3} = R_1 + R_2 + \frac{R_1 R_2}{R_3}$$

$$R_{23} = \frac{R_1 R_2 + R_2 R_3 + R_3 R_1}{R_1} = R_2 + R_3 + \frac{R_2 R_3}{R_1} \qquad (2-5)$$

$$R_{31} = \frac{R_1 R_2 + R_2 R_3 + R_3 R_1}{R_2} = R_1 + R_3 + \frac{R_3 R_1}{R_2}$$

式(2-5)是从已知的星形连接电路的电阻确定等效三角形连接电路的各电阻的关系式。反过来,从已知三角形连接电路的电阻确定等效星形连接电路的各电阻的关系式为

$$R_1 = \frac{R_{12} R_{31}}{R_{12} + R_{23} + R_{31}}$$

$$R_2 = \frac{R_{12} R_{23}}{R_{12} + R_{23} + R_{31}} \qquad (2-6)$$

$$R_3 = \frac{R_{23} R_{31}}{R_{12} + R_{23} + R_{31}}$$

若星形电路的三个电阻相等,则等效的三角形电路的电阻也相等,有 $R_\triangle = 3R_Y$。

若三角形电路的三个电阻相等,则等效的星形电路的电阻也相等,有 $R_Y = \frac{1}{3}R_\triangle$。

例 2-5 求图 2-9 所示电路的等效电阻 R。

解 可将 20 Ω、30 Ω、50 Ω 三个三角形连接电阻化为等效的星形连接,如图 2-9(b)中所示,则

$$R_1 = \frac{20 \times 30}{20 + 30 + 50} \ \Omega = 6 \ \Omega$$

$$R_2 = \frac{20 \times 50}{20 + 30 + 50} \ \Omega = 10 \ \Omega$$

$$R_3 = \frac{30 \times 50}{20 + 30 + 50} \ \Omega = 15 \ \Omega$$

由图 2-9(b)可求出等效电阻

$$R = R_1 + \frac{(R_3 + 45)(R_2 + 20)}{R_3 + 45 + R_2 + 20} = 26 \ \Omega$$

此题也可将图中星形网络等效化为三角形网络,再用串、并联方法分析计算。

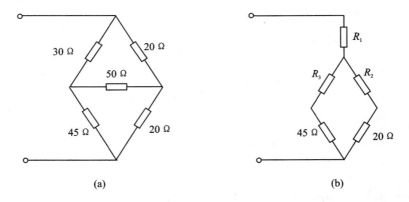

(a)   (b)

图 2-9　例 2-5 图

2.3　两种电源模型的等效变换

利用两种电源模型的等效变换可以化简电路,便于求解。

2.3.1　电源模型的连接

图 2-10 所示为几个电压源串联,根据基尔霍夫电压定律,有

$$U = U_{S1} + U_{S2} + \cdots + U_{Sn} = U_S \tag{2-7}$$

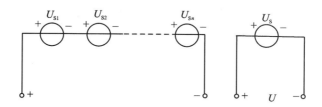

图 2-10　电压源串联

即几个电压源串联可以用一个电压源等效代替。等效电压源的电压为各个电压源电压的代数和。

图 2-11 所示为几个电流源并联,根据基尔霍夫电流定律,有

$$I = I_{S1} + I_{S2} + \cdots + I_{Sn} = I_S \tag{2-8}$$

即几个电流源并联可以用一个电流源等效代替。等效电流源的电流为各电流源电流的代数和。

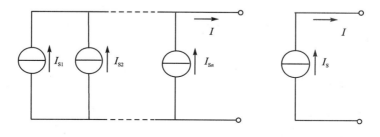

图 2-11　电流源并联

并联的各个电压源的电压必须相等,否则不能并联;串联的各个电流源的电流必须相等,否则不能串联。

2.3.2　电源模型的等效变换

实际电源就其外部特性而言,既可用电压源与电阻串联组合为其电路模型,也可用电流源与电阻并联组合为其电路模型,如图 2-12 所示。由此不难推出,一个电压源与电阻串联的二端网络与一个电流源与电阻并联的二端网络可以等效变换。

电压源与电阻串联组合的端口电压、电流关系为

$$U = U_S - R_S I \tag{2-9}$$

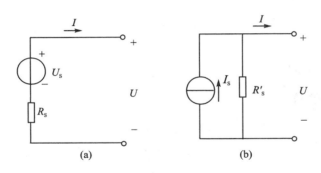

图 2－12　两种电源模型的等效变换

电流源与电阻并联组合的端口电压、电流关系为

$$U = R'_s I_s - R'_s I \tag{2-10}$$

根据等效条件可知,把电压源与电阻串联模型变换为电流源与电阻并联模型时,$I_s = \dfrac{U_s}{R_s}$。反之,把电流源与电阻并联模型变换为电压源与电阻串联模型时,$U_s = R'_s I_s$。等效变换中,电阻不变,$R_s = R'_s$。变换时应注意电流源电流 I_s 的参考方向是由电压源 U_s 的负极指向正极。

理想电压源与理想电流源之间不能等效互换。

若电压源与电流源或电阻并联,因为与电压源并联的元件并不影响电压源的电压,只影响电流,所以从对外电路等效的角度来看,它对外可等效为一个理想电压源。但等效电压源的电流并不等于变换前电压源的电流。

若电流源与电压源或电阻串联,因为与电流源串联的元件并不影响电流源的电流,只影响电压,所以从外电路等效的角度来看,它对外可等效为一个理想电流源。但等效电流源的电压并不等于变换前电流源的电压。

例 2－6　利用两种电源模型的等效变换,求图 2－13 中的电流 I。

解　根据两种电源模型的等效变换,逐步化简,最后得

$$I = \frac{6-5}{1.2+0.8+3} \text{ A} = 0.2 \text{ A}$$

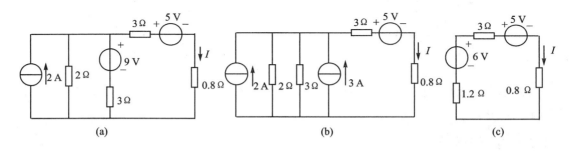

图 2－13　例 2－6 图

2.4　支路电流与支路电流法

在不改变电路结构的前提下列出关于电路中未知电压或未知电流的一些方程,联立求解,

这类分析方法统称网络方程法。网络方程法包括支路电流法、网孔法、节点法。

2.4.1　支路电流

每条支路中流过的电流称为一个支路电流。电路中有 b 条支路,就有 b 个支路电流。如图 2-14 所示,电路中有 3 条支路,就有 3 个支路电流。

2.4.2　支路电流法

支路电流法是以支路电流为未知量,根据基尔霍夫电流和电压定律及电阻元件的伏安关系,列出与未知量数目相等的独立方程,从而解出各未知的支路电流。

所谓独立方程,就是其中的任何一个方程不能从其余方程中推导出来。

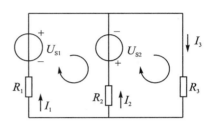

用支路电流法求解电路时首先选取各支路电流的参考方向;然后按基尔霍夫电流定律列出 $(n-1)$ 个独立的节点电流方程,再选取独立回路(选网孔为回路),并指定这些回路的绕行方向,按基尔霍夫电压定律列出其余独立的回路电压方程;最后联立方程,计算各支路电流。

例 2-7　如图 2-14 所示,已知 $R_1=1\ \Omega$,$R_2=2\ \Omega$,$R_3=6\ \Omega$,$U_{S1}=11\ V$,$U_{S2}=2\ V$,计算电路中各支路电流。

图 2-14　支路电流法

解　该电路有 2 个节点,3 条支路,2 个网孔。3 条支路电流为 I_1,I_2,I_3。

$$-I_1-I_2+I_3=0$$
$$I_1R_1-I_2R_2-U_{S1}-U_{S2}=0$$
$$I_2R_2+I_3R_3+U_{S2}=0$$

将已知条件代入有

$$-I_1-I_2+I_3=0$$
$$I_1-2I_2-11-2=0$$
$$2I_2+6I_3+2=0$$

得

$$I_1=5\ A,\quad I_2=-4\ A,\quad I_3=1\ A$$

2.5　网孔电流和网孔法

当电路的支路数较多时,用支路电流法分析计算电路时,所列方程数也就越多,计算不方便。网孔法与支路电流法相比,省去了 $(n-1)$ 个节点电流方程。

2.5.1　网孔电流

电路的每个网孔中环行流动的电流称为网孔电流,网孔电流是假想的。引入网孔电流,各支路的电流可用网孔电流表示。

当电路中支路为一个网孔单独所有时,如果支路电流参考方向与网孔电流参考方向相同,支路电流等于网孔电流;如果支路电流参考方向与网孔电流参考方向相反,支路电流等于负的网孔电流。

当电路中支路为两个网孔共同所有时,支路电流为两个网孔电流的代数和,与支路电流参考方向一致的网孔电流取正,与支路电流参考方向相反的网孔电流取负。如果网孔电流都取同一绕向,支路电流为相邻网孔电流之差。

2.5.2 网孔法

网孔法是以电路的 m 个网孔电流为未知量,按基尔霍夫电压定律列出 m 个网孔电压方程联立求解,再从网孔电流求出各支路电流及其他量的一种方法。

如图 2-15 所示电路,设网孔电流为 I_{m1}、I_{m2} 和 I_{m3}。

电路中各支路电流与网孔电流关系为

$$I_1 = I_{m1}, \quad I_2 = I_{m2} - I_{m1}, \quad I_3 = -I_{m2}$$
$$I_4 = -I_{m3}, \quad I_5 = I_{m1} - I_{m3}, \quad I_6 = I_{m2} - I_{m3}$$

列出三个回路的电压方程,把各支路电流用网孔电流表示,有

$$(R_1 + R_5 + R_2)I_{m1} - R_2 I_{m2} - R_5 I_{m3} - U_{S1} + U_{S2} = 0$$
$$-R_2 I_{m1} + (R_2 + R_6 + R_3)I_{m2} - R_6 I_{m3} + U_{S3} - U_{S2} = 0$$
$$-R_5 I_{m1} - R_6 I_{m2} + (R_4 + R_6 + R_5)I_{m3} + U_{S4} = 0$$

整理得

$$\left. \begin{array}{l} R_{11}I_{m1} + R_{12}I_{m2} + R_{13}I_{m3} - U_{S11} = 0 \\ R_{21}I_{m1} + R_{22}I_{m2} + R_{23}I_{m3} - U_{S22} = 0 \\ R_{31}I_{m1} + R_{32}I_{m2} + R_{33}I_{m3} - U_{S33} = 0 \end{array} \right\} \qquad (2-11)$$

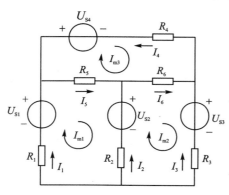

图 2-15 网孔法

R_{11}、R_{22}、R_{33} 称为各网孔的自电阻,简称自阻,等于每个网孔中所有电阻之和。自电阻的值总为正的。如 $R_{11} = R_1 + R_5 + R_4$。

R_{12}、R_{21}、R_{13}、R_{31}、R_{23}、R_{32} 称为网孔的互电阻,简称互阻,是两个网孔之间公共支路的电阻。两个网孔电流通过公共电阻时两者的参考方向一致时,互电阻项取正,相反时取负,若两个网孔之间没有公共电阻,则互电阻为零。如果令所有的网孔电流方向均为顺(逆)时针方向,互电阻项将总是负的。

U_{S11}、U_{S22}、U_{S33} 分别为各网孔所有电压源电压的代数和。电压源电压参考方向与网孔电流方向相同时取正号,相反时取负号。如 $U_{S11} - U_{S2} = U_{S1}$。

以支路电流为未知量的回路电压方程变为以网孔电流为未知量的网孔电压方程时,每个方程的左边包括该网孔及相邻网孔的网孔电流在电阻元件上产生的电压的代数和及每个网孔中所有电压源电压的代数和。

用网孔法分析计算电路时首先选定网孔电流的参考方向并标注在图上,然后以网孔电流为未知量,列出网孔的电压方程,再联立方程,解出网孔电流,最后由网孔电流确定各支路电流及其他未知量。

例 2 - 8　如图 2 - 16 所示,已知 $R_1 = 1\ \Omega$、$R_2 = 2\ \Omega$、$R_3 = 6\ \Omega$、$U_{S1} = 11\ V$、$U_{S2} = 2\ V$,用网孔法计算电路中各支路电流。

解　网孔电流为 I_{m1}、I_{m2}。

网孔 1　$(R_1 + R_2)I_{m1} - R_2 I_{m2} - U_{S1} - U_{S2} = 0$

网孔 2　$-R_2 I_{m1} + (R_2 + R_3)I_{m2} + U_{S2} = 0$

将已知条件代入,有

$$(1 + 2)I_{m1} - 2I_{m2} = 11 + 2$$
$$-2I_{m1} + (2 + 6)I_{m2} = -2$$

解得

$$I_{m1} = 5\ \text{A}, \quad I_{m2} = 1\ \text{A}$$

则支路电流

$$I_1 = I_{m1} = 5\ \text{A}, \quad I_2 = I_{m2} - I_{m1} = -4\ \text{A}, \quad I_3 = I_{m2} = 1\ \text{A}$$

如果电路中含有电流源,如图 2 - 17 所示,有 $I_{m1} = I_S$,则只需列一个网孔电压方程,即

$$-R_2 I_{m1} + (R_1 + R_2)I_{m2} + U_S = 0$$

对于 2 - 18 所示电路,通常把电流源的电压作为变量,列网孔电压方程,由于增加了一个电压未知量,还需要增加一个网孔电流与电流源电流间的约束关系,使方程数与变量数相等。

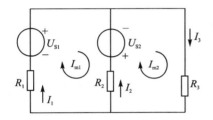

图 2 - 16　例 2 - 8 图

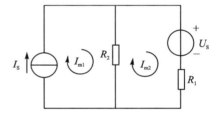

图 2 - 17　电路中含有电流源

例 2 - 9　如图 2 - 18 所示,已知 $U_{S1} = 20\ V$,$U_{S2} = 5\ V$,$I_S = 3\ A$,$R_1 = 5\ \Omega$,$R_2 = 3\ \Omega$,$R_3 = 1\ \Omega$、$R_4 = 3\ \Omega$,列出用网孔法求解电路的方程。

解　网孔电流为 I_{m1}、I_{m2}、I_{m3}。

网孔电流方程为

$$R_1 I_{m1} + U + U_{S1} = 0$$
$$(R_4 + R_2)I_{m2} - R_4 I_{m3} + U_{S2} = 0$$
$$-U - R_4 I_{m2} + (R_3 + R_4)I_{m3} = 0$$

再增加一个网孔电流与电流源电流间的约束关系,为

$$-I_{m1} + I_{m3} - I_S = 0$$

将已知条件代入,有

$$5I_{m1} + U + 20 = 0$$
$$(3 + 3)I_{m2} - 3I_{m3} + 5 = 0$$
$$-U - 3I_{m2} + (1 + 3)I_{m3} = 0$$

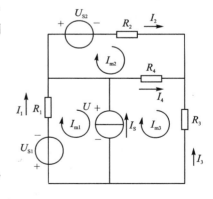

图 2 - 18　例 2 - 9 图

$$-I_{m1} + I_{m3} - 3 = 0$$

联立方程,可解出各网孔电流及电流源电压。

另外还可以采用回路电流法求解。回路电流法是以回路电流为未知量,根据 KVL 定律列出足够的方程,联立求解。应用回路电流法时可灵活选择回路,让电流源电流只属于一个回路,这样电流源电流就是回路电流。如图 2-19 所示,回路电流方程为

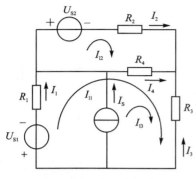

$$(R_1 + R_4 + R_3)I_{l1} - R_4 I_{l2} + (R_4 + R_3)I_{l3} = -U_{S1}$$
$$-R_4 I_{l1} + (R_4 + R_2)I_{l2} - R_4 I_{l3} = -U_{S2}$$
$$I_{l3} = I_S$$

将方程联立,可求得回路电流,根据回路电流再求支路电流。回路电流法和网孔法是有区别的,首先,网孔法只适用于平面电路,而回路电流法既适用于平面电路,也适用于非平面电路。其次,在平面电路中如采用网孔法进行求解,一定要选择网孔作为独立回路,如采用回路电流法进行求解,则可选择任意 m 个回路作为独立回路。不过,首先应确定独立回路数 m,然后保证所选的 m 个回路是独立的,所列方程同网孔法方程类似。

图 2-19 回路电流法

2.6 节点法

节点法即节点电压法。它是以节点电压为未知量,应用基尔霍夫电流定律列出与节点电压数相等的独立方程,从而解出节点电压。它与支路电流法相比,方程的个数少了 m 个。

2.6.1 节点法概述

在电路 n 个节点中,任意选择某节点为参考节点,其他$(n-1)$个节点与参考节点间的电压称为节点电压。节点电压用 $U_{n1}, U_{n2}, U_{n3} \cdots$ 表示,各节点电压的参考方向是由该节点指向参考节点。

如图 2-20,选择 4 为参考节点,各节点的电压为 U_{n1}、U_{n2}、U_{n3},根据基尔霍夫电流定律,有

$$-I_{S1} - I_1' - I_{S4} + I_4' + I_5' = 0$$
$$I_{S2} + I_2' + I_6' - I_5' = 0$$
$$I_{S4} - I_4' - I_6' - I_{S3} - I_3' = 0$$

将式中的电阻电流用节点电压表示,有

$$-I_{S1} - G_1(-U_{n1}) - I_{S4} + G_4(U_{n1} - U_{n3}) + G_5(U_{n1} - U_{n2}) = 0$$
$$I_{S2} + G_2 U_{n2} + G_6(U_{n2} - U_{n3}) - G_5(U_{n1} - U_{n2}) = 0$$
$$I_{S4} - G_4(U_{n1} - U_{n3}) - G_6(U_{n2} - U_{n3}) - I_{S3} - G_3(-U_{n3}) = 0$$

即

$$(G_1 + G_4 + G_5)U_{n1} - G_5 U_{n2} - G_4 U_{n3} = I_{s1} + I_{S4}$$
$$-G_5 U_{n1} + (G_2 + G_5 + G_6)U_{n2} - G_6 U_{n3} = -I_{S2}$$
$$-G_4 U_{n1} - G_6 U_{n2} + (G_4 + G_6 + G_3)U_{n3} = -I_{S4} + I_{S3}$$

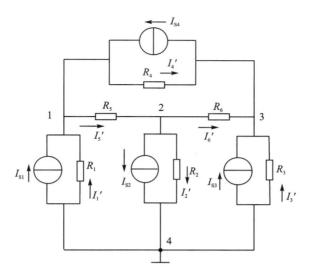

图 2 - 20　节点法

上面的方程可写成

$$\left.\begin{array}{l} G_{11}U_{n1} + G_{12}U_{n2} + G_{13}U_{n3} = I_{Sn1} \\ G_{21}U_{n1} + G_{22}U_{n2} + G_{23}U_{n3} = I_{Sn2} \\ G_{31}U_{n1} + G_{32}U_{n2} + G_{33}U_{n3} = I_{Sn3} \end{array}\right\} \tag{2-12}$$

G_{11}、G_{22}、G_{33} 称为各节点的自电导,等于与该节点相连的各支路电导之和,其值为正。如 $G_{11}=G_1+G_4+G_5$,$G_{22}=G_2+G_5+G_6$,$G_{33}=G_4+G_6+G_3$。

G_{12}、G_{21}、G_{13}、G_{31}、G_{23}、G_{32} 称为节点间的互电导,等于两个节点之间的各支路电导之和,互电导总是负的。如 $G_{12}=G_{21}=-G_5$,$G_{23}=G_{32}=-G_6$,$G_{13}=G_{31}=-G_4$。

I_{Sn1}、I_{Sn2}、I_{Sn3} 为连接在每个节点的所有电流源电流的代数和。参考方向指向节点的电流取正号,反之取负号。如 $I_{Sn1}=I_{S1}+I_{S4}$,$I_{Sn2}=-I_{S2}$,$I_{Sn3}=-I_{S4}+I_{S3}$。

用节点法分析电路时首先指定参考节点,那么其余节点与参考节点之间的电压就是节点电压,然后列 $(n-1)$ 个独立节点电流方程,再联立方程,解出各节点电压,最后由节点电压求出各支路电压、各支路电流及其他量。

实际中列节点方程时,对于电压源与电阻的串联组合可直接由 U_S、G 得出各节点电流源的电流。

例 2 - 10　如图 2 - 21 所示,已知 $U_{S1}=4$ V,$U_{S2}=6$ V,$I_{S1}=3$ V,$I_{S2}=6$ A,$R_1=1$ Ω,$R_2=2$ Ω,$R_3=1$ Ω,用节点法求各支路电流。

解　电路 3 个节点,选 3 为参考节点。节点 1、2 的方程为

$$\left(\frac{1}{R_1}+\frac{1}{R_3}\right)U_{n1} - \frac{1}{R_1}U_{n2} = -\frac{U_{S1}}{R_1} + I_{S2}$$

$$-\frac{1}{R_1}U_{n1} + \left(\frac{1}{R_1}+\frac{1}{R_2}\right)U_{n2} = \frac{U_{S1}}{R_1} + \frac{U_{S2}}{R_2} + I_{S1}$$

将已知条件代入,有

$$(1+1)U_{n1} - U_{n2} = -\frac{4}{1} + 6$$

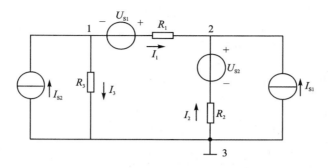

图 2 - 21　例 2 - 10 图

$$-U_{n1} + \left(1 + \frac{1}{2}\right)U_{n2} = \frac{4}{1} + \frac{6}{2} + 3$$

解得

$$U_{n1} = 6.5 \text{ V}, \qquad U_{n2} = 11 \text{ V}$$

由节点电压求出各支路电流为

$$I_1 = \frac{U_{n1} - U_{n2} + U_{S1}}{R_1} = \frac{6.4 - 11 + 4}{1} \text{ A} = -0.5 \text{ A}$$

$$I_2 = \frac{U_{S2} - U_{n2}}{R_2} = \frac{6 - 11}{2} \text{ A} = -2.5 \text{ A}$$

$$I_3 = \frac{U_{n1}}{R_3} = 6.5 \text{ A}$$

如果电路中某些电压源支路没有电阻与之串联,通常设电压源的电流为 I,然后按节点列方程,最后增加一个节点电压和电压源电压之间的约束关系,使方程数与变量数相等。如果电压源一端作为参考节点,电压源的另一端的节点电压就是已知的。

例 2 - 11　如图 2 - 22 所示,$U_S = 4$ V,$I_{S1} = 5$ A,$I_{S2} = 3$ A,$R_1 = 1$ Ω,$R_2 = 2$ Ω,用节点法求各支路电流。

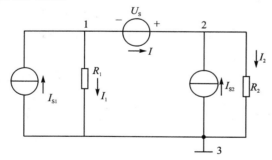

图 2 - 22　例 2 - 11 图

解　选 3 为参考节点。节点 1、2 的方程为

$$\frac{1}{R_1}U_{n1} = -I + I_{S1}$$

$$\frac{1}{R_2}U_{n2} = I + I_{S2}$$

增加一个节点电压和电压源电压之间的约束关系,有

$$U_{n2} - U_{n1} = 4$$

将已知条件代入,有

$$U_{n1} = -I + 5$$

$$\frac{1}{2}U_{n2} = I + 3$$

解得

$$U_{n1} = 4 \text{ V}, \quad U_{n2} = 8 \text{ V}, \quad I = 1 \text{ A}$$

由节点电压求出各支路电流为

$$I_1 = \frac{U_{n1}}{R_1} = 4 \text{ A}$$

$$I_2 = \frac{U_{n2}}{R_2} = \frac{8}{2} \text{ A} = 4 \text{ A}$$

如选取电压源的一端作为参考节点,如图 2-23 所示。

方程为

$$U_{n2} = U_S$$

$$\left(\frac{1}{R_1} + \frac{1}{R_2}\right)U_{n3} - \frac{1}{R_2}U_{n2} = -I_{S1} - I_{S2}$$

将已知条件代入,有

$$U_{n2} = 4 \text{ V}$$

$$\left(1 + \frac{1}{2}\right)U_{n3} - \frac{1}{2}U_{n2} = (-5-3) \text{ V}$$

解得

$$U_{n2} = 4 \text{ V}, \quad U_{n3} = -4 \text{ V}$$

各支路电流为

$$I_1 = -\frac{U_{n3}}{R_1} = 4 \text{ A}$$

$$I_2 = \frac{U_{n2} - U_{n3}}{R_2} = 4 \text{ A}$$

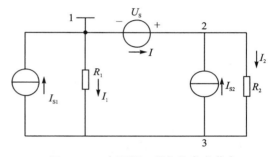

图 2-23　电压源一端作为参考节点

2.6.2　弥尔曼定理

在电路中,当遇到支路数量多而只有两个节点的电路时,先求出某点对参考点的电压,再用欧姆定律的方法求出各支路的电流,使得计算得到简化,这就是弥尔曼定理的内容。

如图 2-24 所示。选 2 为参考点,则 1 点到 2 点的电压为 U_{12},有

$$(G_1 + G_2 + G_3)U_{12} = G_1 U_S + I_S$$

那么

$$U_{12} = \frac{G_1 U_S + I_S}{G_1 + G_2 + G_3}$$

方程的一般形式为

$$U_n = \frac{\sum I_S}{\sum G} \tag{2-13}$$

此式称为弥尔曼定理的一般表达式。

例 2-12　如图 2-25 所示,已知 $R_1 = 3 \text{ Ω}$、$R_2 = 6 \text{ Ω}$、$U_S = 12 \text{ V}$、$I_S = 2 \text{ A}$,求各支路电流。

解

$$U_{12} = \frac{\dfrac{U_S}{R_1} - I_S}{\dfrac{1}{R_1} + \dfrac{1}{R_2}} = \frac{\dfrac{12}{3} - 2}{\dfrac{1}{3} + \dfrac{1}{6}} \text{ V} = 4 \text{ V}$$

$$I_1 = \frac{U_{\mathrm{s}} - U_{12}}{R_1} = \frac{12 - 4}{3} \, \mathrm{A} = \frac{8}{3} \, \mathrm{A}$$

$$I_2 = \frac{U_{12}}{R_2} = \frac{4}{6} \, \mathrm{A} = \frac{2}{3} \, \mathrm{A}$$

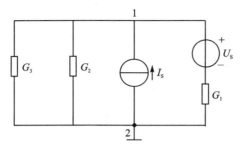

图 2-24 弥尔曼定理

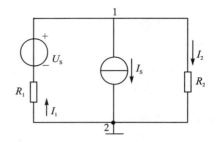

图 2-25 例 2-12 图

2.7 叠加原理

叠加原理是线性电路的一个重要原理。

在线性电路中,当几个电源同时作用时,任一支路的电流或电压等于电路中每个独立源单独作用时在此支路产生的电流或电压的代数和,这就是叠加原理的内容。所谓每个独立源单独作用是指其他的独立源置零的情况下(电压源短路、电流源开路时),该电源对电路的作用。

叠加原理可以直接用来分析计算电路,但在电路独立源较多的情况下并不方便。叠加原理只适用于线性电路,并且只适用于电路中的电压、电流,对功率不适用。

用叠加原理求解电路时首先将多个电源作用的电路,分解成每个电源单独作用的电路,并在每个电路中标注要求解的电流或电压的参考方向,然后在每个电路中求出相应的电流、电压,最后将求出的电流或电压进行叠加。

例 2-13 有一桥型电路如图 2-26(a)所示,用叠加定理求各电阻的电流及 5 Ω 电阻上的功率。

解 根据叠加定理,图 2-26(a)中的各电流可以看成是图(b)、(c)中对应电流的叠加。图(b)为电压源单独作用的电路,图(c)为电流源单独作用的电路。

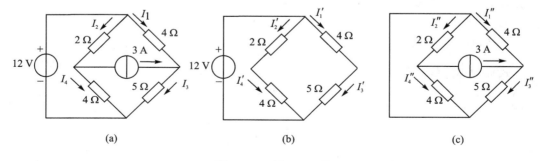

(a)   (b)   (c)

图 2-26 例 2-13 图

在图(b)中

$$I_1' = I_3' = \frac{12}{4+5} \text{ A} = \frac{4}{3} \text{ A}$$

$$I_2' = I_4' = \frac{12}{2+4} \text{ A} = 2 \text{ A}$$

在图 (c) 中

$$I_1'' = -\frac{5}{4+5} \times 3 \text{ A} = -\frac{5}{3} \text{ A}, \quad I_3'' = \frac{4}{4+5} \times 3 \text{ A} = \frac{4}{3} \text{ A}$$

$$I_2'' = \frac{4}{2+4} \times 3 \text{ A} = 2 \text{ A}, \quad I_4'' = -\frac{2}{2+4} \times 3 \text{ A} = -1 \text{ A}$$

叠加得 　　　　$I_1 = -\frac{1}{3} \text{ A}, \quad I_2 = 4 \text{ A}, \quad I_3 = \frac{8}{3} \text{ A}, \quad I_4 = 1 \text{ A}$

5 Ω 电阻上消耗的功率为

$$P = \left(\frac{8}{3}\right)^2 \times 5 \text{ W} = 35.6 \text{ W}$$

功率不能用叠加定理计算。

2.8　替代定理

　　替代定理允许用一个经适当选择的独立电源来替代电路中一条特定的支路,而不会引起电路中其他支路上的电压和电流的改变。替代的目的在于使替代后的电路比原电路更易于求解。

　　替代定理:给定任意一个线性电阻电路,其中第 k 条支路的电压 u_k 和电流 i_k 已知,那么这条支路就可以用一个电压等于 u_k 的独立电压源或者用一个电流等于 i_k 的独立电流源来替代,替代后电路中全部电压和电流均将保持原值(电路在改变前后,各支路电压和电流均应是唯一的)。替代定理的原理图如图 2-27 所示。

　　定理中提到的第 k 条支路可以是无源的,也可以是含源的,但一般不应当含有受控源或该支路的电压或电流是其他支路中受控源的控制量。

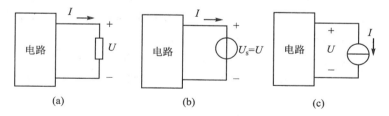

图 2-27　替代定理

　　例 2-14　如图 2-28(a)所示电路,已经求得:$I_1 = 4$ A,$I_2 = 6$ A,$I_3 = 10$ A,电压 $U_{AB} = 60$ V,现将支路 2 用电流为 6 A 的电流源来替代,如图(b)所示;或支路 3 用电压为 60 V 的电压源来替代,如图(c)所示。试验证替代定理的正确性。

　　解　如图 2-28(b),取 B 点为参考节点。有

$$U_{AB} = \frac{\dfrac{140}{20} + 6}{\dfrac{1}{20} + \dfrac{1}{6}} \text{ V} = 60 \text{ V}$$

$$I_1 = \frac{140 - 60}{20} \text{ A} = 4 \text{ A}, \quad I_3 = \frac{60}{6} \text{ A} = 10 \text{ A}$$

替代后各支路电流和电压仍保持原值。

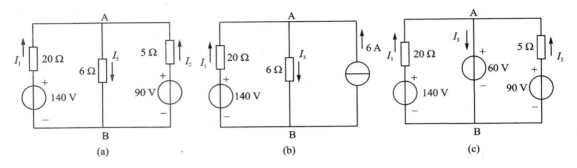

图 2 - 28   例 2 - 14 图

如图 2 - 28(c)所示，有

$$I_1 = \frac{140 - 60}{20} \text{A} = 4 \text{ A}, \quad I_2 = \frac{90 - 60}{5} \text{ A} = 6 \text{ A}, \quad I_3 = I_1 + I_2 = 10 \text{ A}$$

替代后各支路电流仍保持原值，由此可验证替代定理的正确性。替代定理还可以推广到非线性电路。

2.9   戴维南定理与诺顿定理

戴维南定理或诺顿定理在计算复杂电路某一支路的电流或电压时非常方便。

2.9.1   戴维南定理

任何一个有源线性二端网络，对其外部电路而言，都可以用电压源与电阻串联组合等效代替；该电压源的电压等于二端网络的开路电压，该电阻等于二端网络内部所有独立源置零时的等效电阻，这就是戴维南定理的内容。电压源与电阻串联的电路也称为戴维南等效电路。独立源置零是指网络内的电压源短路、电流源开路。

用戴维南定理求解电路时首先把待求支路从电路中移去，其他部分看成一个有源二端网络，然后求出有源二端网络的开路电压及等效电阻，最后把有源二端网络的等效电路与所求的支路连接起来，计算待求支路电流或电压等。

例 2 - 15   用戴维南定理将图 2 - 29 电路化简。

解   开路电压为

$$U_{\text{OC}} = (-6 + 3 + 2 \times 4) \text{ V} = 5 \text{ V}$$

二端网络所有独立源置零时的等效电阻为

$$R_{\text{S}} = (2 + 4) \ \Omega = 6 \ \Omega$$

戴维南等效电路如图 2 - 29(b)所示。

例 2 - 16   应用戴维南定理求图 2 - 30(a)电路中电阻 R_{L} 上的电流 I。

解   将 $R_{\text{L}} = 4 \ \Omega$ 的支路断开，得到图 2 - 30(b)所示的电路，则开路电压为

$$U_{\text{OC}} = \left(-2 \times 4 + \frac{16}{4 + 12} \times 12\right) \text{ V} = 4 \text{ V}$$

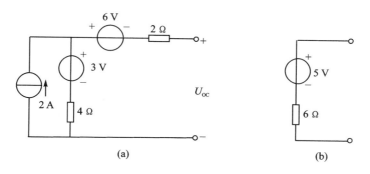

图 2 - 29 例 2 - 15 图

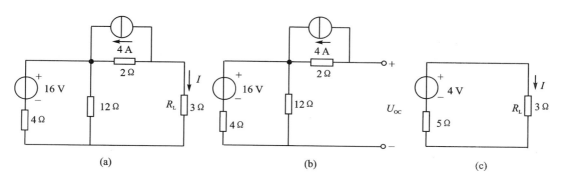

图 2 - 30 例 2 - 16 图

图 2 - 30(b)所示二端网络所有独立源作用为零时的等效电阻为

$$R_{\mathrm{S}} = \left(2 + \frac{4 \times 12}{4 + 12}\right) \Omega = 5 \ \Omega$$

用戴维南定理化简后的电路如图 2 - 30(c)所示,电流为

$$I = \frac{4}{3 + 5} \ \mathrm{A} = 0.5 \ \mathrm{A}$$

2.9.2 诺顿定理

任何一个有源线性二端网络,对其外部电路而言,都可以用电流源与电阻并联组合等效代替;该电流源的电流等于二端网络的短路电流,该电阻等于二端网络内部所有独立源置零时的等效电阻,这就是诺顿定理的内容。电流源与电阻并联的电路也称为诺顿等效电路。

用诺顿定理求解电路时首先把待求支路从电路中移去,其他部分看成一个有源二端网络,然后求出有源二端网络的短路电流及等效电阻,最后把有源二端网络的等效电路与所求的支路连接起来,计算待求支路电流或电压等。

例 2 - 17 将图 2 - 31(a)所示的电路化为诺顿等效电路。

解 将二端网络端口短路,如图 2 - 31(b)所示。有

$$I_{\mathrm{SC}} = \left(\frac{25}{5} - 4\right) \ \mathrm{A} = 1 \ \mathrm{A}$$

图 2 - 31(b)所示二端网络所有独立源置零时的等效电阻为

$$R_{\mathrm{S}} = \frac{5 \times 20}{5 + 20} \ \Omega = 4 \ \Omega$$

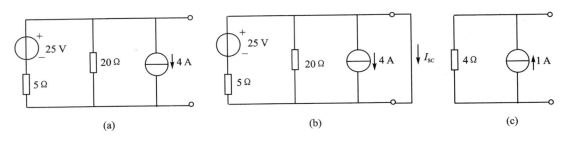

图 2 - 31　例 2 - 17 图

诺顿等效电路如图 2 - 31(c)所示。

实际中很多含源二端网络内部很复杂，但只要测出它的开路电压、短路电流、等效电阻三个量中的任意两个，就可以确定它的等效电路，它对外电路的特性也就完全确定了。

2.9.3　最大功率输出条件

如图 2 - 32 所示，负载的电流为

$$I = \frac{U_{OC}}{R_S + R_L}$$

负载功率为

$$P = I^2 R_L = \frac{U_{OC}^2 R_L}{(R_S + R_L)^2}$$

根据 $\dfrac{\mathrm{d}P}{\mathrm{d}R_L} = 0$，可求出负载获得最大功率的条件是

$$R_L = R_S \qquad (2 - 14)$$

最大功率为

$$P_{\max} = \frac{U_{OC}^2}{4R_S} \qquad (2 - 15)$$

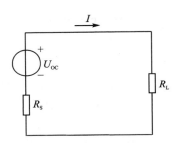

图 2 - 32　最大功率输出的条件

例 2 - 18　在图 2 - 33(a)所示电路中，R 为何值时获得的功率最大？最大功率是多少？

解　R 所连接的有源二端网络等效电路如图 2 - 33(c)所示，开路电压为

$$U_{OC} = (4 - 2 \times 3 + 10)\ \mathrm{V} = 8\ \mathrm{V}$$

等效电阻为

$$R_S = (1 + 3)\ \Omega = 4\ \Omega$$

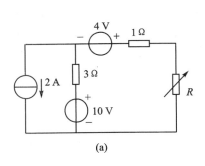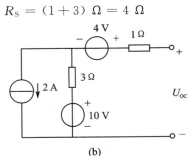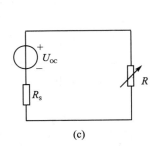

图 2 - 33　例 2 - 18 图

根据最大功率输出条件,当 $R=R_{\mathrm{S}}=4\ \Omega$ 时,R 获得的功率最大,为

$$P_{\max}=\frac{U_{\mathrm{OC}}^{2}}{4R_{\mathrm{S}}}=\frac{8^{2}}{4\times4}\ \mathrm{W}=4\ \mathrm{W}$$

2.10　受控源及受控源电路的分析

独立电压源的电压和独立电流源的电流是不受外电路的影响独立存在的,而有些电源的电压和电流不是独立存在的,而是受其他支路的电压或电流所控制,这就是受控电源,又称为非独立电源。

2.10.1　受控源

根据受控源在电路中的作用是电压源还是电流源,以及这个电压源或电流源是受电路中的电压控制还是电流控制,受控源可分为四种类型,即电压控制电压源(VCVS)、电压控制电流源(VCCS)、电流控制电压源(CCVS)、电流控制电流源(CCCS),为了区别于独立电源,采用菱形符号表示受控电源。采用的参考方向表示方法与独立电源的表示方法相同。μ,g,r 和 β 都是常数,其中 μ 和 β 无量纲,g 和 r 分别具有电导和电阻的量纲。如图 2-34 所示。

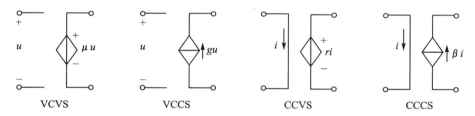

图 2-34　受控源

受控源有两条支路,其中一条是控制支路,另一条是受控支路。

2.10.2　受控源电路的分析

1. 含受控源二端网络的等效变换

受控电压源与电阻的串联可以等效变换成受控电流源与电阻的并联,受控电流源与电阻的并联可以等效变换成受控电压源与电阻的串联;但应注意在等效变换过程中,不能把受控源的控制量消除掉;最后根据二端网络端口电压与端口电流之间的伏安关系确定其最简等效电路。

例 2-19　化简图 2-35(a)所示的电路。

解　电流源与 1 Ω 电阻的并联等效变换为电压源与 1 Ω 电阻的串联,如图 2-35(b)所示。2 Ω 与 1 Ω 电阻的串联等效为一个 3 Ω 电阻,电压源与受控电压源的串联等效为一个受控电压源,如图 2-35(c)所示。由图 2-35(c)可求出端口电压、电流关系为

$$U=3-2U+3I$$

即

$$U=1+I$$

等效电路为一个 1 Ω 电阻与一个 1 V 电压源串联,如图 2-35(d)所示。

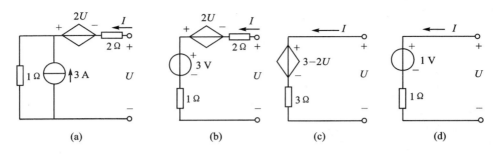

图 2－35　例 2－19 图

2. 含受控源电路的网孔法

用网孔法分析含有受控源电路时,把受控源作为独立源处理,然后将受控源的控制量用网孔电流表示。

例 2－20　列出图 2－36 所示电路的网孔方程。

解　网孔 1　$(R_1+R_2)I_{m1}-R_2I_{m2}-U_{S1}=0$

网孔 2　$-R_2I_{m1}+(R_2+R_3)I_{m2}-3I=0$

将控制量用网孔电流表示,有

$$I=I_{m2}-I_{m1}$$

方程联立求解,可求出网孔电流及控制量。

3. 含受控源电路的节点法

用节点法分析含有受控源电路时,把受控源作为独立源处理,然后将受控源的控制量用节点电压表示。

例 2－21　列出图 2－37 所示电路的节点方程。

解　节点 1　$\left(\dfrac{1}{R_1}+\dfrac{1}{R_2}\right)U_{n1}-\dfrac{1}{R_2}U_{n2}=I_S+\dfrac{3U}{R_1}$

节点 2　$-\dfrac{1}{R_2}U_{n1}+\left(\dfrac{1}{R_3}+\dfrac{1}{R_2}\right)U_{n2}=-2I$

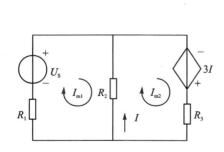

图 2－36　例 2－20 图

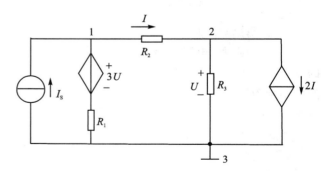

图 2－37　例 2－21 图

将控制量用节点电压表示,有

$$U=U_{n2}$$

$$I=\frac{U_{n1}-U_{n2}}{R_2}$$

方程联立求解,可求出节点电压及控制量。

4. 用叠加原理分析含受控源电路

用叠加原理求解含受控源的电路,当每个电源单独作用时,受控源保留,控制量在电路对应的位置。

例 2 - 22　电路如图 2 - 38(a)所示,试用叠加原理求电压 U_3。

解　利用叠加原理,当只有电压源单独作用时,电流源处开路,如图 2 - 38(b),当电流源单独作用,电压源处短路,如图 2 - 38(c)所示。

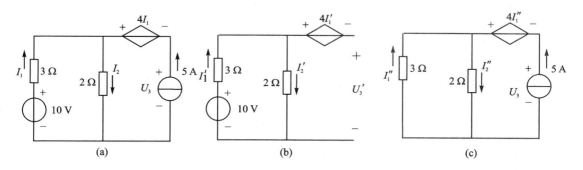

图 2 - 38　例 2 - 22 图

在图(b)中

$$I_1' = I_2' = \frac{10}{3+2} \text{ A} = 2 \text{ A}$$

$$U_3' = -4I_1' + 2I_2' = -4 \text{ V}$$

在图(c)中

$$I_1'' = -\frac{2}{2+3} \times 5 \text{ A} = -2 \text{ A}, \quad I_2'' = \frac{3}{2+3} \times 5 \text{ A} = 3 \text{ A}$$

$$U_3'' = -4I_1'' + 2I_2'' = 14 \text{ V}$$

叠加后,有

$$U_3 = U_3' + U_3'' = 10 \text{ V}$$

5. 用戴维南定理分析含受控源电路

用戴维南定理求解含受控源电路的方法与前面不含受控源电路的方法相同,但等效电阻采用外加电源法求解。采用外加电源法时二端网络内所有独立源作用为零,求出的端口的电压与产生的电流的比值即为等效电阻。

例 2 - 23　利用戴维南定理求图 2 - 39(a)所示电路中的电压 U。

解　将 $5.2 \ \Omega$ 电阻断开,得到图 2 - 39(b)所示的有源二端网络,开路电压为

$$U_{OC} = 3I \times 2 + 3I = 9I = 9 \times \frac{15}{3+2} \text{ V} = 27 \text{ V}$$

等效电阻按图 2 - 39(c)求,有

$$U_O = 2 \times (3I + I_O) + 3I = 9I + 2I_O$$

而

$$3I = 2(I_O - I)$$

即

$$I = \frac{2}{5}I_{\mathrm{o}}$$

则

$$U_{\mathrm{o}} = 9 \times \frac{2}{5}I_{\mathrm{o}} + 2I_{\mathrm{o}} = 5.6I_{\mathrm{o}}$$

$$R_{\mathrm{s}} = 5.6 \ \Omega$$

画出戴维南等效电路,将 5.2 Ω 电阻接上,如图 2-39(d)所示,可得

$$U = \frac{5.2}{5.6 + 5.2} \times 27 \ \mathrm{V} = 13 \ \mathrm{V}$$

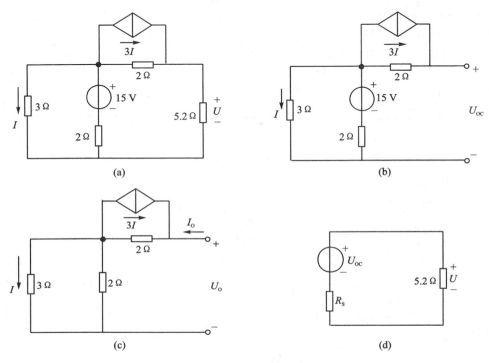

图 2-39   例 2-23 图

2.11   非线性电路分析简介

本节将简单介绍非线性电阻元件及非线性电阻电路的分析。

2.11.1   非线性电阻元件

线性电阻元件的伏安特性曲线是通过坐标原点的直线,它的电阻值是一个常数,而非线性电阻元件的电压与电流不成正比,其电阻值不是常数,它的阻值随着它的电压或电流的改变而改变,伏安特性曲线不是直线。

非线性电阻分为静态电阻和动态电阻。非线性电阻元件伏安特性曲线上某一点的电压与电流的比值称为该点的静态电阻,用 R_j 表示。它也等于经过特性曲线上某一点及坐标原点的直线的斜率的倒数。如图 2-40 上的 M 点。

$$R_{\mathrm{j}} = \frac{U_1}{I_1} = \frac{1}{\tan \alpha} \qquad (2-16)$$

非线性电阻元件伏安特性曲线上某一点附近电压与电流变化量之比称为该点的动态电阻，用 R_{d} 表示。它也等于经过特性曲线上某一点切线斜率的倒数。如图 $2-40$ 上的 M 点。

$$R_{\mathrm{d}} = \lim_{\Delta I \to 0} \frac{\Delta U}{\Delta I} = \frac{\mathrm{d}u}{\mathrm{d}i} = \frac{1}{\tan \beta} \quad (2-17)$$

欧姆定律、叠加原理不适用于非线性电阻，但基尔霍夫电压和电流定律仍是分析非线性电路的依据。

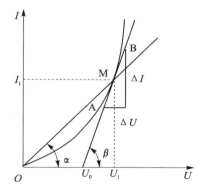

图 $2-40$　非线性电阻的静态电阻和动态电阻

2.11.2　非线性电阻元件电路的分析

非线性电阻元件电路的分析主要采用图解法。图解法是根据基尔霍夫定律及给定元件的伏安特性曲线用作图的方法求出结果。

1. 非线性电阻与非线性电阻或与线性电阻串联

图 $2-41$(a)所示为两个非线性电阻元件 R_1、R_2 串联的电路，两个电阻元件的伏安特性曲线如图 $2-41$(b)所示。

串联的两个非线性电阻流过的电流相同。

根据基尔霍夫电压定律，有

$$U = U_1 + U_2$$

因此在图 $2-41$(b)中将 R_1、R_2 在同一电流下的电压 U_1、U_2 相加，便得到串联后非线性电阻元件的伏安特性曲线。

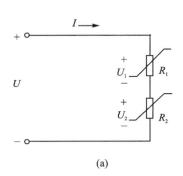

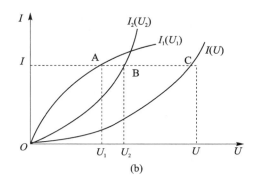

(a)　　　　　　　　　　　　　　　(b)

图 $2-41$　非线性电阻与非线性电阻串联电路

若外加电压 U 已知，根据串联后非线性电阻元件的伏安特性曲线，可以确定出对应的总电流 I，再由电流分别在 R_1、R_2 的伏安特性曲线上确定出两个元件的电压 U_1、U_2。

两个以上非线性电阻(也可包含线性电阻)串联的回路也可以采用此方法。非线性电阻与非线性电阻或与线性电阻串联，其等效电阻仍然是非线性电阻。

2. 非线性电阻与非线性电阻或与线性电阻并联

图 $2-42$(a)所示为两个非线性电阻元件并联的电路，两个电阻的伏安特性曲线如

图 2 - 42(b)所示。

并联的两个非线性电阻上的电压相同。

根据基尔霍夫电流定律,有

$$I = I_1 + I_2$$

在图 2 - 42(b)中将 R_1、R_2 在同一电压坐标下的电流 I_1、I_2 相加,得到等效后非线性电阻元件的伏安特性曲线。若电流 I 已知,根据等效后非线性电阻元件的伏安特性曲线,可以确定出对应的总电压,再由电压分别在 R_1、R_2 的伏安特性曲线上确定出两个元件的电流 I_1、I_2。

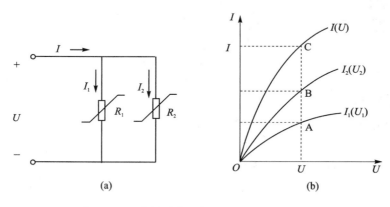

图 2 - 42　非线性电阻与非线性电阻并联电路

两个以上非线性电阻(也可包含线性电阻)并联的回路也可以采用此方法。非线性电阻与非线性电阻或与线性电阻并联,其等效电阻仍然是非线性电阻。

3. 有源二端网络与非线性电阻串联

对一个线性有源二端网络与非线性电阻串联的电路进行分析时,首先将有源二端网络用戴维南定理等效,然后写出线性有源二端网络与非线性电阻的伏安关系,最后利用线性有源二端网络与非线性电阻的伏安特性曲线采用图解法求解未知量。

图 2 - 43(a)为有源二端网络与非线性电阻串联电路,图 2 - 43(b)为非线性电阻 R 的伏安特性曲线。

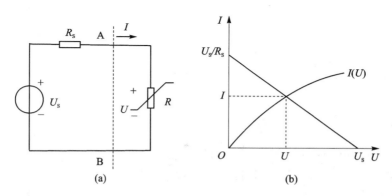

图 2 - 43　非线性电阻与线性电阻及直流电压源组成的闭合回路

若 U_s、R_s 已知,求电路 I 及电阻上电压 U。

在图 2 - 43(b)上画出有源二端网络端口电压和电流的伏安特性曲线,它是一条经过

$(U_\mathrm{S},0)$ 和 $(0,U_\mathrm{S}/R_\mathrm{S})$ 的直线。

图 $2-43(\mathrm{a})$ 电路中 I 和 U 的关系即满足有源二端网络端口电压和电流的伏安关系,又满足非线性电阻 R 的 $I(U)$ 特性曲线。所以两个曲线的交点所对应的横、纵坐标即为电压 U 和电流 I。

本章小结

1. 等效变换

如果一个二端网络的伏安关系与另一个二端网络的伏安关系完全相同,那么这两个二端网络是等效的。

串联电阻的等效电阻等于各电阻之和。并联电阻的等效电导等于各电导之和。

电阻星形连接与三角形连接可以等效变换。

几个电压源串联可以等效为一个电压源,几个电流源并联可以等效为一个电流源,电压源与电阻的串联组合可以等效为电流源与电阻的并联。

2. 网络方程法

支路电流法是以支路电流为未知量,列 $(n-1)$ 个节点电流方程,列 $b-(n-1)$ 个回路电压方程,联立求解。

网孔法是以网孔电流为未知量,列出 m 个网孔电压方程,联立求解。

节点法是以节点电压为未知量,列 $(n-1)$ 个节点电流方程,联立求解。

弥尔曼定理,适用于只有两个节点的电路,两节点之间的电压 $U = \dfrac{\sum I_\mathrm{S}}{\sum G}$。

3. 网络原理

叠加原理:线性电路中,当几个电源同时作用时,任一支路的电流或电压等于电路中每个独立源单独作用时在此支路产生的电流或电压的代数和。

替代定理:给定任意一个线性电阻电路,其中第 k 条支路的电压 u_k 和电流 i_k 已知,那么这条支路就可以用一个电压等于 u_k 的独立电压源或者用一个电流等于 i_k 的独立电流源来替代,替代后电路中全部电压和电流均将保持原值。

戴维南定理:任何一个有源线性二端网络,对其外部电路而言,都可以用电压源与电阻串联组合等效代替;该电压源的电压等于二端网络的开路电压,该电阻等于二端网络内部所有独立源置零时的等效电阻。

诺顿定理:任何一个有源线性二端网络,对其外部电路而言,都可以用电流源与电阻并联组合等效代替,该电流源的电流等于二端网络的短路电流,该电阻等于二端网络内部所有独立源置零时的等效电阻。

独立源置零是指网络内的独立源不起作用,即电压源短路,电流源开路。

4. 受控源

受控源是一种非独立电源,其电压或电流受电路中某一条支路的电压或电流控制。

5. 非线性电路

非线性电路的分析遵循基尔霍夫定律,分析方法主要是图解法。

习　题

2-1　求图 2-44 所示电路二端网络的等效电阻。

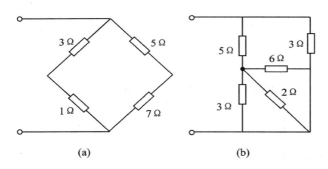 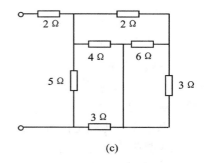

(a)　　　　　　　　　(b)　　　　　　　　　(c)

图 2-44　习题 2-1 图

2-2　计算图 2-45 所示电路中的电流 I。

2-3　利用两种电源模型等效变换将图 2-46 所示电路化成最简形式。

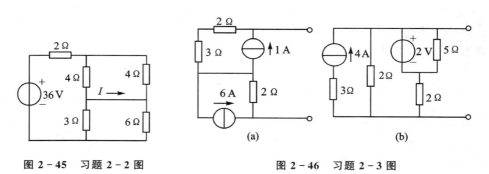

(a)　　　　　　　　(b)

图 2-45　习题 2-2 图　　　　　图 2-46　习题 2-3 图

2-4　利用电源的等效变换求图 2-47 所示电路中的电流 I。

2-5　如图 2-48 所示,列出用支路电流法求解电路的方程。

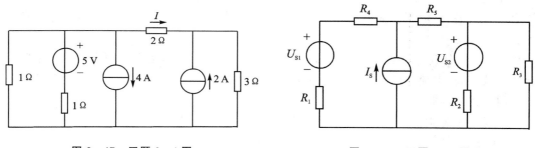

图 2-47　习题 2-4 图　　　　　图 2-48　习题 2-5 图

2-6　如图 2-49 所示,列出用网孔法求解电路的方程,并将支路电流用网孔电流表示。

2-7　用网孔法求解图 2-50 所示电路中各支路电流。

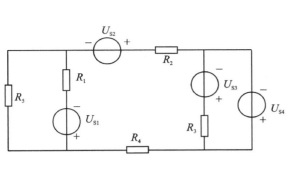

图 2-49 习题 2-6 图

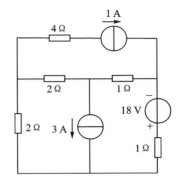

图 2-50 习题 2-7 图

2-8 如图 2-51 所示,分别用支路电流法、网孔法和节点法求各支路电流。

2-9 列出用节点法求解图 2-52 所示电路的方程。

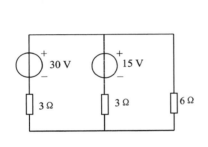

图 2-51 习题 2-8 图

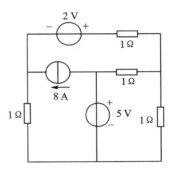

图 2-52 习题 2-9 图

2-10 用叠加原理计算图 2-53 中的电流 I 和电压 U。

2-11 用叠加原理求图 2-54 电路中的电流 I。

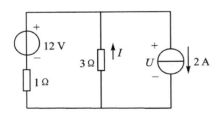

图 2-53 习题 2-10 图

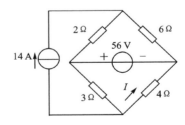

图 2-54 习题 2-11 图

2-12 用戴维南定理化简图 2-55 所示的电路。

2-13 用戴维南定理求图 2-56 电路中的电流 I。

2-14 用戴维南定理求图 2-57 电路中的电压 U。

2-15 用诺顿定理化简图 2-55 所示的电路。

2-16 如图 2-58 所示电路,电阻 R 为多大时能获得最大功率?并计算电阻上的最大功率。

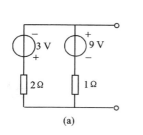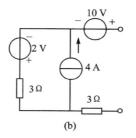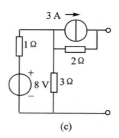

图 2-55 习题 2-12 图

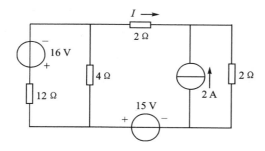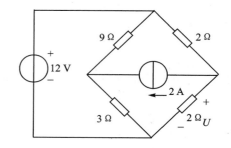

图 2-56 习题 2-13 图　　　　　图 2-57 习题 2-14 图

2-17 列出用节点法求解图 2-59 所示电路的方程。

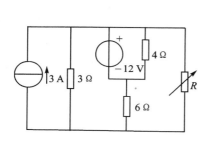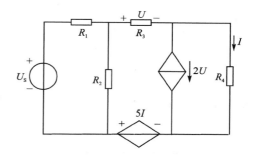

图 2-58 习题 2-16 图　　　　　图 2-59 习题 2-17 图

2-18 用叠加原理求解图 2-60 所示电路的电压 U。

2-19 用戴维南定理求图 2-61 所示电路的电流 I。

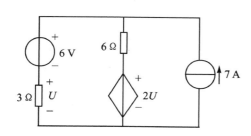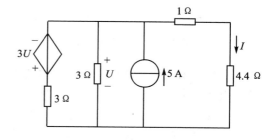

图 2-60 习题 2-18 图　　　　　图 2-61 习题 2-19 图

测试题

2-1　填空题(10 分)

(1) 两只电阻并联,电阻的阻值之比为 2:3,则这两只电阻上电流之比为_____。

(2) 一个 10 V 电压表,内阻为 20 kΩ,若将其量程扩大为 250 V,应串联的电阻为_____。

(3) 若电压源与电流源或电阻并联,从对外电路等效的角度来看,可等效为一个_____。

(4) 如图 2-62 所示,节点 1 的自电导为_____。

(5) 某复杂电路有 b 个未知的支路电流、n 个节点,若用支路电流法求解,应按 KCL 定律列出_____个独立的节点电流方程,按 KVL 定律列出_____个独立的回路电压方程。

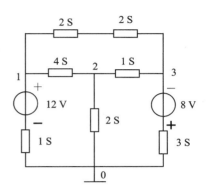

图 2-62　测试题 2-1-(4)图

2-2　选择题(20 分)

(1) 两只电阻串联,电阻的阻值分别为 2Ω、3Ω,则这两只电阻消耗的功率之比为(　　)。

A. 2:3　　　　B. 4:9　　　　C. 3:2

(2) 如图 2-63 所示,电压 U_2 变化范围为(　　)。

A. 20~50 V　　B. 40~100 V　　C. 50~220 V

(3) 利用两种电源模型等效变换化简图 2-64 所示电路,最简电路为(　　)。

A. 1 A 电流源与 5 Ω 电阻并联　　B. 3 A 电流源与 5 Ω 电阻并联

C. 7 A 电流源与 5 Ω 电阻串联

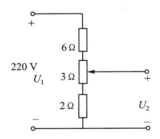

图 2-63　测试题 2-2-(2)题

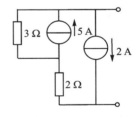

图 2-64　测试题 2-2-(3)题

(4) 如图 2-65 所示电路,利用支路电流法列方程解电路时,下列方程哪个不正确(　　)。

A. $I_1 - I_2 - I_3 = 0$　　　　　　B. $2I_1 - U_{S1} - U_{S2} + 4I_2 = 0$

C. $3I_3 - U_{S2} - 4I_2 = 0$

(5) 如图 2-66 所示电路,两个网孔电流分别为 3 A 和 2 A,则两个电源电压分别为(　　)。

A. 12 V　2 V　　B. 24 V　16 V　　C. 6 V　4 V

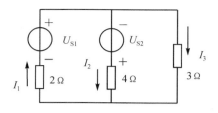

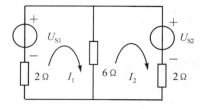

图 2−65　测试题 2−2−(4)题　　　　图 2−66　测试题 2−2−(5)题

（6）如图 2−67 所示电路,节点 1、2 间的电压为 18 V,则电流源的电流为（　　）。

　　A. 6 A　　　　　　B. 9 A　　　　　　C. 12 A

（7）如图 2−68 所示电路,电流源单独作用和电压源单独作用时,电流 I 分别为（　　）。

　　A. 2 A　2 A　　　B. 2 A　1 A　　　C. 4 A　2 A

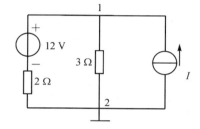

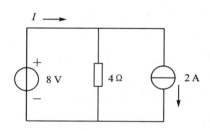

图 2−67　测试题 2−2−(6)题　　　　图 2−68　测试题 2−2−(7)图

（8）图 2−69 所示电路的诺顿等效电路参数为（　　）。

　　A. 1.5 A　2 Ω　　B. 2.5 A　2Ω　　C. 4 A　2Ω

（9）一直流电路测得电路开路电压为 10 V,短路电流为 2 A,则该直流电路的戴维南等效电路参数为（　　）。

　　A. 10 V　2 Ω　　B. 10 V　5 Ω　　C. 2 V　2 Ω

（10）当负载电阻等于电源内阻时,负载获得功率最大,最大功率为（　　）。

　　A. $\dfrac{U_{OC}^2}{4R_S}$　　　B. $\dfrac{U_{OC}^2}{2R_S}$　　　C. $\dfrac{4U_{OC}^2}{R_S}$

2−3　简答题(25分)

（1）两只电阻串联后的阻值为 16 Ω,并联时的阻值为 3 Ω,则这两只电阻阻值分别为多少?

（2）一只标有 1 kΩ、1 W 的电阻,实际使用时,外加最大电压为多少?

（3）如图 2−70 所示电路,二端网络的等效电阻 R 为多少?

（4）叙述网孔电流与支路电流的关系。

（5）用节点法列出图 2−71 所示电路的方程。

2−4　计算题(45分)

（1）多量程电流表是利用并联分流电阻来扩大量程,如图 2−72 所示,已知表头内阻为 500 Ω,满量程为 10 mA,求电阻 R_1、R_2、R_3?

（2）如图 2−73 所示,用叠加原理计算电压 U。

（3）如图 2-74 所示电路，用戴维南定理求电路中的电流 I。

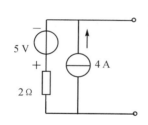

图 2-69　测试题 2-2-(8)图

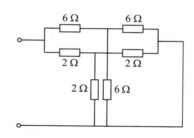

图 2-70　测试题 2-3-(3)图

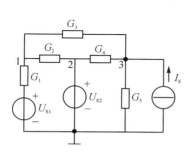

图 2-71　测试题 2-3-(5)图

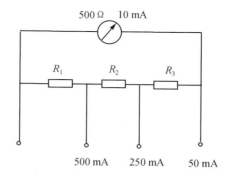

图 2-72　测试题 2-4-(1)图

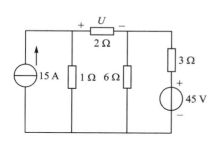

图 2-73　测试题 2-4-(2)图

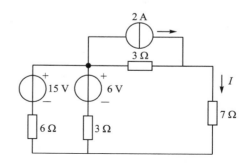

图 2-74　测试题 2-4-(3)图

第 3 章　电容元件和电感元件

组成电路的元件不仅有电阻元件,还有电感和电容元件。后两种元件与电阻元件的性质不同,属于储能元件。本章主要介绍电容和电感元件的基本概念和电压、电流的约束关系以及电容元件的连接和两种元件的储能,为学习线性电路的动态分析、交流电路的分析和电子电路等后续课程奠定理论基础。

3.1　电容元件

3.1.1　电容元件的基本概念

1. 电容器

实际的电容器的种类和规格很多,但就其构成的基本原理来说,都是两个导体中间用电介质隔开就构成电容器,其中两个导体称为电容器的极板。电容器有很多种类,按绝缘介质分,有有机薄膜电容器、瓷介电容器、电解电容器等;按其形状分,有平行板电容器、圆柱形电容器、片式电容器等;按其容量是否可变分,又有固定电容和可调电容。其中最简单、最常见的电容器是由两块金属板或金属纸作为极板构成的平行板电容器。

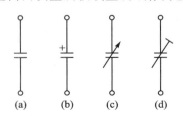

(a)　　(b)　　(c)　　(d)

图 3-1　电容元件的电路图形符号

2. 电容元件

实际电容器中的介质是不可能完全绝缘的,总会有电流通过介质,这一现象称为漏电。因此,电容器还有漏电阻。忽略了漏电现象的电容器,就称为理想电容器。图 3-1 所示是电容元件的电路图形符号,其中图(a)是电容元件的一般符号;图(b)是电解电容的符号;图(c)是可调电容的符号;图(d)是微调电容的符号。

3. 电　容

电容器的容量简称电容。电容器在外电源的作用下,两极板上可聚集等量的异性电荷,当外电源撤去后,极板上的电荷可长期储存。当极板上的电荷释放掉时,电场中的能量也就释放出来。因此电容器是一种储存电场能量的元件,它的基本性能是储存电荷而产生电场。

实验证明:电容器充电后每个极板上所带的电荷 q 与极板间的电压 u_C 成正比

$$C = \frac{q}{u_C} \tag{3-1}$$

式中,比例常数 C 反映了电容元件容纳电荷的本领,称为电容器的电容量,简称电容。同一电容元件,两端电压 u_C 不同时,两极板上聚集的电荷量也不同,它的这一特性可用库伏特性来表征。当电容元件两端的电压 u_C 的参考方向如图 3-2(a)所示,则线性电容的库伏特性如图 3-2(b)所示,它是一条通过 q—u_C 平面坐标原点的直线。国际单位制中,电容的单位是法拉,简称法(F)。实际中常用微法(μF)和皮法(pF),1 μF=10^{-6} F,1 pF=10^{-12} F。

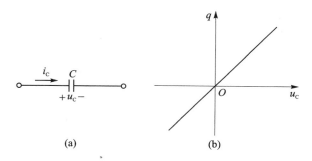

图 3 - 2　电容电压电流参考方向和库伏特性

如果电容元件的容量为常数,它不随所带电量的变化而变化,这样的电容元件称为线性电容元件。本书所讨论的电容元件如不特殊说明都为线性电容元件。习惯上把电容元件称为电容,因此,电容既是一个元件,也是一个量值。

电容器的两个重要参数是容量和它的额定电压。因为每个电容器所允许承受的电压是有限度的,电压过高,介质就会被击穿,这个电压称为击穿电压。使电容器长期工作而不被击穿的电压称为额定工作电压。因此在电容器铭牌上,除标明电容量外,还须标明其额定电压。

4. 常用电容器的容量计算

在实际的电器设备中,常见的电容器有平板电容器和同轴圆柱形电容器,下面介绍它们的容量计算。

(1)平板电容器

两块相互平行的金属板,中间隔以电介质,就构成一个平板电容器,如图 3 - 3 所示。如果平板电容器的极板间距离比极板尺寸小得多,那么,就可以把它当成无限大平行板。在平板电容器充电以后,极板的内表面均匀带电,极板间为均匀电场。

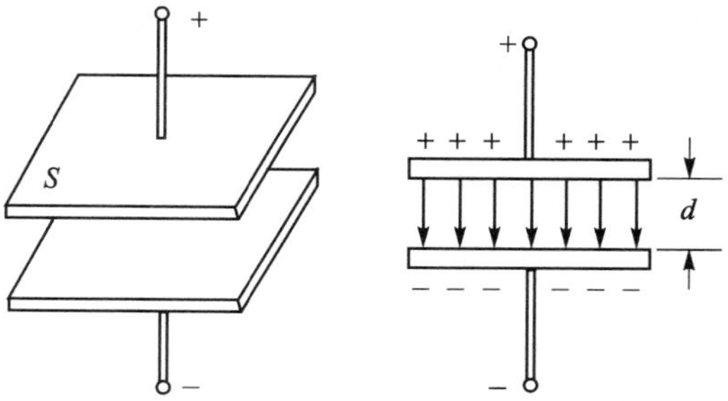

根据电容的定义,平板电容器的电容为

$$C = \frac{Q}{U_C} = \frac{\varepsilon S}{d} = \frac{\varepsilon_r \varepsilon_0 S}{d} \qquad (3-2)$$

图 3 - 3　平板电容器

式中,d 为极板间的距离;S 为极板的有效面积;ε 为电介质的介电常数,ε_0 为真空的介电常数,$\varepsilon_0 = 8.85 \times 10^{-12}$ F/m;ε_r 为某种介质的相对介电常数,$\varepsilon_r = \dfrac{\varepsilon}{\varepsilon_0}$。

式(3 - 2)说明,对某一个平板电容器而言,它的容量是一个确定值,其大小仅与电容器的有效极板面积、相对位置、极板间距离以及介质有关;与两极板间电压的大小、极板所带电量无关。可见,增大极板面积,缩小极板间的距离和采用介电常数大的电介质都可以增大平板电容器的电容。

(2)同轴圆柱形电容器

如图 3 - 4 所示是两个套在一起的圆柱形金属壳,中间填以电介质,就构成一个同轴圆柱形电容器。如同轴电缆就可以当成同轴圆柱形电容器。根据电容的定义,同轴圆柱形电容器

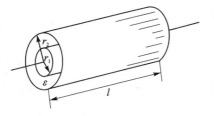

图 3-4　圆柱形电容器

的电容为

$$C = \frac{Q}{U_{\mathrm{C}}} = \frac{2\pi\varepsilon l}{\ln \dfrac{r_2}{r_1}} \qquad (3-3)$$

式中，l 为极板长度或高度，r_1、r_2 为内外圆柱的半径。式 (3-3) 表明，同轴圆柱形电容器的电容是由它本身的几何尺寸和介质决定的，与极板所带电量无关。

3.1.2　电容元件的约束

设电压的参考方向如图 3-2(a) 所示。当电压为正时，两极板堆积了等量异性的电荷；当极板上的电量或电压发生变化时，在电路中要产生电流。在 $\mathrm{d}t$ 时间内，通过导线流进极板的电荷量为

$$\mathrm{d}q = i\mathrm{d}t$$

根据电容定义

$$q = Cu_{\mathrm{C}}$$
$$\mathrm{d}q = C\mathrm{d}u_{\mathrm{C}}$$

则有

$$i = C\frac{\mathrm{d}u_{\mathrm{C}}}{\mathrm{d}t} \qquad (3-4)$$

这就是电容元件电流、电压的关系。它是在电容元件的电压与电流为关联参考方向时得出的。如果是非关联参考方向，则为

$$i = -C\frac{\mathrm{d}u_{\mathrm{C}}}{\mathrm{d}t} \qquad (3-5)$$

从电容元件的约束可以看出，某时刻的电容元件的电流 i 取决于该时刻电容元件的电压 u_{C} 的变化率，当电压升高时，$\dfrac{\mathrm{d}u_{\mathrm{C}}}{\mathrm{d}t} > 0$，极板上的电荷增加，电流为正值，是充电过程。反之，为放电过程。如果电压不随时间变化，即电压为直流电压，则电流 $i = 0$，这时电容元件的作用相当于使电路断开。式 (3-4) 还表明只有在动态情况下才会产生电容元件的电流，这种性质称为电容元件的动态性质。这就是电容元件的"阻直流通交流的作用"。

式 (3-4) 还表明，若任意时刻电容元件的电流为有限值的话，则电容电压不能跃变，而只能连续变化。电容元件的另一种伏安关系可表示为

$$u_{\mathrm{C}}(t) = \frac{1}{C}\int_{-\infty}^{t} i(\tau)\mathrm{d}\tau$$

上式表明，某一瞬间电容元件两端的电压，取决于 i 从 $-\infty$ 到 t 的积分。它与电容元件的电流过去的全部情况有关，这说明电容元件有"记忆"电流的作用，故电容元件又称为记忆元件。

3.1.3　电容元件的电场能量

电容器的储能是在充电过程中得到的。电容器接通电源后，电源做功把负电荷从正极板移到负极板，使得两个极板分别带上等量的异号电荷，并且在极板之间建立电场，同时把电能

储存在两极板之间的电介质中,因此电容元件是一种储能元件。功率可由电容元件两端的电压和流过的电流的乘积计算。当电流和电压选取关联参考方向时,电容元件的瞬时功率为

$$p = u_C i = u_C C \frac{\mathrm{d}u_C}{\mathrm{d}t}$$

当 $p>0$ 时,电容吸收功率,处于充电状态;当 $p<0$ 时,电容释放功率,处于放电状态。

根据

$$p = \frac{\mathrm{d}W_C}{\mathrm{d}t}$$

则

$$W_C = \int_0^t p\mathrm{d}t = \int_0^t Cu_C \frac{\mathrm{d}u_C}{\mathrm{d}t}\mathrm{d}t = \int_0^{u_C} Cu_C \mathrm{d}u_C = \frac{1}{2}Cu_C^2 \qquad (3-6)$$

式(3-6)表明,电压为零时电荷亦为零,无电场能量。当电压由 0 增大到 u_C 时,电容元件储存的电场能量为 $\frac{1}{2}Cu_C^2$。电场能量只与最终的电压值有关,而与电压建立的过程无关。

利用电容的定义式,电容器的储能公式还可写成

$$W_C = \frac{1}{2}CU_C^2 = \frac{1}{2}QU_C \qquad (3-7)$$

例 3 - 1　已知电容元件上电压、电流为关联参考方向,$C=2$ F,电容电压 u_C 如图 3-5(a)所示,求电容电流并绘制其波形图。

解　当 $0 \leqslant t \leqslant 2$ 时,电压从零均匀上升到 1 V,其变化率为

$$\frac{\mathrm{d}u_C}{\mathrm{d}t} = \frac{(1-0)\ \mathrm{V}}{2\ \mathrm{s}} = 0.5\ \mathrm{V/s}$$

$$i = C\frac{\mathrm{d}u_C}{\mathrm{d}t} = 2 \times 0.5\ \mathrm{A} = 1\ \mathrm{A}$$

当 $2\ \mathrm{s} \leqslant t \leqslant 4\ \mathrm{s}$ 时,电压从 1 V 均匀降到 0 V,其变化率为

$$\frac{\mathrm{d}u_C}{\mathrm{d}t} = \frac{(0-1)\ \mathrm{V}}{(4-2)\mathrm{s}} = -0.5\ \mathrm{V/s}$$

$$i = C\frac{\mathrm{d}u_C}{\mathrm{d}t} = 2 \times (-0.5)\ \mathrm{A} = -1\ \mathrm{A}$$

绘制的波形图如图 3-5(b)所示。

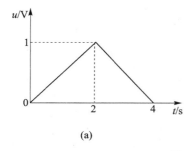

(a)

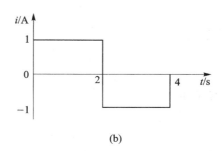

(b)

图 3 - 5　例 3 - 1 图

3.1.4　电容元件的串并联

在实际工作中,经常会遇到单个电容元件的电量和所能承受的电压不能满足要求的情况,这时可以把几个电容元件按照适当的方式连接起来,以满足需要。类似直流电路中讲述的等

效电阻的概念,电容元件组合也可以用等效电容元件来代替。等效的条件是：当电容元件组合和等效电容元件外加电压相同时,等效电容元件储存的电量和电容元件组合储存的电量相同。

1. 电容元件的串联

几个电容元件首尾依次相连,连成一个无分支的电路的连接方式称为电容元件的串联。如图 3-6 所示,三个电容器串联,接到电压为 U 的电源上,两极板分别带上等量的异种电荷,中间各极板由于静电感应出现等量异种的感应电荷。可以看出,各电容器的电荷量为 Q,总电荷量也为 Q。如果三个电容器的电容为 C_1、C_2、C_3,那么有

$$U_1 = \frac{Q}{C_1}, \quad U_2 = \frac{Q}{C_2}, \quad U_3 = \frac{Q}{C_3} \tag{3-8}$$

$$C_1 U_1 = C_2 U_2 = C_3 U_3 = Q$$

$$U = U_1 + U_2 + U_3 = Q\left(\frac{1}{C_1} + \frac{1}{C_2} + \frac{1}{C_3}\right)$$

$$\frac{1}{C} = \frac{1}{C_1} + \frac{1}{C_2} + \frac{1}{C_3} \tag{3-9}$$

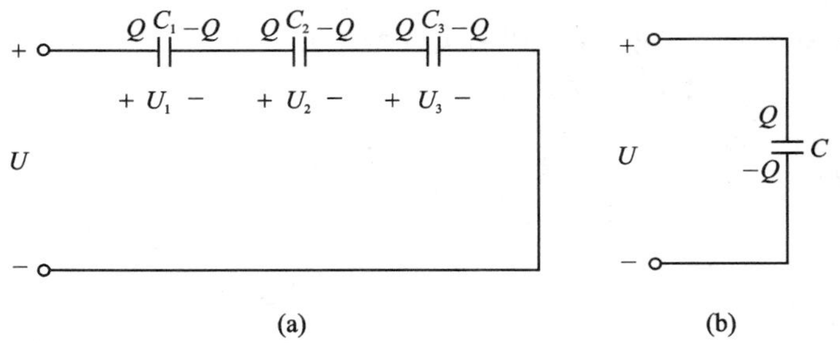

图 3-6　电容元件的串联

式(3-8)表明：电容器串联时,各电容的电压与电容成反比,每个电容的电压都小于总电压;式(3-9)表明,串联电容的等效电容的倒数等于各电容倒数的总和。

式(3-9)可推广到 n 个电容相串联的电路,即

$$\frac{1}{C} = \frac{1}{C_1} + \frac{1}{C_2} + \cdots + \frac{1}{C_n} = \sum_{k=1}^{n} \frac{1}{C_k}$$

串联电容的等效电容在形式上与并联电阻的等效电阻计算公式相似。

电容串联时,相当于电容器两极板间距离增大,因此串联电容的等效电容小于每个电容。实际中,当每个电容的耐压小于电源电压时,可采用电容串联的方式。

2. 电容元件的并联

几个电容元件连接在相同的两点之间,处在同一电压之下,就形成了电容器的并联。如图 3-7 所示,三个电容分别是 C_1、C_2、C_3,它们的电压都为 U,它们所带电量分别为

$$Q_1 = C_1 U_1, \qquad Q_2 = C_2 U_2, \qquad Q_3 = C_3 U_3$$

总电量为各个电容的电量之和,即

$$Q = Q_1 + Q_2 + Q_3 = (C_1 + C_2 + C_3)U$$

$$C = C_1 + C_2 + C_3 \tag{3-10}$$

由此得知,并联电容元件的等效电容等于各电容元件的电容之和。

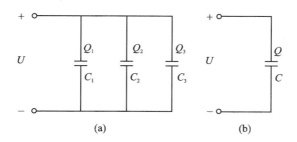

图 3-7 电容元件的并联

式(3-10)可推广到 n 个电容相并联的电路,即

$$C = C_1 + C_2 + C_3 + \cdots + C_n = \sum_{k=1}^{n} C_k$$

并联电容的等效电容在形式上与串联电阻的等效电阻计算公式相似。

电容器并联相当于扩大了电容器极板面积,于是并联后的等效电容总大于任何一个电容器的电容。并联电容越多,等效电容越大。因此,当电容器的耐压足够而容量不够时,可采用电容并联的形式。但要注意,由于并联电路中各电容两端承受的电压都一样,因此外加电压不能大于并联电容器中的耐压值。

3. 电容元件的混联

电路中既有电容的串联又有电容的并联,这样的电路称为电容的混联电路。

例 3-2 将电容 $C_1 = 1~\mu\text{F}$,$C_2 = 4~\mu\text{F}$,耐压都为 200 V 的两个电容串联起来,外加电压 200 V,它们的端电压和等效电容为多少?如果把它们并联,接到电源电压为 100 V 的电路里,它们的等效电容又为多少?

解 串联时,

$$C = \frac{C_1 C_2}{C_1 + C_2} = \frac{4}{5}~\mu\text{F} = 0.8~\mu\text{F}$$

$$Q = CU = 0.8 \times 10^{-6} \times 200~\text{C} = 1.6 \times 10^{-4}~\text{C}$$

$$U_1 = \frac{Q}{C_1} = \frac{1.6 \times 10^{-4}}{1 \times 10^{-6}}~\text{V} = 160~\text{V}$$

$$U_2 = \frac{Q}{C_2} = \frac{1.6 \times 10^{-4}}{4 \times 10^{-6}}~\text{V} = 40~\text{V}$$

并联时,

$$C = C_1 + C_2 = 1~\mu\text{F} + 4~\mu\text{F} = 5~\mu\text{F}$$

$$Q_1 = C_1 U = 1 \times 10^{-6} \times 100~\text{C} = 1 \times 10^{-4}~\text{C}$$

$$Q_2 = C_2 U = 4 \times 10^{-6} \times 100~\text{C} = 4 \times 10^{-4}~\text{C}$$

3.2 电感元件

3.2.1 电感元件的基本概念

1. 电感元件

在电子技术和电力工程中,常常遇到由导线绕制而成的线圈,这些线圈统称为电感线圈。

由于线圈电阻和匝间电容都很小,可忽略不计,电感线圈就可以用一个理想化的电感元件来代替。电感元件也是电路的基本元件之一,电感元件也是储能元件。当导线有电流通过时,在它周围就产生了磁场。电感线圈可分为空心电感和实心电感两大类,绕在非铁磁性材料做成的骨架上的线圈,称为空心电感线圈。在空心线圈内放置铁磁材料制成的铁芯,就称为铁芯电感线圈。

2. 自感现象和电感

(1) 自感现象和自感电动势

通电线圈内都有线圈自身电流产生的磁场,都具有自感磁通链。当线圈电流随时间变化时,线圈内的磁场也随之变化,自感磁通链也发生变化。根据电磁感应定律,线圈回路将产生感应电动势。这种感应电动势不是由另外的永久磁铁运动或通电线圈磁场的变化引起的,而是由于线圈本身的电流变化所产生的,所以把这种电磁感应现象称为自感现象。自感现象中出现的感应电动势称为自感电动势,用 E_L 表示。

(2) 电感

在图 3 - 8(a)所示电感线圈中,当电流与磁通两者的参考方向符合右手螺旋定则时,若线圈中通过变化的电流,则穿过线圈的磁通 ϕ 也发生变化,这就是自感现象,各匝线圈的磁通之和称为自感磁通链($\Psi_L = N\phi$),一个线圈的自感磁通链与所通电流的比值为

$$L = \frac{\Psi_L}{i}$$

L 称为电感线圈的自感系数,简称电感。空心线圈的电感是一个常数,线圈的电感大小取决于线圈的形状、几何尺寸和媒质等因素,与通电电流的大小无关;铁芯线圈的电感是非线性的,随线圈中电流的变化而变化。当电感元件的电流的参考方向如图 3 - 8(b)所示时,线性电感元件的韦安特性如图 3 - 8(c)所示,它是一条通过 $\Psi_L - i$ 平面坐标原点的直线。无特别说明时都认为是空心线圈。电感的单位是亨利,简称亨(H)。工程计算时,有时还用毫亨(mH)、微亨(μH)等作为其单位,换算关系为

$$1\ \text{mH} = 10^{-3}\ \text{H}, \qquad 1\ \mu\text{H} = 10^{-6}\ \text{H}$$

电感元件是一种理想的二端元件,它的电路图形符号如图 3 - 8(b)所示。如果电感元件的电感为常量,这种电感元件就称为线性电感元件。不特别说明,本书遇到的电感元件均为线性电感元件。

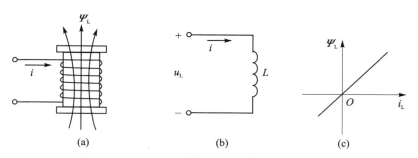

图 3 - 8　电感器和韦安特性

电感的参数主要有两个,在电感线圈上除了要标明它的电感外,还要标明它的额定工作电流。因为电流过大会使线圈过热或使线圈受到过大的电磁力的作用发生机械变形,甚至烧毁。电感元件也称为电感。

（3）自感电动势

自感电动势的大小也用电磁感应定律计算。

$$e_L = -\frac{d\Psi_L}{dt} = -\frac{d(Li)}{dt} = -L\frac{di}{dt}$$

式中，自感电动势的方向和线圈电流的方向是关联参考方向。由于自感电动势的存在，使线圈两端之间有电压产生，称为自感电压。用 u_L 表示。其中 $u_L = -e_L$。

3. 电感的应用

电感在电力、电气电路中应用广泛，镇流器铁芯电感线圈是各种荧光电路的重要元件，在荧光灯启动时，由于电路内电流突然变化，使线圈感应一个高压，促使灯管放电。在荧光灯正常工作时，镇流器可限制流过灯丝的电流，保护荧光灯。在交流电路或许多电气设备中常用电抗器来调节电流和限制电流，如交流电焊机的电抗器，它也是由铁芯和线圈组成的，有的把铁芯做成可移动的；有的把线圈做成抽头式的。

在非电量的测量中，使用带铁芯的电感线圈时，当线圈磁介质发生变化时，线圈的电感量会发生变化，电感量的变化转换为电压或电流信号，就可以通过这个信号去反映非电量的变化。引起磁介质变化的因素有气隙 δ 与气隙截面积 A 和空气磁导率 μ_0。如图 3-9 所示，如果衔铁上下移动，气隙长度变化、截面积变化都会导致气隙变化；在螺线管中插入或拔出铁芯改变介质的磁导率，最终使电感量变化。

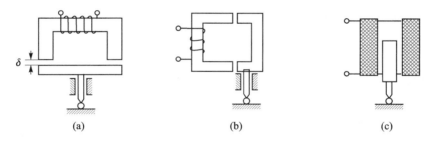

图 3-9　电感在位移测量中的应用

3.2.2　电感元件的约束

根据电感的定义可以知道，当电感元件中通过变化的电流时，就会在电感元件中产生随之变化的磁通链。根据法拉第电磁感应定律，电感两端就会有感应电压，感应电压的大小等于磁通链的变化率。当选择的电压参考方向与磁通链的参考方向符合右手螺旋定则时，有

$$u_L = \frac{d\Psi_L}{dt}$$

若电流与磁链的参考方向也符合右手螺旋定则，即电压与电流满足关联参考方向时，则

$$u_L = \frac{d(Li)}{dt} = L\frac{di}{dt} \tag{3-11}$$

当电压与电流在非关联参考方向时可写成：

$$u_L = -L\frac{di}{dt}$$

这就是电感元件的约束。式（3-11）表明在某一时刻该电感的电压取决于该时刻电流的

变化率。当电流变化很快时,即 $\dfrac{\mathrm{d}i}{\mathrm{d}t}$ 越大,电压 u_L 越大;当电流不变化时,即 $\dfrac{\mathrm{d}i}{\mathrm{d}t}=0$,则 $u_L=0$;可见在直流电路中,电感元件相当于短路。根据式(3-11)可知,电感上的电压与电流是微分函数关系,所以电感元件是一种动态元件。以上讨论说明,只有在动态情况下才会产生电感电压,因此电感元件也称为动态元件。若任一时刻电感电压为有限值,则电感电流不能跃变,而只能连续变化。

电感元件伏安关系的另一种表达形式为

$$i_L(t) = \frac{1}{L}\int_{-\infty}^{t} u_L(\tau)\,\mathrm{d}\tau$$

上式表明,某一瞬间电感两端的电流,取决于 u_L 从 $-\infty$ 到 t 的积分。它与电感电压过去的全部情况有关,这也说明电感有"记忆"电压的作用,故又称为记忆元件。

3.2.3 电感元件的储能

电感线圈中有电流通过时,不仅在周围产生磁场,而且还储存着磁场能量,这一能量来自于电源。图3-10所示电路,将电感元件和电阻元件 R 串联,电路接通时,根据基尔霍夫电压定律,列写回路方程

$$U = Ri + u_L \quad \text{或} \quad U = Ri + L\frac{\mathrm{d}i}{\mathrm{d}t}$$

此式两边各乘以 $i\mathrm{d}t$,得到 $\mathrm{d}t$ 时间内电路能量的转换关系式为

$$Ui\mathrm{d}t = Ri^2\mathrm{d}t + u_L i\mathrm{d}t \quad \text{或} \quad Ui\mathrm{d}t = Ri^2\mathrm{d}t + i\mathrm{d}\Psi$$

左边一项是 $\mathrm{d}t$ 时间内电源所做的功,右边第一项是 $\mathrm{d}t$ 时间内在电阻上发热消耗的电能,右边第二项与电感元件的磁通链增量有关,是储存到磁场中的能量。

电路接通后,电感元件中的电流从零值逐渐增加到稳定值 I。当时间从零变化到 $\mathrm{d}t$,电流从零增加到 i 时,在这个过程中,储存到电感元件中的磁场能量为 $\mathrm{d}t$ 段时间增加能量的总和,即

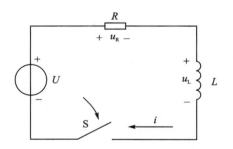

图 3-10 电感元件的储能

$$W_L = \int_0^t p\,\mathrm{d}t = \int_0^t Li\frac{\mathrm{d}i}{\mathrm{d}t}\mathrm{d}t = \int_0^t Li\,\mathrm{d}i = \frac{1}{2}Li^2 = \frac{1}{2}\Psi i \tag{3-12}$$

其中,在电流变化时,就产生相应的变化电压,这时电感从电源吸收的能量的快慢即功率为

$$p = u_L i = Li\frac{\mathrm{d}i}{\mathrm{d}t}$$

当功率大于零时,说明电感元件从电源吸收电能;当功率小于零时,说明电感元件向电源释放能量。

式(3-12)表明,电感元件并不消耗能量,而是一个储能元件。电感 L 在某一时刻的储能只与该时刻的电流有关,电感电流反映了电感的储能状态。电流增加时,吸收能量;电流减少时,释放能量。

例3-3 已知电感元件的电压、电流为关联参考方向,电感 $L=1\,\mathrm{H}$,流过它的电流如

图 3-11(a)所示,求：(1)电压及其波形；(2)电感元件的瞬时功率。

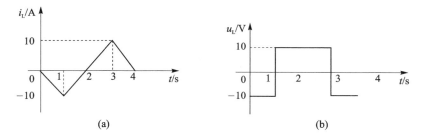

图 3-11　例 3-3 图

解

(1) 由图 3-11(a)波形可得 $i_L(t)$ 的表达式为

在 $0 \leqslant t \leqslant 1$ s 时, $i_L(t) = -10t$ A；

在 1 s $\leqslant t \leqslant 3$ s 时, $i_L(t) = (10t - 20)$ A；

在 3 s $\leqslant t \leqslant 4$ s 时, $i_L(t) = (-10t + 40)$ A。

根据式(3-11)可求得

在 $0 \leqslant t \leqslant 1$ s 时, $u_L(t) = -10$ V；

在 1 s $\leqslant t \leqslant 3$ s 时, $u_L(t) = 10$ V；

在 3 s $\leqslant t \leqslant 4$ s 时, $u_L(t) = -10$ V。

(2) 根据 $p = u_L i$,有

在 $0 \leqslant t \leqslant 1$ s 时, $p = 100t$ W；

在 1 s $\leqslant t \leqslant 3$ s 时, $p = (100t - 200)$ W；

在 3 s $\leqslant t \leqslant 4$ s 时, $p = (100t - 400)$ W。

根据所计算的数据绘出的电压波形图如图 3-11(b)所示。通过本例可知电压为一矩形波。电流增大时,电压为正值；电流减小时,电压为负值。电流不变时,电压为零。功率为正时,电感元件吸收能量；功率为负时,电感元件释放能量。

本章小结

1. 电容元件

电容器是一种用来存储电荷的容器。任何两块金属导体中间隔以绝缘介质就构成了电容器。电容元件的主要参数是标称容量和额定电压。电容这一术语及其符号 C,一方面表示电容元件,另一方面也表示电容元件的参数——电容量。电容是反映电容器储存电荷本领大小的物理量,在数值上等于电荷量与电压的比值,即

$$C = \frac{Q}{U}$$

电容元件的电压和电流的约束关系为

$$i = C \frac{\mathrm{d}u_C}{\mathrm{d}t}$$

电容元件具有"阻直流通交流"的作用,一般情况电容电压不能跃变,只能连续变化。电容

元件的储能 $W_C = \frac{1}{2}Cu_C^2$ 只与此时刻的电压有关,且与电压的平方成正比。

2. 电感元件

电感元件的两个重要参数是电感量和额定电流。电感这一术语及其符号 L,一方面表示电感元件,另一方面也表示电感元件的参数——电感量。电感量是反映电感线圈产生磁场能力大小的物理量,在数值上等于通过单位电流的自感磁通链,即

$$L = \varphi_L / i$$

感应电压等于磁链的变化率,电感元件的约束取决于电流的变化率,即

$$u_L = L\frac{di}{dt}$$

电感元件具有"阻交流通直流"的作用,一般情况电感电流不能跃变,只能连续变化。电感元件的储能 $W_L = \frac{1}{2}Li^2$ 只与该时刻的电流有关,且与电流的平方成正比。

习 题

3-1 若一个电容通过的电流为零,是否有储能?为什么?

3-2 与电阻串并联的特点对照,电容器串并联的特点是什么?

3-3 如果一个电感两端所加电压为零,是否有可能储能?为什么?

3-4 电阻元件、电容元件和电感元件在直流和交流电路中表现出的特性各有什么不同?

3-5 电感 L 与哪些因素有关?

3-6 有两个电容元件串联后两端接到 360 V 电压上,其中 $C_1 = 0.25\ \mu F$,耐压值为 200 V;$C_2 = 0.5\ \mu F$,耐压值为 300 V。问电路能否正常工作?

3-7 已知某电容元件 $C = 0.1\ \mu F$,在 $\Delta t = 100\ \mu s$ 的时间内,电容电压变化 $\Delta u = 10$ V。求电容电流 i。

3-8 如图 3-12 所示,已知 $C_1 = C_4 = 6\ \mu F$,$C_2 = C_3 = 12\ \mu F$,求当开关闭合或打开时的等效电容。

3-9 已知 $C_1 = 4\ \mu F$,额定电压 $U_1 = 150$ V,$C_2 = 12\ \mu F$,额定电压 $U_2 = 300$ V,分别计算它们串联和并联使用时的等效电容和耐压值。

3-10 有一个电感线圈,其电感量 $L = 0.1$ H,线圈中的电流 $i = 2\sin(5\,000t)$ A。求线圈的自感电压(电压和电流都取关联方向)。

3-11 电感线圈中电流为 10 A 时,磁通链为 10 Wb,求线圈的电感和线圈的磁场能量。

3-12 有一电感线圈,自感系数为 $L = 1.6$ H,当通过它的电流在 0.5×10^{-2} s 内由 0.5 A 增加到 5 A 时,线圈产生的自感电压为多少?线圈的磁场能量增加了多少?

3-13 图 3-13 所示电路,已知 $u_C(t) = t^2$ V,求 $i(t)$ 和 $u_L(t)$。

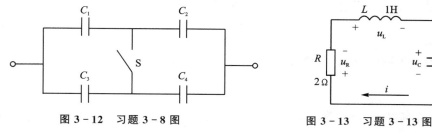

图 3-12 习题 3-8 图   图 3-13 习题 3-13 图

测试题

3－1　判断题(20分)

(1) 平行板电容器的电容量与外加电压的大小是无关的。(　　)

(2) 若干只不同的电容器并联,各电容器所带电荷量均相等。(　　)

(3) 电容量不相等的电容器串联后接到电源上,每只电容器两端的电压与它本身的电容量成反比。(　　)

(4) 电容器串联后,其等效电容总是小于其中任一电容器的电容量。(　　)

(5) 若干只电容器串联,电容量越小的电容器所带的电量也越少。(　　)

(6) 两个 $10\ \mu F$ 的电容器,耐压分别是 $10 V$ 和 $20 V$,则串联后总的耐压值为 $30 V$。(　　)

(7) 电容量大的电容器存储的电场能量一定多。(　　)

(8) 感应电流产生的磁通方向总是与原来的磁通方向相反。(　　)

(9) 自感电动势的大小与线圈本身的电流变化率成正比。(　　)

(10) 线圈中电流变化越快,则其自感系数就越大。(　　)

3－2　选择题(20分)

(1) 某电容器两端的电压为 $35\ V$ 时,它所带的电荷量是 $0.4\ C$,若它两端的电压降到 $10\ V$ 时,则(　　)。

　　A. 电荷量保持不变　　　　　B. 电容量保持不变

　　C. 电荷量减少一半　　　　　D. 电容量减少

(2) 两个相同的电容器并联之后的等效电容跟它们串联之后的等效电容之比为(　　)。

　　A. 1:4　　　　B. 4:1　　　　C. 1:2　　　　D. 2:1

(3) 一空气介质的平行板电容器充电后仍与电源保持相连,并在极板中间放入 $\varepsilon_r = 2$ 的电介质,则电容器所带电荷量将(　　)。

　　A. 增加一倍　　　B. 减少一半　　　C. 保持不变　　　D. 不能确定

(4) $0.5\ \mu F$ 与 $1\ \mu F$ 的电容器串联后接在 $30\ V$ 的电源上,则 $0.5\ \mu F$ 电容器的端电压为(　　)。

　　A. 10 V　　　　B. 15 V　　　　C. 20 V　　　　D. 30 V

(5) 平行板电容器在极板距离和介质一定时,如果增大两极板之间的面积,则电容量将(　　)。

　　A. 增大　　　　B. 减小　　　　C. 不变　　　　D. 不能确定

(6) 两个电容器并联,若 $C_1 = 2C_2$,则 C_1、C_2 所带电荷量 q_1、q_2 的关系是(　　)。

　　A. $q_1 = 2q_2$　　　B. $2q_1 = q_2$　　　C. $q_1 = q_2$　　　D. 无法确定

(7) 若将上题两电容器串联,则(　　)。

　　A. $q_1 = 2q_2$　　　B. $2q_1 = q_2$　　　C. $q_1 = q_2$　　　D. 无法确定

(8) 两个电容器,$C_1 = 30\ \mu F$,耐压 $12\ V$;$C_2 = 50\ \mu F$,耐压 $12\ V$,将它们串联后接到 $22\ V$ 电源上,则(　　)。

　　A. 两个电容器都能正常工作　　　B. C_1、C_2 都将被击穿

　　C. C_1 被击穿,C_2 能正常工作　　　D. C_1 正常工作,C_2 被击穿

(9) 线圈中产生的自感电动势总是( )。

    A. 与线圈内的原电流方向相同   B. 与线圈内的原电流方向相反

    C. 阻碍线圈内原电流的变化   D. 以上三种说法都不正确

(10) 线圈自感电动势的大小与( )无关。

    A. 线圈的自感系数   B. 通过线圈的电流变化率

    C. 通过线圈的电流大小   D. 线圈的匝数

3 - 3　填空题(30 分)

(1) 某一电容器,外加电压 $U = 5$ V,测得 $q = 4 \times 10^{-8}$ C,则电容量 $C =$ _____,若外加电压升高到 40 V,这时所带电荷量为 _____。

(2) 以空气为介质的平行板电容器,若增大两极板的正对面积,电容量将 _____;若增大两极板间的距离,电容量将 _____;若插入某种介质,电容量将 _____。

(3) 用指针式万用表判别较大容量电容器质量好坏时,应将万用表调到 _____挡,通常倍率使用 _____或 _____。如果将表棒分别与电容器的两端接触,指针有一定偏转,并很快回到接近于起始位置的地方,说明电容器 _____;若指针偏转到零欧姆位置后不再回去,说明电容器 _____。

(4) 两个空气平行板电容器 C_1 和 C_2,若两极板正对面积之比为 6∶4,两极板间距离之比为 3∶1,则它们的电容量之比为 _____。

(5) 两个电容器,$C_1 = 20$ μF,耐压 100 V;$C_2 = 30$ μF,耐压 100 V,串联后接在 160 V 电源上,C_1、C_2 两端电压分别为 _____和 _____,等效电容为 _____。

(6) 两个电容器 C_1、C_2,已知电容量 $C_1 > C_2$。如果它们所带电荷量一样,则 U_1 _____ U_2;如果它们的电压相等,则 Q_1 _____ Q_2。

(7) 有一电容为 100 μF 的电容器,若以直流电源对它充电,在时间间隔 10 s 内相应的电压变化量为 10 V,则该段时间内的充电电流为 _____;电路稳定后,电流为 _____。

(8) 从能量上来看,电容器、电感器都是 _____元件,而电阻器则是 _____元件。

(9) 由于线圈自身 _____而产生的 _____现象叫做自感现象。线圈的 _____与 _____的比值叫做线圈的电感。

(10) 空心线圈的电感是线性的,而铁芯线圈的电感是 _____,其电感大小随电流的变化而 _____。

(11) 线圈的电感大小,与线圈的 _____、_____和 _____有关,与线圈是否有电流或电流的大小 _____。

3 - 4　计算题(30 分)

(1) 两个电容器,$C_1 = 1$ μF,耐压 $U_1 = 150$ V;$C_2 = 3$ μF,耐压 $U_2 = 180$ V。试求:① 它们串联后的耐压值;② 它们并联后的耐压值。

(2) 有一电感元件,$L = 0.2$ H,在图 3 - 14(a)指定的参考方向下,通过电流 i 的波形如图 3 - 14(b)所示,求电感元件的电压 u_L 并绘出其波形,计算在电流增大过程中电感元件从电源吸收的能量。

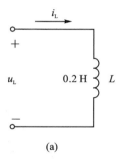

(a)

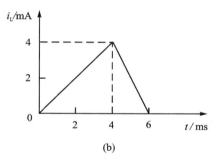

(b)

图 3 - 14　测试题 3 - 4 -(2)图

第4章　正弦交流电路

正弦交流电无论是在工农业生产,还是在日常生活中,应用都十分广泛。本章将介绍正弦交流电路的一些基本概念和基本理论。主要内容有:正弦量的三要素、相位差和有效值的概念,正弦量的解析式、波形图、相量、相量图及其相互转换,R、L、C 单一元件在正弦交流电路中的基本规律,RLC 串、并联电路的相量分析方法及电路性质的判断,复阻抗、复导纳的概念及它们的计算,正弦交流电路的有功功率、无功功率、视在功率的概念和计算,提高感性电路功率因素的意义和方法,以及串、并联谐振电路的条件及其特征等。

4.1　正弦量的基本概念

实际工程技术中所遇到的电流、电压,在许多情况下,其大小和方向都是随时间而变化的,这类电量统称为交流量。在选定参考方向后,可以用带有正、负号的数值来表示交流量在每一瞬间的大小和方向,这样的数值称为交流量的瞬时值。一般用小写字母表示交流量,例如用 i、u 分别表示交流电流和交流电压。

表示交流量瞬时值随时间变化的数学表达式称为交流量的瞬时值表达式,也称解析式。表示交流量瞬时值随时间变化规律的图形称为波形图。

交流量中,有很多是按照一定的时间间隔循环变化的,这样的交流量称为周期性交流量,简称周期量。随时间按正弦规律变化的周期量称为正弦交流量,简称正弦量。

正弦交流电容易进行电压变换,便于远距离输电和安全用电。交流电气设备与直流电气设备相比,具有结构简单、便于使用和维修等优点。所以正弦交流电在实践中等到了广泛的应用。工程中一般所说的交流电(AC),通常都指正弦交流电。图 4-1 所示的电流波形为正弦波,它的瞬时值表达式为

$$i = I_\mathrm{m}\sin(\omega t + \Psi) \tag{4-1}$$

式中,i 表示正弦电流在某时刻的瞬时值;I_m 表示正弦电流的最大值;ω 表示正弦电流的角频率;Ψ 表示正弦电流的初相位。

当最大值 I_m、角频率 ω 和初相位 Ψ 这三个量确定以后,正弦电流 i 就被唯一确定下来了。因此,最大值、角频率、初相位称为正弦量的三要素。

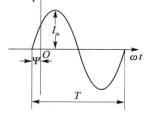

图 4-1　正弦电流波形图

4.1.1　正弦量的三要素

1. 最大值

正弦量在一个周期内瞬时值中最大的数值称为最大值或振幅,用大写字母加下标 m 表示。如式(4-1)中 I_m 表示电流 i 的最大值,在图 4-1 中可直观地看出这一点。最大值反映了正弦量变化的幅度。

2. 角频率

正弦交流电的变化跟别的周期性过程一样,可用周期或频率来表示变化的快慢。正弦量完成一次周期性变化所需要的时间称为周期,用 T 表示。它的基本单位为秒(s),其他的常用单位有毫秒(ms)、微秒(μs)、纳秒(ns)。正弦量在单位时间内完成周期性变化的次数称为频率,用 f 表示。它的基本单位为赫兹(Hz),简称赫,其他的常用单位有千赫(kHz)、兆赫(MHz)和吉赫(GHz)。

根据定义,周期和频率互为倒数关系,即

$$T = \frac{1}{f} \qquad 或 \qquad f = \frac{1}{T} \tag{4-2}$$

正弦交流电变化的快慢,除了用周期和频率表示外,还可以用角频率表示。正弦量在单位时间内变化的角度(电角度)称为角频率,用 ω 表示,单位是弧度/秒(rad/s)。

在一个周期 T 内,正弦量经历的电角度为 2π,所以角频率 ω 与周期 T 和频率 f 的关系是

$$\omega = \frac{2\pi}{T} = 2\pi f \tag{4-3}$$

我国电力工业的标准频率为 50 Hz,称之为工频,它的周期是 0.02 s,角频率是 314 rad/s。也有些国家(如美国、日本)的工频为 60 Hz,在其他各种不同的技术领域中,还使用着各种不同的频率信号。

3. 初相位

式(4-1)中的 $(\omega t + \Psi)$ 称为正弦电流的相位角,简称相位。交流电量在不同的时刻具有不同的 $(\omega t + \Psi)$ 值,从而得到不同的瞬时值;相位还反映了正弦量在交变过程中瞬时值的变化进程。因此,相位表示了正弦量在某时刻的状态。式(4-1)中 Ψ 称为正弦电流的初相位,是正弦量在 $t=0$ 时刻的相位,反映了正弦交流电起始时刻的状态。它的单位是 rad 或(°)。

初相位 Ψ 的大小和正负,与所选择的计时起点有关。计时起点不同,初相位就不同,正弦量的初始状态也就不同。计时起点是可以根据需要任意选择的,当电路中有多个相同频率的正弦量同时存在时,可根据需要选择其中某一正弦量在由负向正变化通过零值的瞬间作为计时起点,那么这个正弦量的初相就是零,称这个正弦量为参考正弦量。在一个电路中,只能选择一个计时起点。也就是说,只能选择一个参考正弦量。当电路的参考正弦量选定后,其他各正弦量的初相也就确定了。

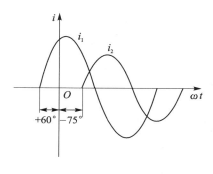

图 4-2　初相位的正负

在波形图中,正弦波从负到正的过零点与坐标原点的距离就是初相位,如果过零点在原点的左侧,$\Psi > 0$;如果过零点在原点的右侧,$\Psi < 0$。由于正弦波周而复始,最靠近原点的左右两侧各有一个过零点,为了避免混淆,取 $|\Psi| \leqslant \pi$ 的值作为初相位。如图 4-2 中 i_1 和 i_2 分别表示初相为 $+60°$ 及初相为 $-75°$ 的两个正弦电流的波形。

已知某正弦量的三要素,该正弦量就被唯一地确定了;正弦量的三要素还是正弦量之间进行区分和比较的依据。

4.1.2　正弦量的有效值

正弦交流电量的瞬时值是随时间变化的,在测量和计算中使用瞬时值既不确切也不方便。为了使交流电的大小能够反映它在电路中能量转换的实际效果,工程实际中常用有效值来表示交流电的量值,如常用的交流电压 220 V、380 V 等都是指有效值。

有效值是这样定义的:如果交流电流通过一个电阻在一个周期内消耗的电能与某直流电流通过同一个电阻在同样的时间内消耗的电能相等,就把这一直流电流的数值称为交流电流的有效值。

交流电流在一个周期 T 内产生的热量为

$$Q = \int_0^T i^2 R \mathrm{d}t$$

直流电流在同一周期 T 内产生的热量为

$$Q = I^2 RT$$

根据有效值定义,两种电流产生的热量相等,所以有

$$I^2 RT = \int_0^T i^2 R \mathrm{d}t$$

整理后得到交流电的有效值为

$$I = \sqrt{\frac{1}{T}\int_0^T i^2 \mathrm{d}t} \tag{4-4}$$

由式(4-4)知,交流电的有效值是交流电瞬时值的平方在一个周期内的积分平均值的平方根,因此有效值又称均方根值。上述有效值定义式适用于任何波形的周期性交流电。

对正弦交流电,若 $i = I_\mathrm{m}\sin(\omega t + \Psi)$,则其有效值为

$$I = \sqrt{\frac{1}{T}\int_0^T I_\mathrm{m}^2 \sin^2(\omega t + \Psi)\mathrm{d}t} = \sqrt{\frac{1}{T}\int_0^T I_\mathrm{m}^2 \frac{1-\cos 2(\omega t + \Psi)}{2}\mathrm{d}t} = \sqrt{\frac{I_\mathrm{m}^2}{2T} \cdot T} = \frac{I_\mathrm{m}}{\sqrt{2}} \tag{4-5}$$

由此可见,正弦交流电流的有效值等于最大值的 $\frac{1}{\sqrt{2}}$ 倍。

同理,对正弦交流电压有

$$U = \frac{U_\mathrm{m}}{\sqrt{2}} \tag{4-6}$$

有效值一般用大写字母表示。注意:只有正弦交流电,其最大值和有效值之间才存在式(4-5)和式(4-6)的关系。所有交流用电设备铭牌上标注的额定电压、额定电流以及一般交流电表所测的数值都是指有效值。

正弦电压和电流有时也用下式表达,即

$$u = \sqrt{2}U\sin(\omega t + \Psi_u)$$
$$i = \sqrt{2}I\sin(\omega t + \Psi_i)$$

4.1.3　正弦量的相位差

在正弦交流电路中,常常遇到几个同频率的正弦量,但它们的初相位并不一定都相同,电

路分析时经常要比较它们之间的相位。设有两个同频率的正弦量为

$$u = U_m \sin(\omega t + \Psi_u)$$
$$i = I_m \sin(\omega t + \Psi_i)$$

它们之间的相位之差称为相位差，用字母 φ 表示为

$$\varphi_{ui} = (\omega t + \Psi_u) - (\omega t + \Psi_i) = \Psi_u - \Psi_i \qquad (4-7)$$

可见，两个同频率正弦量的相位差等于它们的初相位之差。它是一个与时间无关、与计时起点也无关的常量。相位差通常也采用 $|\varphi| \leqslant \pi$ 的数值表示。

根据同频率正弦量的相位差，可以确定正弦量之间的相位关系。一般的相位关系可分为超前、滞后；特殊的相位关系有同相、反相、正交几种。

当 $\varphi > 0$ 时，从图 4-3(a)所示的波形上看到，电压 u 比电流 i 先到达正的最大值或零值，这时就称在相位上是电压 u 比电流 i 超前 φ 角，或者称电流 i 比电压 u 滞后 φ 角。

当 $\varphi = 0$ 时，称电压 u 与电流 i 同相。其特点是两正弦量同时到达正的最大值，或同时过零点，波形如图 4-3(b)所示。

当 $\varphi = \pm \dfrac{\pi}{2}$ 时，称电压 u 与电流 i 正交。其特点是当一正弦量的值到达最大值时，另一正弦量刚好是零，如图 4-3(c)所示。

当 $\varphi = \pm \pi$ 时，称电压 u 与电流 i 反相。其特点是当一正弦量为正的最大值时，另一正弦量刚好是负的最大值，如图 4-3 (d)所示。

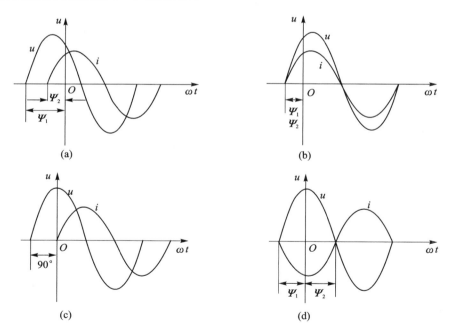

图 4-3　同频率正弦量的相位关系

上述关于相位关系的讨论，只对同频率正弦量而言。而两个不同频率正弦量的相位差则不再是一个常数，而是随时间变化的，在这种情况下讨论它们的相位关系是没有任何意义的。

当电路中的所有激励都是同频率的正弦量时，可以证明，电路中的全部响应也都是与激励有相同频率的正弦量，则电路处于正弦稳态下，称之为正弦稳态交流电路。本章将讨论正弦稳

态交流电路的分析方法。

例 4-1 已知正弦交流电压 $u = 220\sqrt{2}\sin\left(314t + \dfrac{\pi}{3}\right)$ V、正弦交流电流 $i = 3\sqrt{2}\sin\left(314t - \dfrac{\pi}{6}\right)$ A。求：(1) 电压 u、电流 i 的最大值和有效值；(2) 电压 u、电流 i 的频率与周期；(3) 电压 u、电流 i 的初相与相位差，并说明两者的相位关系。

解 (1) $U_m = 220\sqrt{2} = 311$ V，　$U = 220$ V，　$I_m = 3\sqrt{2} = 4.24$ A，　$I = 3$ A

(2) $\omega = 314$ rad/s，　$f = \omega/2\pi = 314/2\pi = 50$ Hz，　$T = 1/f = (1/50)$ s $= 0.02$ s

(3) $\Psi_u = (\pi/3)$ rad，　$\Psi_i = -(\pi/6)$ rad，　$\varphi_{ui} = \Psi_u - \Psi_i = \pi/3 - (-\pi/6) = (\pi/2)$ rad

说明电压 u 比电流 i 超前 $(\pi/2)$ rad($90°$)，亦称 u 与 i 正交。

例 4-2 已知同频率的三个正弦电流 i_1、i_2 和 i_3 的有效值分别为 4A、3A 和 5A，若 i_1 比 i_3 超前 $30°$，i_2 又比 i_3 滞后 $15°$，任意选择一个电流为参考正弦量，然后写出这三个电流的正弦函数表达式，并画出它们的波形图。

解 假定以 i_3 为参考正弦量，则

$$\Psi_3 = 0，\quad \Psi_1 = 30°，\quad \Psi_2 = -15°$$

$$i_1 = 4\sqrt{2}\sin(\omega t + 30°)\ \text{A}$$

$$i_2 = 3\sqrt{2}\sin(\omega t - 15°)\ \text{A}$$

$$i_3 = 5\sqrt{2}\sin\omega t\ \text{A}$$

波形图如图 4-4 所示。

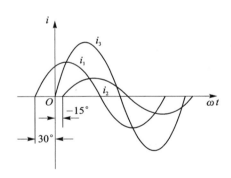

图 4-4　例 4-2 图

4.2　正弦量的相量表示

前面介绍了正弦量的两种表示方法，一种是解析式，即三角函数表示法；另一种是波形图表示法。由于在进行交流电路的分析和计算时，经常需要将几个同频率的正弦量进行加减等运算，这时若采用三角运算和作波形图将是非常烦琐和困难的。工程计算中通常是采用复数表示正弦量，把对正弦量的各种运算转化为复数的代数运算，从而大大简化正弦交流电路的分析和计算。这种方法称为相量法。

复数和复数运算是相量法的数学基础，在此首先介绍复数及复数运算的有关知识。

4.2.1　复数及其四则运算

1. 复数及其表示式

正数的平方根是实数,而负数的平方根是虚数。$\sqrt{-1}$ 称为虚数单位,数学中用 i 表示。实数和虚数的代数和称为复数,如

$$A = a + ib$$

式中,a 为复数的实部,b 为复数的虚部。由于电工中常用 i 表示电流,故改用 j 表示虚数单位。

因而复数的一般形式为

$$A = a + jb \tag{4-8}$$

式(4-8)称为复数的代数形式。

任意一个复数都可以用复平面上的点表示,如图 4-5(a)所示。点的横坐标等于复数的实部,横轴称为实轴,用 +1 表示;点的纵坐标等于复数的虚部,纵轴称为虚轴,用 +j 表示。这样,由实轴和虚轴决定的平面称为复平面。复数 $A = a + jb$ 在复平面上有唯一点 $A(a,b)$ 和它相对应,而复平面上的任意一点,也都对应着一个复数。

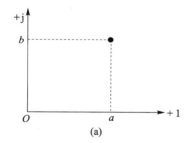 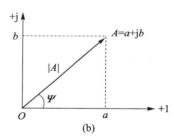

图 4-5　复平面表示的复数

从复平面的原点 0 到表示复数的点 A,连接起来形成矢量 $\overrightarrow{OA}$,它和复数 $A = a + jb$ 相对应。所以任意一复数都可以用复平面上的一个矢量来表示。矢量在实轴和虚轴上的投影分别等于它所表示的复数的实部 a 和虚部 b;矢量的长度 $|A|$ 代表复数的模;矢量与正实轴的夹角代表复数的幅角 Ψ。

从图 4-5(b)可以看出,复数的实部 a、虚部 b、复数的模 $|A|$ 及幅角 Ψ 的关系为

$$a = |A| \cos \Psi$$
$$b = |A| \sin \Psi$$

因此有

$$A = a + jb = |A| \cos \Psi + j|A| \sin \Psi = |A|(\cos \Psi + j\sin \Psi) \tag{4-9}$$

式(4-9)称为复数的三角形式,其中

$$|A| = \sqrt{a^2 + b^2}, \quad \Psi = \arctan \frac{b}{a}$$

根据数学中的欧拉公式

$$\cos \Psi + j\sin \Psi = e^{j\Psi}$$

因此式(4-9)又可写成指数形式

$$A = |A| e^{j\Psi} \tag{4-10}$$

电工技术中常把复数写成更简单的极坐标形式,即

$$A = |A| \underline{/\Psi} \qquad (4-11)$$

上述复数的四种形式可以互相转换,若知道其中一种形式,其他几种形式很容易确定。

例 4-3 将下列复数转换为极坐标形式:

(1) $A_1 = 4 + j3$　(2) $A_2 = 3 - j4$　(3) $A_3 = -j10$

解 (1) 因为复数 A_1 的实部和虚部都是正数,所以该复数在第一象限,有

$$|A_1| = \sqrt{4^2 + 3^2} = 5, \quad \Psi_1 = \arctan\frac{3}{4} = 36.9°$$

所以极坐标形式为

$$A_1 = 5\underline{/36.9°}$$

(2) 因为复数 A_2 的实部为正,虚部为负,所以该负数在第四象限,有

$$|A_2| = \sqrt{3^2 + (-4)^2} = 5, \quad \Psi_2 = \arctan\frac{-4}{3} = -53.1°$$

所以极坐标形式为

$$A_2 = 5\underline{/-53.1°}$$

(3) 因为复数 A_3 的实部为零,虚部为负,所以该复数在虚轴的负半轴上,有

$$|A_3| = \sqrt{0^2 + (-10)^2} = 10, \quad \Psi_3 = -90°$$

所以极坐标形式为

$$A_3 = 10\underline{/-90°}$$

需要注意的是,在计算幅角时,应根据复数的实部和虚部的正、负号来判断其所在象限,并在其 $|\Psi| \leq \pi$ 的范围内取值。

2. 复数的四则运算

(1) 加减运算

此运算用复数的代数形式进行比较方便。设有两个复数

$$A_1 = a_1 + jb_1$$
$$A_2 = a_2 + jb_2$$

则有

$$A = A_1 \pm A_2 = (a_1 \pm a_2) + j(b_1 \pm b_2) \qquad (4-12)$$

即复数进行加减运算时,要先将复数转化为代数形式;然后,实部和实部相加减,虚部和虚部相加减。

(2) 乘除运算

用复数的指数形式或极坐标形式进行运算比较方便。例如

$$A_1 = |A_1| e^{j\Psi_1} = |A_1| \underline{/\Psi_1}$$
$$A_2 = |A_2| e^{j\Psi_2} = |A_2| \underline{/\Psi_2}$$

则有

$$A_1 A_2 = |A_1||A_2| e^{j(\Psi_1+\Psi_2)} = |A_1||A_2| \underline{/\Psi_1 + \Psi_2} \qquad (4-13)$$

$$\frac{A_1}{A_2} = \frac{|A_1|}{|A_2|} e^{j(\Psi_1-\Psi_2)} = \frac{|A_1|}{|A_2|}\underline{/\Psi_1 - \Psi_2} \qquad (4-14)$$

即复数相乘时,将模相乘,幅角相加;复数相除时,将模相除,幅角相减。

4.2.2　正弦量的相量表示

设有一正弦量为

$$u = U_\mathrm{m}\sin(\omega t + \Psi)$$

在图 4-6(a)所示复平面中作一矢量,矢量的长度表示最大值 U_m;矢量的初始位置与正实轴的夹角为初相 Ψ;该矢量以 ω 角速度逆时针旋转,则任一瞬间该矢量在虚轴上的投影为 $U_\mathrm{m}\sin(\omega t + \Psi)$。矢量旋转一圈,相应于正弦电压变化一周。波形如图 4-6(b)所示,正好与正弦电压的表达式和波形相同。由此可见,用复平面上的一个旋转矢量能将正弦量三要素及瞬时值都表示出来,因此它能完整地表示一个正弦量。

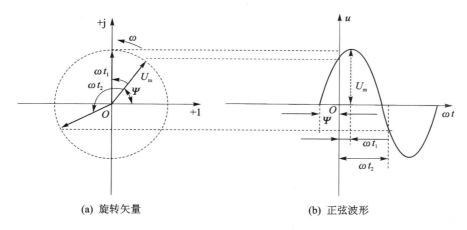

(a) 旋转矢量　　　　　　　　(b) 正弦波形

图 4-6　旋转矢量与正弦波的对应关系

在正弦稳态交流电路中,因为所有的激励和响应都是同频率的正弦量,所以作为正弦量三要素之一的角频率就可不必加以区分;而最大值(或有效值)及初相位就成为表征各个正弦量的主要内容。从上面的分析看到,一个旋转矢量的初始位置的矢量正好能反映正弦量的这两个要素,这样就不必在矢量图上特别标明旋转矢量的角频率了,而用初始位置的矢量来表示正弦量就可以了。

正弦量可以用复平面中的一个矢量来表示,复平面中的任一矢量又可以用复数表示,因此正弦量也可以用它所对应的复数来表示。表示的方法是:复数的模对应正弦量的最大值;复数的幅角对应正弦量的初相位。把这个能表示正弦量特征的复数称为正弦量的相量,并用上面带小圆点的大写字母来表示。如上述正弦交流电压,其相量形式为

$$\dot{U}_\mathrm{m} = U_\mathrm{m}\underline{/\Psi} \tag{4-15}$$

式中,$\dot{U}_\mathrm{m}$ 称为正弦量的最大值相量。

电路分析时,应用较多的是有效值相量,其表示形式为

$$\dot{U} = U\underline{/\Psi} \tag{4-16}$$

应当强调指出的是,相量只是能用来表示正弦量的两个特征的复数,它仅仅是正弦量的一个表示符号,相量与正弦量之间不是相等关系。

正弦量的相量在复平面上所作的图形称为该正弦量对应的相量图。只有同频率的正弦

量,其相量才可以画在同一复平面上。在相量图中可以直观清晰地反映出各正弦量的相位关系。为了简化作图,在相量图上可以不画出复平面的坐标轴,但相量的幅角应以实轴正方向为基准,逆时针方向的角度为正,顺时针方向的角度为负。

复平面上相量的加减运算也符合平行四边形法则。

在正弦电路分析中,经常要进行正弦量的各种运算。用相量表示正弦量后,使其运算过程变得较为方便。

例 4-4 已知正弦电流 $i_1 = 20\sin(\omega t + 60°)$ A, $i_2 = 10\sin(\omega t - 45°)$ A,求:(1) $i = i_1 + i_2$;(2)画出相量图。

解 (1)采用相量运算,先将 i_1 和 i_2 用它们的最大值相量表示,即

$$\dot{I}_{1m} = 20\underline{/60°}\ \text{A}, \quad \dot{I}_{2m} = 10\underline{/-45°}\ \text{A}$$

因为

$$\dot{I}_m = \dot{I}_{1m} + \dot{I}_{2m} = (20\underline{/60°} + 10\underline{/-45°})\ \text{A} =$$
$$(10 + j17.3 + 7.07 - j7.07)\ \text{A} =$$
$$(17.07 + j10.23)\ \text{A} = 19.9\underline{/30.9°}\ \text{A}$$

所以

$$i = 19.9\sin(\omega t + 30.9°)\ \text{A}$$

(2)相量图如图 4-7 所示。

从上述例题分析中可以看出,相量法的实质,是将各同频率的正弦量变换为它的复数形式,这样便把正弦交流电路的三角函数的运算问题变换成复数运算的问题来处理,从而简化运算。因此相量法只是一种分析正弦交流电路的数学工具。应该注意的是:除了正弦量以外,复数不能表示其他任何周期量。复数的相加减只能代表同频率正弦量的相加减,因此,只有在正弦交流电路中才能应用复数来计算。

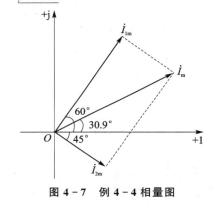

图 4-7 例 4-4 相量图

4.3 正弦交流电路中的电阻元件

研究交流电路的目的和研究直流电路一样,是为了掌握电路中的电流和电压间的关系及电路能量(或功率)的转换情况。

电阻元件 R、电感元件 L 和电容元件 C,三者分别接入直流和交流电路中所起的作用有相同之处,也有不同之处:电阻在直流和交流电路中,都起着阻碍电流的作用,并将电能转换为热能。电感线圈在直流电路中,由于电流不随时间而变化,故不产生自感电动势,对电流没有阻碍作用;而接入交流电路时,由于电流不断地变化,故始终有自感电动势产生,因而对电流产生阻碍作用。电容器接入直流电路中,电容器被电源充电,充电完毕后,则处于断路状态,对电流阻碍作用变为无限大;而接入交流电路时,由于电源电压是交变的,时而充电,时而放电,电路总是处于通路状态。可见,在交流电路中,电阻 R、电感 L 和电容 C 三个参数都始终对电路电流产生作用。所以交流电路中电压和电流之间的关系以及电路中能量分配和转换关系都比直

流电路复杂得多。

实际电路中的一个元件都不可避免地存在电阻、电感及电容三个参数的作用,但它们在电路中的作用往往是有主有次的。当电路中只有一个参数起主要作用,而其余两个可忽略不计时,就可把这个电路看成是只具有一个参数的理想电路,即所谓单一参数的电路。这种把电路中的元件理想化为一个参数的处理方法可使电路分析与计算简化。在学习交流电路的过程中,掌握单一参数电路的基本规律可为进一步分析多种参数组合成的实际电路问题打下基础。

以电阻丝为导电元件的白炽灯、电阻炉、电烙铁等,由于电阻参数起主要作用,因此可以视为单一的电阻元件。本节将分析电阻元件在正弦交流电路中的特性。学习中,要注意正弦量遵守相量关系,它包含大小和相位两个方面,还应注意频率变化对正弦量的影响。

4.3.1　电阻元件的电压与电流的关系

图 4-8(a)是电阻元件的交流电路。设加在电阻 R 两端的正弦电压为

$$u_R = \sqrt{2}U_R\sin(\omega t + \Psi_u)$$

在图示参考方向下,根据欧姆定律得

$$i_R = \frac{u_R}{R} = \frac{\sqrt{2}U_R}{R}\sin(\omega t + \Psi_u) = \sqrt{2}I_R\sin(\omega t + \Psi_i)$$

式中,$I_R = \dfrac{U_R}{R}$,$\Psi_i = \Psi_u$。其波形图如图 4-8(b)所示。

将 u_R 和 i_R 用相量表示有

$$\dot{U}_R = U_R\underline{/\Psi_u}$$

$$\dot{I}_R = I_R\underline{/\Psi_i} = \frac{U_R}{R}\underline{/\Psi_u} = \frac{\dot{U}_R}{R}$$

即

$$\dot{I}_R = \frac{\dot{U}_R}{R} \quad \text{或} \quad \dot{U}_R = R\dot{I}_R \tag{4-17}$$

式(4-17)就是电阻元件上电压与电流的相量关系式。相量图如图 4-8(c)所示。

通过以上分析可知,在电阻元件的交流电路中:

(1) 电压与电流为同频率的正弦量;

(2) 电压与电流的有效值(或最大值)之间的关系均符合欧姆定律,即 $U_R = I_R R$;

(3) 在关联参考方向下,电阻上的电压与电流是同相位的。

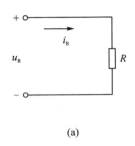
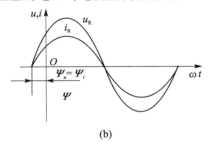
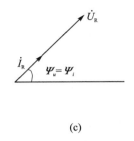

(a)　　　　　　　　　　(b)　　　　　　　　　　(c)

图 4-8　电阻中的电压和电流

4.3.2 电阻元件的功率

电阻消耗的功率等于电阻端电压与其电流的乘积。在交流电路中每一瞬时的电压 u 和电流 i 都是变化的,所以,电路中瞬时功率也是变化的。

1. 瞬时功率

电压瞬时值与电流瞬时值的乘积称为电路的瞬时功率。即

$$p = ui \tag{4-18}$$

对电阻元件,为了分析方便,设流过的电流为

$$i_R = \sqrt{2} I_R \sin \omega t$$

则其端电压为

$$u_R = \sqrt{2} I_R R \sin \omega t = \sqrt{2} U_R \sin \omega t$$

其瞬时功率为

$$p_R = u_R i_R = \sqrt{2} U_R \sin \omega t \cdot \sqrt{2} I_R \sin \omega t = 2 U_R I_R \sin^2 \omega t = U_R I_R (1 - \cos 2\omega t)$$

根据上式绘出瞬时功率波形如图 4-9 所示,它虽然随时间不断变化,但始终为正,这说明电阻元件是耗能元件。由于瞬时功率随时间而变化,在工程上应用起来非常不方便,在工程实际中,计算电路消耗的功率总是按一定时间内的平均值来计算的,并不需要计算瞬时的功率关系。

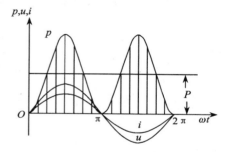

图 4-9　电阻元件的功率曲线

2. 平均功率

瞬时功率在一个周期内的平均值称为平均功率,用大写字母 P 表示。

$$P = \frac{1}{T} \int_0^T p \, dt = \frac{1}{T} \int_0^T ui \, dt \tag{4-19}$$

对电阻元件

$$P_R = \frac{1}{T} \int_0^T U_R I_R (1 - \cos 2\omega t) \, dt = U_R I_R$$

即交流通过电阻时的平均功率等于其电压与电流有效值的乘积。它表示交流通过电阻时将电能转变为热能(或其他有用的能量,如机械能等)的平均速率。

将 $I_R = \dfrac{U_R}{R}$ 或 $U_R = R I_R$ 代入上式得

$$P_R = U_R I_R = I_R^2 R = \frac{U_R^2}{R} \tag{4-20}$$

显然,正弦电路中电阻元件平均功率的计算公式在形式上与直流电路中的完全相似,区别仅在于式(4-20)中,电压和电流都是有效值。

从另一方面讲,因为交流通过电阻时,总是从电源吸取电能并把它转变为热能,故电阻从电源吸取的电能是用来做功而消耗了,为此,我们又把电阻吸取电能的平均速率(即平均功率)叫做"有功功率"。

平均功率(或有功功率)的单位是瓦(W),更大些的单位用千瓦(kW)、兆瓦(MW)。人们

平常所说的灯泡功率是 40 W,电烙铁的功率是 250 W 等,都是指平均功率(或有功功率)。

例 4 - 5　在纯电阻电路中,已知电阻 $R=100\ \Omega$,其两端电压 $u_R=311\sin(314t-30°)$,求:

(1) 通过电阻的电流 I_R 和 i_R;

(2) 电阻消耗的功率。

解　(1)电压的有效值为

$$U_R = \frac{U_{Rm}}{\sqrt{2}} = \frac{311}{\sqrt{2}}\ \text{V} = 220\ \text{V}$$

通过电阻电流的有效值

$$I_R = \frac{U_R}{R} = \frac{220}{100}\ \text{A} = 2.2\ \text{A}$$

因为纯电阻元件上电流、电压同相位,即 $\Psi_i=\Psi_u=-30°$,故

$$i_R = 2.2\sqrt{2}\sin(314t-30°)\text{A}$$

也可按相量式求出,电压相量 $\dot{U}_R=220\underline{/-30°}$ V,则

$$\dot{I}_R = \frac{\dot{U}_R}{R} = \frac{220\underline{/-30°}}{100}\text{A} = 2.2\underline{/-30°}\ \text{A}$$

所以 $I_R=2.2$ A,$i_R=2.2\sqrt{2}\sin(314t-30°)$A。

(2)电阻消耗的功率

$$P_R = U_R I_R = 220\times2.2\ \text{W} = 484\ \text{W}$$

也可用 $P_R=\dfrac{U_R^2}{R}$ 或 $P_R=I_R^2 R$ 计算。

4.4　正弦交流电路中的电感元件

用导线密绕的线圈,如荧光灯电路中的镇流器,电子技术中的扼流线圈等,当它们的电阻忽略不计时,即可以认为是单一的电感元件。电感元件是电工设备和仪器里经常用到的元件之一。本节分析电感元件在正弦交流电路中的特性。

4.4.1　电感元件的电压与电流的关系

图 4-10(a)是电感元件的交流电路。设流过电感 L 的电流为正弦电流

$$i_L = \sqrt{2}I_L\sin(\omega t+\Psi_i)$$

则在图示参考方向下有

$$u_L = L\frac{di_L}{dt} = \sqrt{2}\omega L I_L\cos(\omega t+\Psi_i) = \sqrt{2}\omega L I_L\sin(\omega t+\Psi_i+\frac{\pi}{2}) = \sqrt{2}U_L\sin(\omega t+\Psi_u)$$

式中,$U_L=\omega L I_L$;$\Psi_u=\Psi_i+\dfrac{\pi}{2}$。

由此可知,正弦电路中,电感元件中的电压与电流为同频率的正弦量;电压在相位上超前电流 90°;电压和电流的有效值有如下关系式:

$$U_L = \omega L I_L = X_L I_L \tag{4-21}$$

式中,$X_L=\omega L=2\pi f L$,X_L 称为感抗,单位是 Ω,它反映了电感元件在正弦电路中限制电流通

过的能力。X_L 由电感 L 及电路中的频率 f 决定,当 L 一定时,X_L 与 f 成正比,所以电感元件对高频电流有较大的阻碍作用,对低频电流阻碍作用较小。在直流电路中,$f=0$,$X_L=0$,故电感元件可视作短路。

若用相量表示,则有

$$\dot{I}_L = I_L \underline{/\Psi_i}$$

$$\dot{U}_L = U_L \underline{/\Psi_u} = \omega L I_L \underline{/\Psi_i + \frac{\pi}{2}} = \mathrm{j}\omega L I_L \underline{/\Psi_i}$$

即

$$\dot{U}_L = \mathrm{j} X_L \dot{I}_L \tag{4-22}$$

式(4-22)即为电感元件电压与电流的相量关系式。此式综合反映了电感元件的电压与电流的有效值之间的关系以及它们的相位关系。

波形图和相量图如图 4-10(b)和(c)所示。

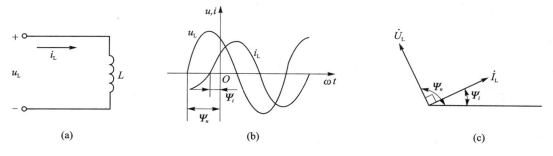

图 4-10 电感元件中的电压和电流

4.4.2 电感元件的功率

1. 瞬时功率

设流过电感元件的电流为

$$i_L = \sqrt{2} I_L \sin \omega t$$

则其电压为

$$u_L = \sqrt{2} U_L \sin\left(\omega t + \frac{\pi}{2}\right)$$

其瞬时功率为

$$p_L = u_L i_L = \sqrt{2} U_L \sin(\omega t + \pi/2) \cdot \sqrt{2} I_L \sin \omega t =$$
$$\sqrt{2} U_L \cos \omega t \cdot \sqrt{2} I_L \sin \omega t = U_L I_L \sin 2\omega t$$

上式表明电感元件的瞬时功率也是随时间按正弦规律变化的,其频率是电流频率的两倍。变化曲线如图 4-11 所示。从图中可以看出,在交流电的第一个和第三个 1/4 周期内,电压与电流方向相同,因而瞬时功率是正值,说明此时电感元件吸收电能并转换为磁场能量储存起来;在第二个和第四个 1/4 周期内,电压与电流方向相反,因而瞬时功率为负,说明此时电感元件向外释放能量。功率值的正负交替出现,说明电感元件与外电路不断地进行着能量的交换。

2. 平均功率

平均功率为

$$P_{\text{L}} = \frac{1}{T}\int_0^T p_{\text{L}}\mathrm{d}t = \frac{1}{T}\int_0^T U_{\text{L}}I_{\text{L}}\sin 2\omega t\,\mathrm{d}t = 0$$

这说明电感元件在吸收和释放能量的过程中并不消耗电能，故电感元件不是耗能元件，而是一种储能元件。

3. 无功功率

在正弦交流电路中，电感元件虽然没有能量损耗，但是在元件与电源之间不断地进行着能量的互换，瞬时功率并不为零，这种能量互换的规模通常用无功功率 Q 来衡量，并规定无功功率 Q 等于瞬时功率的最大值，即

$$Q_{\text{L}} = U_{\text{L}}I_{\text{L}} = I_{\text{L}}^2 X_{\text{L}} = \frac{U_{\text{L}}^2}{X_{\text{L}}} \quad (4-23)$$

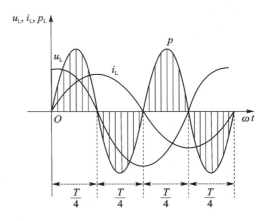

图 4-11　电感元件的功率曲线

无功功率 Q 的单位是乏（var）。它表示电感元件与电源之间能量交换的最大速率。

应当指出，对"无功"两字应理解为"交换而不消耗"，不应理解为"无用"。无功功率在工程上占有重要地位，例如电动机、变压器等具有电感的设备，没有磁场就不能工作，而磁场能量是由电源供给的。这些设备和电源之间必须要进行一定规模的能量交换。也可以说，这些设备要"吸收"一定的无功功率才能正常运行。

例 4-6　把一电感线圈接在 50 Hz、电压为 220 V 的交流电源上，线圈的电感 $L=0.5$ H，电阻很小可略去不计，求：

（1）线圈的感抗；

（2）通过线圈的电流的有效值及瞬时值表达式；

（3）电路的有功功率和无功功率；

（4）若电源电压的频率变为 $f=100$ Hz 时，再求电路的感抗、电流的有效值及电路的无功功率。

解　（1）线圈的感抗

$$X_{\text{L}} = 2\pi f L = (2\pi \times 50 \times 0.5)\,\Omega = 157\ \Omega$$

（2）通过线圈的电流的有效值为

$$I = \frac{U}{X_{\text{L}}} = \frac{220\ \text{V}}{157\ \Omega} = 1.4\ \text{A}$$

取电压的初相角为零，则电流 i 的初相角为 $-90°$，电流 i 的瞬时值表达式为

$$i = 1.4\sqrt{2}\sin(314t - 90°)\,\text{A}$$

（3）线圈的有功功率

$$P_{\text{L}} = 0$$

电路的无功功率

$$Q_{\text{L}} = UI = (220 \times 1.4)\,\text{var} = 308\ \text{var}$$

或

$$Q_{\text{L}} = I^2 X_{\text{L}} = (1.4^2 \times 157)\,\text{var} = 308\ \text{var}$$

（4）当 $f=100$ Hz 时，线圈感抗

$$X_{\text{L}} = 2\pi f L = (2\pi \times 100 \times 0.5)\ \Omega = 314\ \Omega$$

通过线圈电流的有效值

$$I = \frac{U}{X_L} = \frac{220 \text{ V}}{314 \text{ Ω}} = 0.7 \text{ A}$$

电路的无功功率

$$Q_L = UI = (220 \times 0.7)\text{var} = 154 \text{ var}$$

或

$$Q_L = I^2 X_L = (0.7^2 \times 314)\text{var} = 154 \text{ var}$$

由此看出,对于一定的电感 L 来说,频率 f 增加一倍,其感抗便增加为原来的 2 倍。电压若不变,电路中的电流、无功功率都减小为原来的 1/2。可见,对于含有电感线圈的电路,只要频率发生变化,电路中的感抗、电流、无功功率等都要发生变化。

4.5 正弦交流电路中的电容元件

电容器也是电工技术中广泛应用的元件之一,它是一种能够积累电荷、储存电场能量的元件。由介质损耗很小,绝缘电阻很大的电容器组成的交流电路,可近似看成单一电容元件电路。本节分析电容元件在正弦交流电路中的特性。

4.5.1 电容元件的电压与电流的关系

图 4-12(a)是电容元件的交流电路。设电容 C 两端所加的电压为正弦电压,即

$$u_C = \sqrt{2} U_C \sin(\omega t + \Psi_u)$$

则在图示参考方向下有

$$i_C = C \frac{du_C}{dt} = \sqrt{2} \omega C U_C \cos(\omega t + \Psi_u) =$$

$$\sqrt{2} \omega C U_C \sin(\omega t + \Psi_u + \frac{\pi}{2}) =$$

$$\sqrt{2} I_C \sin(\omega t + \Psi_i)$$

式中,$I_C = \omega C U_C$;$\Psi_i = \Psi_u + \frac{\pi}{2}$。

由此可知,在正弦交流电路中,电容元件中的电压与电流是同频率的正弦量,关联参考方向下,电流超前于电压 90°,电压和电流的有效值关系为

$$I_C = \omega C U_C = \frac{U_C}{X_C} \qquad 或 \qquad U_C = \frac{1}{\omega C} I_C = X_C I_C \qquad (4-24)$$

式(4-24)中 $X_C = \frac{1}{\omega C} = \frac{1}{2\pi f C}$,$X_C$ 称为电容元件的容抗,单位是 Ω。它反映了电容元件对正弦电流的限制能力。容抗 X_C 与电容、频率成反比。当电容一定时,频率越高,容抗越小。因此,电容对高频电流的阻碍作用小,对低频电流的阻碍作用大。在直流电路中,电容可视为开路。这就是电容元件所谓的通交流、阻直流作用。根据上述电容元件中电压与电流在数值和相位上的关系,相量形式可表示为

$$\dot{U}_C = -jX_C \dot{I}_C \qquad (4-25)$$

其波形图和相量图如图 4-12(b)、(c)所示。

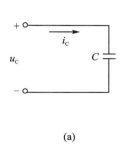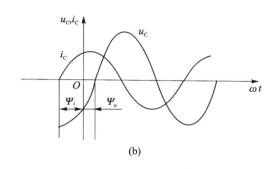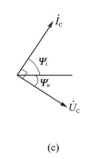

(a)　　　　　　　(b)　　　　　　　(c)

图 4-12　电容元件中的电压和电流

4.5.2　电容元件的功率

1．瞬时功率

在电压、电流的关联参考方向下，设电容的端电压为

$$u_{\mathrm{C}} = \sqrt{2}U_{\mathrm{C}}\sin \omega t$$

则电流为

$$i_{\mathrm{C}} = \sqrt{2}I_{\mathrm{C}}\sin (\omega t + 90°)$$

其瞬时功率为

$$p_{\mathrm{C}} = u_{\mathrm{C}}i_{\mathrm{C}} = \sqrt{2}U_{\mathrm{C}}\sin \omega t \cdot \sqrt{2}I_{\mathrm{C}}\sin (\omega t + 90°) =$$
$$\sqrt{2}U_{\mathrm{C}}\sin \omega t \cdot \sqrt{2}I_{\mathrm{C}}\cos \omega t =$$
$$U_{\mathrm{C}}I_{\mathrm{C}}\sin 2\omega t$$

瞬时功率曲线是以两倍的电压频率变化的正弦曲线，如图 4-13 所示。从波形曲线可看出：在第一、第三两个 1/4 周期内，由于电压 u 与电流 i 的方向一致，这时瞬时功率为正，表明电容元件吸收能量，是电容进行充电的过程；在第二、第四个 1/4 周期内，由于 u 与 i 方向相反，故瞬时功率为负，此时，电容元件释放能量，是电容进行放电的过程。

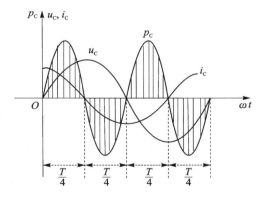

图 4-13　电容元件功率曲线

2．平均功率

电容器不消耗能量，只是与电源之间作周期性能量互换，故其平均功率为零，即

$$P_{\mathrm{C}} = \frac{1}{T}\int_0^T p_{\mathrm{C}}\mathrm{d}t = \frac{1}{T}\int_0^T U_{\mathrm{C}}I_{\mathrm{C}}\sin 2\omega t\,\mathrm{d}t = 0$$

3．无功功率

与电感电路相似，把瞬时功率的最大值定义为无功功率，有

$$Q_{\mathrm{C}} = U_{\mathrm{C}}I_{\mathrm{C}} = I_{\mathrm{C}}^2 X_{\mathrm{C}} = \frac{U_{\mathrm{C}}^2}{X_{\mathrm{C}}} \qquad (4-26)$$

它表示电容与电源间能量交换的最大速率，单位为乏（var）。

例 4 - 7 已知一电容器 $C=57.8\ \mu\mathrm{F}$，若在电容器上加一个 $f=50\ \mathrm{Hz}$ 的正弦电压 $u=311\sin(\omega t+30°)\mathrm{V}$，试求：

(1) 电路的容抗；

(2) 电路中电流的有效值及瞬时值表达式；

(3) 电路的有功功率及无功功率；

(4) 若电源电压的频率变为 $f=100\ \mathrm{Hz}$ 时，再求电路的容抗、电流的有效值及电路的无功功率。

解 (1) 电容的容抗为

$$X_\mathrm{C}=\frac{1}{2\pi fC}=\left(\frac{10^6}{2\pi\times50\times57.8}\right)\Omega=55\ \Omega$$

(2) 电流的有效值为

$$I=\frac{U}{X_\mathrm{C}}=\frac{U_\mathrm{m}}{\sqrt2 X}=\left(\frac{311}{\sqrt2\times55}\right)\mathrm{A}=4\ \mathrm{A}$$

电流的瞬时值表达式为

$$i=\sqrt2 I\sin(\omega t+30°+90°)=5.66\sin(\omega t+120°)\mathrm{A}$$

(3) 电路的有功功率

$$P_\mathrm{C}=0$$

电路的无功功率

$$Q_\mathrm{C}=UI=(220\times4)\,\mathrm{var}=880\ \mathrm{var}$$

或

$$Q_\mathrm{C}=I^2 X_\mathrm{C}=(4^2\times55)\,\mathrm{var}=880\ \mathrm{var}$$

(4) 当电源频率为 $f=100\ \mathrm{Hz}$ 时，电路的容抗为

$$X_\mathrm{C}=\frac{1}{2\pi fC}=\left(\frac{10^6}{2\pi\times100\times57.8}\right)\Omega=27.5\ \Omega$$

电流的有效值为

$$I=\frac{U}{X_\mathrm{C}}=\left(\frac{220}{27.5}\right)\mathrm{A}=8\ \mathrm{A}$$

电路的无功功率为

$$Q_\mathrm{C}=UI=(220\times8)\,\mathrm{var}=1\,760\ \mathrm{var}=1.76\ \mathrm{kvar}$$

或

$$Q_\mathrm{C}=I^2 X_\mathrm{C}=(8^2\times27.5)\,\mathrm{var}=1\,760\ \mathrm{var}=1.76\ \mathrm{kvar}$$

由此看出，对于一定的电容 C 来说，频率 f 增加一倍，其容抗便减小为原来的 1/2。电压若不变，电流、无功功率都要增加一倍。可见，对于含有一定的电容 C 的电路来说，频率改变，其容抗、电路中的电流、无功功率都要发生变化。

4.6 基尔霍夫定律的相量形式

正弦量用相量表示，可以使正弦交流电路的分析和计算简化。基尔霍夫定律是电路的基本定律，是电路分析的依据，它不仅适用于直流电路，而且适用于交流电路。本节介绍正弦交流电路中基尔霍夫定律的相量形式。

4.6.1　相量形式的基尔霍夫电流定律

基尔霍夫电流定律的实质是电流的连续性原理。在交流电路中任一瞬间的电流总是连续的,所以,电路中任一节点在任何时刻都有

$$\sum i = 0$$

由于在正弦电路中,所有的响应与激励为同频率的正弦量,因而上式中的各个电流都是同频率的正弦量,将这些同频率的正弦量用相量来表示,即得

$$\sum \dot{I} = 0 \qquad (4-27)$$

这就是相量形式的基尔霍夫电流定律(KCL)。式(4-27)中各电流前的正负号由其参考方向来决定。

4.6.2　相量形式的基尔霍夫电压定律

基尔霍夫电压定律也同样适用于交流电路的任一瞬间。在某一瞬间,电路中任一回路中各电压瞬时值的代数和等于零,即

$$\sum u = 0$$

同样可得

$$\sum \dot{U} = 0 \qquad (4-28)$$

这就是相量形式的基尔霍夫电压定律(KVL)。

应该注意到,正弦电路中各支路电流或各元件的电压的相位一般都不相等,所以式(4-27)和式(4-28)中的各项都是相量,而不是有效值。

例 4-8　如图 4-14 所示电路中,已知电流表 A_1、A_2、A_3 的读数都是 10 A,求电路中电流表 A 的读数。

解　设端电压 $\dot{U} = U\underline{/0^\circ}$ V,选定电流的参考方向如图所示,则

$$\dot{I}_1 = 10\underline{/0^\circ}\ \text{A}, \quad \dot{I}_2 = 10\underline{/-90^\circ}\ \text{A}, \quad \dot{I}_3 = 10\underline{/90^\circ}\ \text{A}$$

根据 KCL 的相量形式,有

$$\dot{I} = \dot{I}_1 + \dot{I}_2 + \dot{I}_3 = 10\underline{/0^\circ}\ \text{A} + 10\underline{/-90^\circ}\ \text{A} + 10\underline{/90^\circ}\ \text{A} = 10\ \text{A}$$

所以电流表 A 的读数为 10 A。

例 4-9　如图 4-15 所示电路中,已知电压表 V_1、V_2 的读数均为 100 V,试求电路中电压表 V 的读数。

解　设 $\dot{I} = I\underline{/0^\circ}$ A,则

$$\dot{U}_1 = 100\underline{/0^\circ}\ \text{V}, \qquad \dot{U}_2 = 100\underline{/-90^\circ}\ \text{V}$$

根据 KVL 的相量形式,有

$$\dot{U} = \dot{U}_1 + \dot{U}_2 = 100\underline{/0^\circ}\ \text{V} + 100\underline{/-90^\circ}\ \text{V} = 141.4\underline{/-45^\circ}\ \text{V}$$

即电压表 V 的读数为 141.4 V。

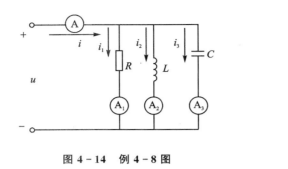

图 4 - 14 例 4 - 8 图

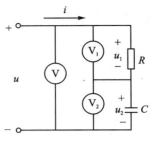

图 4 - 15 例 4 - 9 图

4.7 RLC 串联电路

前面分别讨论了含有单一参数元件的正弦交流电路。但是任何一个实际的电路往往是由两个或三个参数元件组成的。如许多电磁用电设备(变压器、电动机、继电器等)都包含线圈,而线圈都具有电阻和电感,其中电阻有时就不能忽略。又如一些电子设备(如放大器、移相器、振荡器等),都要用到由电阻和电容或由电容和电感组合的电路,所以研究同时具有几个参数元件的交流电路,更具有实际意义。下面研究具有代表性的由电阻元件 R,电感元件 L,电容元件 C 串联的电路。常用的串联电路,都可以认为是这种电路的特例。

4.7.1 RLC 串联电路的电压与电流的关系

图 4 - 16(a)所示为 R、L、C 串联电路的相量模型。按图中选定的参考方向,设电路电流相量为 $\dot{I}$,则

$$\dot{U}_R = R\dot{I}, \qquad \dot{U}_L = jX_L\dot{I}, \qquad \dot{U}_C = -jX_C\dot{I}$$

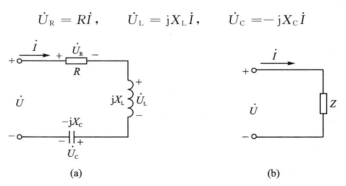

(a)   (b)

图 4 - 16 RLC 串联电路

由 KVL 的相量形式得

$$\dot{U} = \dot{U}_R + \dot{U}_L + \dot{U}_C = R\dot{I} + jX_L\dot{I} - jX_C\dot{I} =$$
$$[R + j(X_L - X_C)]\dot{I} = (R + jX)\dot{I}$$

设

$$Z = R + jX \qquad\qquad (4 - 29)$$

则

$$\dot{U} = Z\dot{I} \qquad (4-30)$$

式(4-29)中的 Z 称为电路的复阻抗,单位是 Ω。它是一个复数,实部 R 是电路的电阻,虚部为 $X = X_L - X_C$,称为电路的电抗,是电路中感抗与容抗的差,电抗的值有正有负。式(4-30)是 RLC 串联电路电流与电压的相量关系式,与欧姆定律相类似,所以称之为欧姆定律的相量形式。

复阻抗 Z 的单位仍与电阻的单位相同。它不是代表正弦量的复数,所以,它不是相量,故不在字母 Z 上加小圆点。

线性电路中,复阻抗 Z 仅由电路的参数及电源频率决定,与电压、电流的大小无关。在电路中,复阻抗可用图 4-16(b)所示的图形符号表示。单一的电阻、电感、电容元件可看成是复阻抗的一种特例,它们对应的复阻抗分别为 $Z = R$;$Z = j\omega L$;$Z = -j\dfrac{1}{\omega C}$。

将复阻抗 Z 用极坐标形式表示为

$$Z = |Z| \underline{/\varphi}$$

式中

$$|Z| = \sqrt{R^2 + (X_L - X_C)^2} \qquad (4-31)$$

$$\varphi = \arctan \frac{X_L - X_C}{R} \qquad (4-32)$$

它们分别是复阻抗的模和幅角。显然,复阻抗的 $|Z|$、R、X 构成一个直角三角形,如图 4-17(a)所示,称为阻抗三角形。

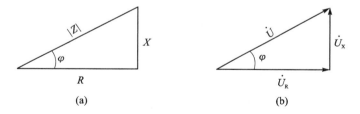

图 4-17　阻抗三角形和电压三角形

由式(4-30)可得

$$Z = \frac{\dot{U}}{\dot{I}} = \frac{U\underline{/\Psi_u}}{I\underline{/\Psi_i}} = \frac{U}{I}\underline{/\Psi_u - \Psi_i}$$

可见

$$|Z| = \frac{U}{I}$$

$$\varphi = \Psi_u - \Psi_i$$

上式说明,复阻抗的模 $|Z|$ 是它的端电压及电流的有效值之比,称为电路的阻抗。复阻抗的幅角 φ 是电压超前电流的相位角,称为电路的阻抗角。所以复阻抗 Z 综合反映了电压与电流间的大小及相位关系。

在 RLC 串联电路中,一般可选择电流 $\dot{I}$ 为参考正弦量,则 $\dot{U}_R$ 与 $\dot{I}$ 同相,$\dot{U}_L$ 比 $\dot{I}$ 超前 $\pi/2$,$\dot{U}_C$ 比 $\dot{I}$ 滞后 $\pi/2$,作出 $\dot{U}_R$、$\dot{U}_L$ 和 $\dot{U}_C$,三个相量相加得到 $\dot{U}$,电路的相量图如图 4-18 所

示。由图可知,电感电压 $\dot{U}_L$ 和电容电压 $\dot{U}_C$ 的相量和 $\dot{U}_L+\dot{U}_C=\dot{U}_X$ 与电阻电压 $\dot{U}_R$ 及总电压 $\dot{U}$ 构成一个直角三角形,称为电压三角形,如图 4-17(b)所示,它与阻抗三角形是相似三角形。

由电压三角形可得

$$U = \sqrt{U_R^2 + U_X^2}$$

$$\varphi = \arctan \frac{U_X}{U_R}$$

使用上式时,应注意根据 U_L 与 U_C(或 X_L 与 X_C)的大小来决定 φ 的正负。

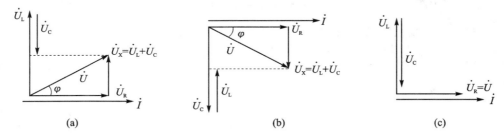

图 4-18　RLC 串联电路的相量图

4.7.2　RLC 串联电路的性质

根据阻抗角可以判断电路有以下三种不同的性质:

(1)当 $X_L > X_C$ 时,$\varphi > 0$,电路中电流滞后于电压 φ 角,电路呈电感性质,相量关系如图 4-18(a)所示。

(2)当 $X_L < X_C$ 时,$\varphi < 0$,电路中电压滞后于电流 φ 角,电路呈电容性质,相量关系如图 4-18(b)所示。

(3)当 $X_L = X_C$ 时,$\varphi = 0$,电路中电流与电压同相位,电路呈电阻性质,相量关系如图 4-18(c)所示。这是 RLC 串联电路的一种特殊工作状态,称为串联谐振,在本章第 13 节将专门进行讨论。

例 4-10　一电感线圈的 $R=8\ \Omega$,$L=15\ \text{mH}$,与 $C=50\ \mu\text{F}$ 的电容器串联,如图 4-19(a)所示。现将这个电路接于电压 $u=50\sin(1\,000t+15°)$ V 的交流电源上。试求:(1)电路中的电流;(2)线圈两端的电压;(3)电容器两端的电压;(4)判断电路的性质。

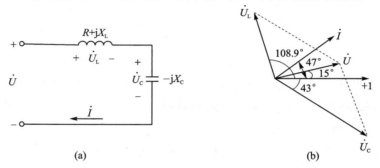

图 4-19　例 4-10 图

解　依题意可得

$$\dot{U}_m = 50 \underline{/\,15°}\ \text{V}$$

$$X_L = \omega L = 1\,000 \times 15 \times 10^{-3}\ \Omega = 15\ \Omega$$

$$X_C = \frac{1}{\omega C} = \frac{1}{1\,000 \times 50 \times 10^{-6}}\ \Omega = 20\ \Omega$$

$$Z = R + \mathrm{j}(X_L - X_C) = 8\ \Omega + \mathrm{j}(15 - 20)\ \Omega = 9.44 \underline{/\,-32°}\ \Omega$$

（1）电路中的电流

$$\dot{I}_m = \frac{\dot{U}_m}{Z} = \frac{50 \underline{/\,15°}}{9.44 \underline{/\,-32°}}\ \text{A} = 5.3 \underline{/\,47°}\ \text{A}$$

故
$$i = 5.3 \sin(1\,000t + 47°)\ \text{A}$$

（2）线圈两端电压

线圈的复阻抗为　$Z_{RL} = R + \mathrm{j}X_L = 8\ \Omega + \mathrm{j}15\ \Omega = 17 \underline{/\,61.9°}\ \Omega$

所以　　　$\dot{U}_{RLm} = Z_{RL}\dot{I}_m = 17 \underline{/\,61.9°} \times 5.3 \underline{/\,47°}\ \text{V} = 90 \underline{/\,108.9°}\ \text{V}$

则　　　　$u_{RL} = 90 \sin(1\,000t + 108.9°)\ \text{V}$

（3）电容两端电压

$$Z_C = -\mathrm{j}X_C = -\mathrm{j}20\ \Omega = 20 \underline{/\,-90°}\ \Omega$$

$$\dot{U}_{Cm} = Z_C\dot{I}_m = 20 \underline{/\,-90°} \times 5.3 \underline{/\,47°}\ \text{V} = 106 \underline{/\,-43°}\ \text{V}$$

故　　　　$u_C = 106 \sin(1\,000t - 43°)\ \text{V}$

（4）相量图如图 4 - 19(b)所示,电路性质呈容性。

在 RCL 串联电路中,$Z = R + \mathrm{j}(X_L - X_C)$。当 $X_C = 0$ 时,$Z = R + \mathrm{j}X_L$,这时电路就是 RL 串联电路;当 $X_L = 0$ 时,$Z = R - \mathrm{j}X_C$,这时电路就是 RC 串联电路。RL 串联电路和 RC 串联电路均可视为 RLC 串联电路的特例。由此推广,R、L、C 单一元件组成的电路也可看成 RLC 串联电路的特例。这表明,RLC 串联电路中的公式对单一元件及 RL 串联电路、RC 串联电路都同样适用。

4.8　RLC 并联电路

现在讨论三个基本元件并联的交流电路,如图 4 - 20 所示。可以说一般的并联电路,只要其中不含电源,最终都能够简化为这种最简单的形式,因此,它具有典型意义。

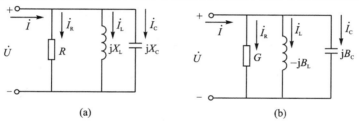

(a)　　　　　　　　　　　　(b)

图 4 - 20　RLC 并联电路

4.8.1　RLC 并联电路的电流与电压的关系

由于各元件承受的电压是相同的,设端口电压相量为 $\dot{U}$,则

$$\dot{I}_R = \frac{\dot{U}}{R}, \qquad \dot{I}_L = \frac{\dot{U}}{jX_L}, \qquad \dot{I}_C = \frac{\dot{U}}{-jX_C}$$

按图示参考方向,根据相量形式的 KCL,有

$$\dot{I} = \dot{I}_R + \dot{I}_L + \dot{I}_C = \frac{\dot{U}}{R} + \frac{\dot{U}}{jX_L} + \frac{\dot{U}}{-jX_C} =$$
$$G\dot{U} - jB_L\dot{U} + jB_C\dot{U} = [G + j(B_C - B_L)]\dot{U} =$$
$$(G + jB)\dot{U} = Y\dot{U} \tag{4-33}$$

式中,$G=\frac{1}{R}$,是电导;$B_L=\frac{1}{X_L}$,称为感纳;$B_C=\frac{1}{X_C}$,称为容纳;$B=B_C-B_L$,称为电纳,实际上是容纳与感纳之差;$Y=G+jB$,称为复导纳,它们的单位均为西[门子](S)。

式(4-33)为 RLC 并联电路的欧姆定律相量形式。

将复导纳用极坐标形式表示为

$$Y = |Y| \underline{/\varphi'}$$

式中

$$|Y| = \sqrt{G^2 + B^2} \tag{4-34}$$
$$\varphi' = \arctan \frac{B}{G} \tag{4-35}$$

它们分别为复导纳的模和幅角。显然,$|Y|$、G、B 构成一直角三角形,如图 4-21(a)所示,称为导纳三角形。

由式(4-33)可得

$$Y = \frac{\dot{I}}{\dot{U}} = \frac{I\underline{/\varphi_i}}{U\underline{/\varphi_u}} = \frac{I}{U}\underline{/\Psi_i - \Psi_u} = |Y|\underline{/\varphi'}$$

可见

$$|Y| = \frac{I}{U}$$

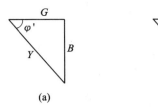

(a)　　　　(b)

图 4-21　导纳三角形与电流三角形

上式说明,复导纳的模是电路的电流与电压的有效值之比,称为导纳;复导纳的幅角 φ' 是电流超前电压的相位角,称为导纳角。复导纳综合反映了电流与电压的大小及相位关系。

在 RLC 并联电路中,以电压 $\dot{U}$ 为参考正弦量,作出 $\dot{I}_R$、$\dot{I}_L$ 和 $\dot{I}_C$,三个相量相加得到总电流 $\dot{I}$,电路的相量图如图 4-22 所示。由图可知,电流相量 $\dot{I}$、$\dot{I}_R$ 和 $(\dot{I}_L+\dot{I}_C)$ 也构成一个直角

三角形,称为电流三角形,如图 4-21(b)所示。其中 φ' 就是总电流 $\dot{I}$ 与电压 $\dot{U}$ 之间的相位差, $I=\sqrt{I_{\mathrm{R}}^2+(I_{\mathrm{L}}-I_{\mathrm{C}})^2}$。电流三角形与导纳三角形是相似三角形。

4.8.2　RLC 并联电路的性质

根据 $\varphi'=\arctan\dfrac{B}{G}=\arctan\dfrac{B_{\mathrm{C}}-B_{\mathrm{L}}}{G}$ 可知,随着电源频率和电路参数的不同,RLC 并联电路也有三种不同的性质:

(1) $B_{\mathrm{C}}>B_{\mathrm{L}}$,电纳 $B>0$,这时 $I_{\mathrm{C}}>I_{\mathrm{L}}$,$\varphi'>0$,端口电流超前于端口电压,此时电路呈电容性质,如图 4-22(a)所示。

(2) $B_{\mathrm{C}}<B_{\mathrm{L}}$,电纳 $B<0$,这时 $I_{\mathrm{C}}<I_{\mathrm{L}}$,$\varphi'<0$,端口电流滞后于端口电压,此时电路呈电感性质,如图 4-22(b)所示。

(3) $B_{\mathrm{C}}=B_{\mathrm{L}}$,电纳 $B=0$,这时 $I_{\mathrm{C}}=I_{\mathrm{L}}$,$\varphi'=0$,端口电流与端口电压同相位,此时电路呈电阻性质,如图 4-22(c)所示。

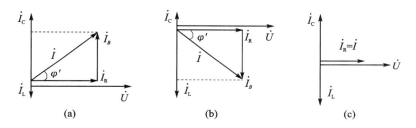

图 4-22　RLC 并联电路的性质

例 4-11　在 RLC 并联电路中,已知 $R=200\ \Omega$,$L=150\ \mathrm{mH}$,$C=50\ \mu\mathrm{F}$,总电流 $i=141\sin(314t+30°)\ \mathrm{mA}$,其中 t 以 s 为单位,求各元件中的电流及端电压的解析式。电路呈现什么性质?

解　由已知条件得

$$G=\frac{1}{R}=\frac{1}{200}\ \mathrm{S}=0.005\ \mathrm{S}$$

$$B_{\mathrm{L}}=\frac{1}{\omega L}=\frac{1}{314\times150\times10^{-3}}\ \mathrm{S}=0.021\ \mathrm{S}$$

$$B_{\mathrm{C}}=\omega C=314\times50\times10^{-6}\ \mathrm{S}=0.015\ 7\ \mathrm{S}$$

$$Y=G+\mathrm{j}(B_{\mathrm{C}}-B_{\mathrm{L}})=0.005\ \mathrm{S}+\mathrm{j}(0.015\ 7-0.021)\ \mathrm{S}=0.007\ 3\underline{/-46.7°}\ \mathrm{S}$$

$$\dot{I}=\frac{141}{\sqrt{2}}\underline{/30°}\ \mathrm{mA}=100\underline{/30°}\ \mathrm{mA}$$

$$\dot{U}=\frac{\dot{I}}{Y}=\frac{100\underline{/30°}\times10^{-3}}{0.007\ 3\underline{/-46.7°}}\ \mathrm{V}=13.7\underline{/76.7°}\ \mathrm{V}$$

$$\dot{I}_{\mathrm{R}}=G\dot{U}=0.005\times13.7\underline{/76.7°}\ \mathrm{A}=68.5\underline{/76.7°}\ \mathrm{mA}$$

$$\dot{I}_{\mathrm{L}}=(-\mathrm{j}B_{\mathrm{L}})\dot{U}=(-\mathrm{j}0.021)\times13.7\underline{/76.7°}\ \mathrm{A}=287\underline{/-13.3°}\ \mathrm{mA}$$

$$\dot{I}_{\mathrm{C}}=(\mathrm{j}B_{\mathrm{C}})\dot{U}=\mathrm{j}0.015\ 7\times13.7\underline{/76.7°}\ \mathrm{A}=215\underline{/166.7°}\ \mathrm{mA}$$

所以,各元件电流及端电压的解析式分别为

$$i_R = 68.5\sqrt{2}\sin(314t + 76.7°) \text{ mA}$$

$$i_L = 287\sqrt{2}\sin(314t - 13.3°) \text{ mA}$$

$$i_C = 215\sqrt{2}\sin(314t + 166.7°) \text{ mA}$$

$$u = 13.7\sqrt{2}\sin(314t + 76.7°) \text{ V}$$

因为复导纳 Y 的导纳角 $\varphi' = -46.7° < 0$，所以电路呈现感性。

4.9 无源二端网络的等效复阻抗和复导纳

4.9.1 复阻抗、复导纳的串联和并联

复阻抗或复导纳的串联、并联和混联电路的分析计算，形式上与电阻电路完全一样，也可导出相类似的等效复阻抗或复导纳的计算公式。

对于图 4-23(a)所示的由 n 个复阻抗串联的电路，其等效复阻抗是

$$Z = Z_1 + Z_2 + \cdots + Z_n \tag{4-36}$$

对于图 4-23(b)所示的由 n 个复导纳并联的电路，其等效复导纳是

$$Y = Y_1 + Y_2 + \cdots + Y_n \tag{4-37}$$

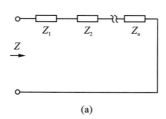 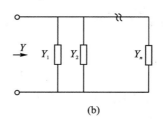

(a)　　　　　　　　　　(b)

图 4-23　复阻抗的串联和复导纳的并联

当只有两个复阻抗串联时，每个复阻抗的电压分配公式是

$$\dot{U}_1 = \frac{Z_1}{Z_1 + Z_2}\dot{U}$$

$$\dot{U}_2 = \frac{Z_2}{Z_1 + Z_2}\dot{U}$$

式中，$\dot{U}_1$、$\dot{U}_2$ 分别为复阻抗 Z_1 和 Z_2 上的电压；$\dot{U}$ 为总电压。

当只有两个复阻抗并联时，等效复阻抗为

$$Z = \frac{Z_1 Z_2}{Z_1 + Z_2}$$

每个复阻抗的电流分配公式是

$$\dot{I}_1 = \frac{Z_2}{Z_1 + Z_2}\dot{I}$$

$$\dot{I}_2 = \frac{Z_1}{Z_1 + Z_2}\dot{I}$$

式中，$\dot{I}_1$、$\dot{I}_2$ 分别为流过复阻抗 Z_1 和 Z_2 的电流；$\dot{I}$ 为总电流。

4.9.2　复阻抗与复导纳的等效变换

一个无源二端网络,既可以用等效复阻抗表示,又可以用等效复导纳表示,究竟采用哪一种形式,取决于哪一种形式更便于分析计算。

对于同一个无源二端网络,其等效复阻抗 Z 与等效复导纳 Y 之间是互为倒数的关系,即

$$Y = \frac{1}{Z} \text{ 或 } Z = \frac{1}{Y}$$

1. 将复阻抗等效为复导纳

已知 $Z = R + jX$,则

$$Y = G + jB = \frac{1}{Z} = \frac{1}{R + jX} = \frac{R - jX}{R^2 + X^2} = \frac{R}{R^2 + X^2} - j\frac{X}{R^2 + X^2}$$

其中,$G = \dfrac{R}{R^2 + X^2}$;$B = -\dfrac{X}{R^2 + X^2}$。

2. 将复导纳等效为复阻抗

已知 $Y = G + jB$,则

$$Z = R + jX = \frac{1}{Y} = \frac{1}{G + jB} = \frac{G - jB}{G^2 + B^2} = \frac{G}{G^2 + B^2} - j\frac{B}{G^2 + B^2}$$

所以

$$R = \frac{G}{G^2 + B^2}$$

$$X = -\frac{B}{G^2 + B^2}$$

通过上述分析过程可知,在一般情况下,$G \neq \dfrac{1}{R}$,$B \neq \dfrac{1}{X}$,且在变换过程中,B 和 X 总是异号的。

在正弦交流电路中,为了便于分析计算,串联电路常用阻抗法,并联电路常用导纳法,当并联支路的项目较多时,利用导纳法求解更具有一定的优越性。

4.10　相量法分析正弦交流电路

通过前面几节的讨论,导出了相量形式的欧姆定律和基尔霍夫定律。对于正弦电路中的单一元件其伏安关系也都有其相量表达式。总的来说,将正弦电路中的电压、电流用相量表示,在引入复阻抗、复导纳的概念后,正弦电路就具有了与直流电路完全相似的基本定律。这样,分析直流电阻电路的所有方法、公式及定理也就完全可以类推并适用于对正弦电流电路的分析计算。所不同的仅在于用电压相量和电流相量取代了以前的直流电压和电流;用复阻抗和复导纳取代了直流电阻和电导,这就是分析正弦电流电路的相量法。本节通过具体例题加以说明。

例 4-12　如图 4-24(a)所示电路中,已知 $U_{AB} = 100\sqrt{2}$ V,$R_1 = R_2 = X_{L1} = X_{L2} = X_C = 10$ Ω,求:(1)各支路电流;(2)总电压 U;(3)画相量图。

解　(1)设 $\dot{U}_{AB} = 100\sqrt{2}\underline{/0°}$ V,则

$$\dot{I}_1 = \frac{\dot{U}_{AB}}{R_1 + jX_{L2}} = \frac{100\sqrt{2}\underline{/0°}}{10 + j10} \text{ A} = 10\underline{/-45°} \text{ A}$$

$$\dot{I}_2 = \frac{\dot{U}_{AB}}{R_2 - jX_C} = \frac{100\sqrt{2}\underline{/0°}}{10 - j10} \text{ A} = 10\underline{/45°} \text{ A}$$

$$\dot{I} = \dot{I}_1 + \dot{I}_2 = 10\underline{/-45°} \text{ A} + 10\underline{/45°} \text{ A} = 10\sqrt{2}\underline{/0°} \text{ A}$$

(2)　$\dot{U} = \dot{I} \times jX_{L1} + \dot{U}_{AB} = 10\sqrt{2}\underline{/0°} \times j10 \text{ V} + 100\sqrt{2}\underline{/0°} \text{ V} = 200\underline{/45°} \text{ V}$

(3) 该电路的相量图如图 4-24(b)所示。

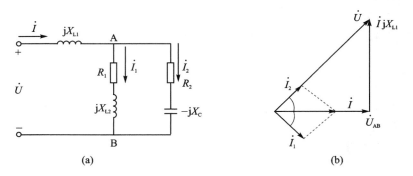

图 4-24　例 4-12 图

例 4-13　如图 4-25 所示的电路中,已知 $\dot{U}_{S1} = 100\underline{/0°}$ V, $\dot{U}_{S2} = 100\underline{/53.1°}$ V, $R_1 = X_{L1} = X_{C1} = R_2 = X_{C2} = 5 \ \Omega$,试分别用网孔法和节点法求图中电流 $\dot{I}$。

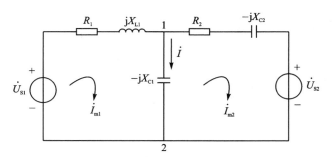

图 4-25　例 4-13 图

解　(1) 网孔法

设网孔电流 $\dot{I}_{m1}$、$\dot{I}_{m2}$ 如图中所示。可得网孔电流方程为

$$\begin{cases} (R_1 + jX_{L1} - jX_{C1})\dot{I}_{m1} - (-jX_{C1})\dot{I}_{m2} = \dot{U}_{S1} \\ -(-jX_{C1})\dot{I}_{m1} + (R_2 - jX_{C1} - jX_{C2})\dot{I}_{m2} = -\dot{U}_{S2} \end{cases}$$

代入已知数据并解联立方程组得

$$\begin{cases} \dot{I}_{m1} = (8 - j6) \text{ A} \\ \dot{I}_{m2} = (6 - j12) \text{ A} \end{cases}$$

则待求电流为

$$\dot{I} = \dot{I}_{\text{m1}} - \dot{I}_{\text{m2}} = (8 - \text{j}6 - 6 + \text{j}12)\ \text{A} = (2 + \text{j}6)\ \text{A} = 6.32\ \underline{/71.6°}\ \text{A}$$

（2）节点法

列节点电压方程为

$$\dot{U}_{12}\left(\frac{1}{R_1 + \text{j}X_{\text{L1}}} + \frac{1}{R_2 - \text{j}X_{\text{C2}}} + \frac{1}{-\text{j}X_{\text{C1}}}\right) = \frac{\dot{U}_{\text{S1}}}{R_1 + \text{j}X_{\text{L1}}} + \frac{\dot{U}_{\text{S2}}}{R_2 - \text{j}X_{\text{C2}}}$$

代入已知数据并解得

$$\dot{U}_{12} = (30 - \text{j}10)\ \text{V}$$

则待求电流为

$$\dot{I} = \frac{\dot{U}_{12}}{-\text{j}X_{\text{C1}}} = \frac{30 - \text{j}10}{-\text{j}5}\ \text{A} = (2 + \text{j}6)\ \text{A} = 6.32\ \underline{/71.6°}\ \text{A}$$

相量法的实质是将各同频率的正弦量变换为复数形式，这样便把正弦交流电路的三角函数的运算问题变换成复数运算的问题来处理，将相量的大小和相位计算在同一式子里进行，从而简化运算，因而是一种较完整而系统的分析方法，也是最常用的正弦交流电的分析方法。

例 4 - 14　在图 4 - 26（a）中，$I_1 = 10$ A，$I_2 = 10$ A，$U = 100$ V，而且 $\dot{U}$ 与 $\dot{I}$ 同相，试求 I、R、X_C 和 X_L。

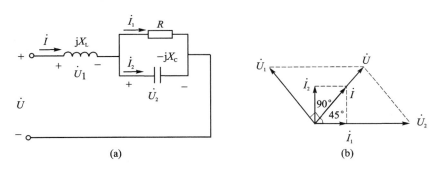

图 4 - 26　例 4 - 14 图

解　设 $\dot{U}_2$ 为参考正弦量，作出相量图，如图 4 - 26（b）所示。由相量图中的电流三角形可得

$$I = \sqrt{I_1^2 + I_2^2} = 10\sqrt{2}\ \text{A}$$

$$\varphi = \arctan\frac{I_2}{I_1} = 45°$$

φ 是 $\dot{I}$ 与 $\dot{U}_2$ 之间的相位差。

根据已知条件，$\dot{U}$ 与 $\dot{I}$ 同相位，而 $\dot{U}_1$ 超前 $\dot{I}$ 90°，$\dot{U}_2$ 与 $\dot{I}_1$ 同相位，所以从相量图中可知电压三角形为一等腰直角三角形。因此可得

$$U_2 = \frac{U}{\cos\varphi} = 141\ \text{V}, \qquad U_1 = U_2 \sin 45° = 100\ \text{V}$$

$$X_\text{L} = \frac{U_1}{I} = 7.07\ \Omega, \qquad X_\text{C} = \frac{U_2}{I_2} = 14.1\ \Omega, \qquad R = \frac{U_2}{I_1} = 14.1\ \Omega$$

用相量图求正弦交流电路，在电力系统分析中尤为重要，首先要明确各元件的电压与电流的相量关系，其次是能正确画出相量图，具体原则是：串联电路一般以电流做参考相量，并联电

路一般以电压做参考相量,对于混联电路,按最后负载的连接方式来选择参考相量,如上例中以 $\dot{U}_2$ 为参考相量,并从负载开始向电源端画出各元件上电压与电流关系的相量图,最后根据各种条件和有关知识,求解电路。

4.11 正弦交流电路中的功率

本节讨论一般交流电路的功率计算,这里讲的交流电路是泛指由 R、L、C 三种元件组成的二端网络,下面讨论任意一个二端网络的功率。

4.11.1 瞬时功率

图 4-27(a)所示的二端网络中,设电流 i 及电压 u 在关联参考方向下,分别为

$$i = \sqrt{2}I\sin \omega t$$
$$u = \sqrt{2}U\sin (\omega t + \varphi)$$

式中,φ 为电压超前于电流的相位角。

则网络的瞬时功率为

$$p = ui = \sqrt{2}U\sin (\omega t + \varphi) \times \sqrt{2}I\sin \omega t L = UI\cos \varphi - UI\cos (2\omega t + \varphi) \quad (4-38)$$

由式(4-38)可以看出,瞬时功率由两部分组成,一部分为 $UI\cos \varphi$ 是与时间无关的恒定分量;另一部分为 $UI\cos (2\omega t + \varphi)$ 是随时间按 2ω 变化的正弦量。p、u、i 波形如图 4-27(b)所示。可见瞬时功率是随时间不断交变的,在 u 或 i 为零时,p 也为零;u、i 同方向时,p 为正,网络吸收功率;u、i 反方向时,p 为负,网络发出功率,说明网络与外电路有能量的相互交换。p 的波形曲线与横轴包围的阴影面积说明,一个周期内网络吸收的能量比释放的能量多,说明网络有能量的消耗。

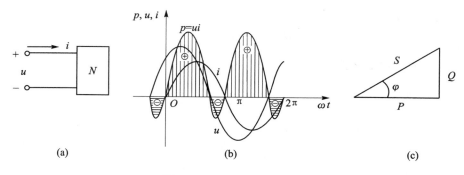

图 4-27 二端网络的功率

4.11.2 有功功率

二端网络的能量消耗表现为网络存在有功功率(即平均功率),用 P 表示,即

$$P = \frac{1}{T}\int_0^T p\,\mathrm{d}t = \frac{1}{T}\int_0^T [UI\cos \varphi - UI\cos (2\omega t + \varphi)]\mathrm{d}t = UI\cos \varphi \quad (4-39)$$

式(4-39)表明,有功功率不仅与电压和电流的有效值有关,而且与它们之间的相位差 φ 的余弦有关。把 $\cos \varphi$ 称为网络的功率因数,φ 称为功率因数角。功率因数的大小,由电路的

参数、结构及电源频率决定。

单个元件是二端网络的特殊情况,电感元件、电容元件的有功功率均为零,电阻元件的有功功率为 $P = U_R I$。可见,只有耗能元件才有有功功率,而储能元件有功功率为零。对有功功率而言,无论阻抗角 φ 是正还是负,有功功率 P 总是大于零的。

4.11.3　无功功率

通过对单一参数交流电路的分析可知,当电流与电压相位相同时,电路为纯电阻电路,只消耗有功功率,没有无功功率,这时电路中的电流是用来传递有功功率的;当电流与电压相位差为 90° 时,电路为纯电容或纯电感电路,不消耗有功功率,只有无功功率,这时电路中的电流是用来传递无功功率的。

将式(4-38)瞬时功率的表达式进行三角函数的展开,可得到其另一种表达形式为

$$p = UI \cos \varphi (1 - \cos 2\omega t) + UI \sin \varphi \sin 2\omega t \tag{4-40}$$

式(4-40)中,第一项在一个周期内的平均值为 $UI \cos \varphi$,即为二端网络的有功功率;第二项是以最大值为 $UI \sin \varphi$、频率为 2ω 按正弦规律变化的量,它在一个周期内的平均值为零,它反映了网络与外部电路能量交换的情况,所以将该项的最大值定义为网络的无功功率,即

$$Q = UI \sin \varphi \tag{4-41}$$

不难证明,电阻元件的无功功率为零,电感元件或电容元件的无功功率为 $Q = \pm UI$。

对于一个二端网络,当 $\varphi > 0$ 时,电路呈感性,$Q > 0$,表明二端网络向外电路吸收无功功率;当 $\varphi < 0$ 时,电路呈容性,$Q < 0$,表明二端网络向外电路发出无功功率;当 $\varphi = 0$ 时,电路呈阻性,$Q = 0$,网络与外电路没有无功功率的交换。当电路中同时有电容和电感存在时,电路的总无功功率应为两者无功功率的代数和,即

$$Q = Q_L + Q_C \tag{4-42}$$

式(4-42)中 Q_L 为正值,Q_C 为负值。Q 为代数量,可正可负。

4.11.4　视在功率

二端网络两端电压有效值和电流有效值的乘积称为视在功率,用 S 表示,即

$$S = UI \tag{4-43}$$

为了与有功功率和无功功率相区别,把视在功率的单位用伏安(V·A)或千伏安(kV·A)表示。

视在功率通常用来表示电源设备的额定容量,它表明电源设备允许提供的最大有功功率。一般交流电源设备的铭牌上都标出它的输出电压和输出电流的额定值。这就是说,电源的视在功率是给定的,至于输出的有功功率,不取决于电源本身,而是取决于电源相连接的二端网络,实际输出的功率与负载的功率因数有关,功率因数越高,有功功率越大。如负载的功率因数等于1,有功功率与额定容量相等。若功率因数等于0.5,虽然电压、电流达到了额定值,但电源设备提供给负载的有功功率只有 $P = 0.5S$;这就是说电源设备未得到充分利用。

综上所述,有功功率、无功功率和视在功率三者之间具有以下关系:

$$P = UI \cos \varphi = S \cos \varphi$$
$$Q = UI \sin \varphi = S \sin \varphi$$
$$S = \sqrt{P^2 + Q^2} = UI \tag{4-44}$$

$$\varphi = \arctan \frac{Q}{P} \qquad (4-45)$$

显然,S、P、Q 三个量的关系可以用直角三角形表示,如图 4-27(c)所示,该三角形称为功率三角形。它与同网络的电压三角形或电流三角形相似。

4.11.5 复功率

二端网络的视在功率 S、有功功率 P、无功功率 Q 之间的关系,可以用一个复数来表示,该复数称为复功率。为了区别于一般的复数和相量,用 $\widetilde{S}$ 表示复功率,即

$$\widetilde{S} = P + jQ \qquad (4-46)$$

将各量代入式(4-46),得

$$\widetilde{S} = UI\cos\varphi + jUI\sin\varphi = UI\underline{/\varphi} = UI\underline{/\Psi_u - \Psi_i} = U\underline{/\Psi_u}\, I\underline{/-\Psi_i} = \dot{U}\dot{I}^* \quad (4-47)$$

式中,$\dot{I}^* = I\underline{/-\Psi_i}$ 是网络电流相量 $\dot{I} = I\underline{/\Psi_i}$ 的共轭复数。即复功率等于电压相量与电流相量的共轭复数的乘积。

可以证明,对于任何正弦交流电路,整个电路的有功功率、无功功率、复功率总是守恒的。但是,一般情况下,视在功率不存在守恒关系,即

$$P = P_1 + P_2 + \cdots + P_n$$
$$Q = Q_1 + Q_2 + \cdots + Q_n$$
$$\widetilde{S} = \widetilde{S}_1 + \widetilde{S}_2 + \cdots + \widetilde{S}_n$$
$$S \neq S_1 + S_2 + \cdots + S_n$$

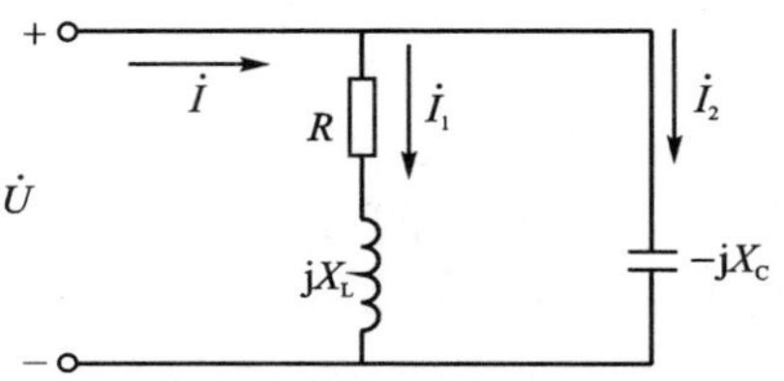

图 4-28 例 4-15 图

例 4-15 有一电路如图 4-28 所示。已知 $Z_1 = R + jX_L = (6 + j8)\ \Omega, C = 200\ \mu F, f = 50\ Hz, U = 220\ V$。求 Z_1 支路的有功功率及功率因数;整个电路的有功功率与功率因数。

解 依题意得

$$Z_2 = -j\frac{1}{\omega C} = -j\frac{1}{2\pi \times 50 \times 200 \times 10^{-6}}\ \Omega = -j15.9\ \Omega$$

并联等效复阻抗为

$$Z = \frac{Z_1 Z_2}{Z_1 + Z_2} = \frac{(6+j8)(-j15.9)}{6+j8-j15.9}\ \Omega = (15.4 + j4.4)\ \Omega$$

设 $\dot{U} = 200\underline{/0°}\ V$,则

$$\dot{I} = \frac{\dot{U}}{Z} = \frac{220\underline{/0°}}{15.4 + j4.4}\ A = 13.7\underline{/-15.9°}\ A$$

$$\dot{I}_1 = \frac{\dot{U}}{Z_1} = \frac{220\underline{/0°}}{6+j8}\ A = 22\underline{/-53.1°}\ A$$

$$\dot{I}_2 = \frac{\dot{U}}{Z_2} = \frac{220\underline{/0°}}{-j15.9}\ A = 13.8\underline{/90°}\ A$$

Z_1 支路的有功功率、功率因数为

$$P_1 = UI_1\cos\varphi_1 = 220 \times 22 \times \cos 53.1°\ W = 2\ 904\ W$$

$$\cos\varphi_1 = \cos 53.1° = 0.6$$

整个电路的有功功率、功率因数为

$$P = UI\cos \varphi = 220 \times 13.7 \times \cos 15.9° \text{ W} = 2\,893 \text{ W}$$
$$\cos \varphi = \cos 15.9° = 0.96$$

4.12　功率因数的提高

4.12.1　提高功率因数的意义

在电力系统中,发电厂在发出有功功率的同时也输出无功功率。二者在总功率中各占多少不是取决于发电机,而是由负载的功率因数决定的。负载功率因数的大小是由负载的性质决定的。例如白炽灯、电炉等电阻性负载的功率因数 $\cos \varphi = 1$,而日常生活中大量使用的异步电动机、荧光灯、供电系统的负载大都属于电感性负载,因此功率因数 $\cos \varphi < 1$。功率因数太低,会对供电系统产生不良影响,会引起下述两方面的问题:

1. 降低了供电设备的利用率

容量 S 一定的供电设备能够输出的有功功率为 $P = S\cos \varphi$。$\cos \varphi$ 越低,P 越小,电源设备越得不到充分的利用。

2. 增加了供电设备和输电线路的功率损耗

负载从电源取用的电流为 $I = \dfrac{P}{U\cos \varphi}$,在 P、U 一定的情况下,$\cos \varphi$ 越低,电流 I 就越大,电流流过输电导线,在输电线路上引起的功率损耗越大,就意味着输电线路传输电能的效率越低。

综上所述,为了提高发电、供电设备的利用率,减少输电线路上的能量损耗,应提高电路的功率因数。

4.12.2　提高功率因数的方法

提高功率因数的方法很多,由于生产实际中大多数负载都是感性的,所以往往采用在负载两端并联合适的电容器补偿的方法来提高电路的功率因数。

图 4 - 29(a)所示电路为一个感性负载并联电容器时的电路图,图 4 - 29(b)是它的相量图。从相量图中可以看出,当感性负载未并联电容器时,电路中的总电流 $\dot{I}$ 等于负载电流 $\dot{I}_1$,此时电路的功率因数为 $\cos \varphi_1$,φ_1 是感性负载的阻抗角。并联电容器后,负载的工作情况没有任何变化,但由于电容支路电流 $\dot{I}_C$ 的出现,电路中的总电流 $\dot{I}$ 发生了改变,即 $\dot{I} = \dot{I}_1 + \dot{I}_C$,且 $I < I_1$,故电路中的总电流减小了,同时总电流滞后于电压的相位也由原来的 φ_1 减小到 φ_2,即 $\varphi_2 < \varphi_1$,所以 $\cos \varphi_2 > \cos \varphi_1$,这样整个电路的功率因数就得到了提高。

并联电容器前后电路消耗的有功功率是相等的,所以

并联电容器前,有

$$P = UI_1\cos \varphi_1, \qquad I_1 = \frac{P}{U\cos \varphi_1}$$

并联电容器后,有

$$P = UI\cos \varphi_2, \qquad I = \frac{P}{U\cos \varphi_2}$$

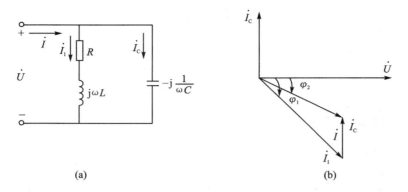

图 4-29 功率因数的提高

从相量图中可以看出

$$I_C = I_1 \sin \varphi_1 - I \sin \varphi_2 = \frac{P}{U}(\tan \varphi_1 - \tan \varphi_2)$$

由于

$$I_C = \frac{U}{X_C} = \omega C U$$

因而可以得到

$$C = \frac{P}{\omega U^2}(\tan \varphi_1 - \tan \varphi_2) \tag{4-48}$$

电容器所产生的补偿无功功率为

$$Q_C = \frac{U^2}{X_C} = \omega C U^2 = P(\tan \varphi_1 - \tan \varphi_2) \tag{4-49}$$

用并联电容器(或容性设备)来提高电路的功率因数,一般只是将功率因数补偿到 0.9 左右,而不是要求更高,因为当功率因数补偿到接近 1 时,所需的设备投资很大,反而就不经济了。

例 4-16 有一台功率因数为 0.6,功率为 2 kW 的单相交流电动机接到 220 V 的工频电源上,试求:(1)电路的总电流和电动机的无功功率;(2)应并联多大的电容器才能将电路的功率因数提高到 0.9?这时电路中的电流和无功功率各为多少?电容器补偿的无功功率为多少?

解 (1)此时,电路中的总电流即为电动机中的电流

$$I_1 = \frac{P}{U \cos \varphi_1} = \frac{2 \times 10^3}{220 \times 0.6} \text{ A} = 15.15 \text{ A}$$

由 $\cos \varphi_1 = 0.6$ 可得 $\varphi_1 = 53.1°$,电动机的无功功率为

$$Q = U I_1 \sin \varphi_1 = P \tan \varphi_1 = 2 \times 10^3 \times \tan 53.1° \text{ var} = 2\,667 \text{ var}$$

(2)当电路的功率因数提高到 0.9 时,由 $\cos \varphi_2 = 0.9$,可得 $\varphi_2 = 25.84°$,所需并联的电容为

$$C = \frac{P}{\omega U^2}(\tan \varphi_1 - \tan \varphi_2) = \frac{2 \times 10^3}{314 \times 220^2}(\tan 53.1° - \tan 25.84°) \text{ F} = 111.3 \text{ } \mu\text{F}$$

并联电容器后电路中的总电流减小,为

$$I = \frac{P}{U\cos\varphi_2} = \frac{2\times10^3}{220\times0.9}\ \text{A} = 10.1\ \text{A}$$

而电路的无功功率为

$$Q = UI\sin\varphi_2 = P\tan\varphi_2 = 2\times10^3\times\tan25.84°\ \text{var} = 974\ \text{var}$$

电容器补偿的无功功率为

$$Q_C = P(\tan\varphi_1 - \tan\varphi_2) = 2\times10^3\times(\tan53.1° - \tan25.84°)\ \text{var} = 1\ 692\ \text{var}$$

从例题计算中表明,并联电容器补偿后,有功功率不变,无功功率减小,线路总电流减少,使线路损耗降低,从而达到了提高功率因数的目的。

4.13　电路的谐振

前几节所讨论的串联和并联电路,在一般情况下,电路中的电流和电压间都有一个相位差,也就是电流与电压相位不同。这一节将分析交流电路的一种特殊现象,即谐振现象。在同时具有电容和电感的交流电路中,当满足一定条件时,电路总电压与总电流的相位相同,整个电路呈电阻性的现象称为谐振。

谐振一方面在工业生产中有着广泛的应用,例如,用于高频淬火,高频加热以及收音机、电视机中;另一方面,谐振时会在电路的某些元件中产生较大的电压或电流,致使元件受损,在这种情况下又要注意避免工作在谐振状态。无论是利用它,还是避免它,都必须研究它、认识它。

由于谐振电路的基本模型有串联和并联两种,因此,谐振也分为串联谐振和并联谐振两种。

4.13.1　串联谐振

1. 串联谐振条件

在图 4-30(a)所示 RLC 串联电路中,其等效复阻抗为

$$Z = R + \text{j}(\omega L - \frac{1}{\omega C}) = R + \text{j}(X_L - X_C)$$

阻抗角(即电压与电流的相位差)为

$$\varphi = \arctan\frac{X_L - X_C}{R}$$

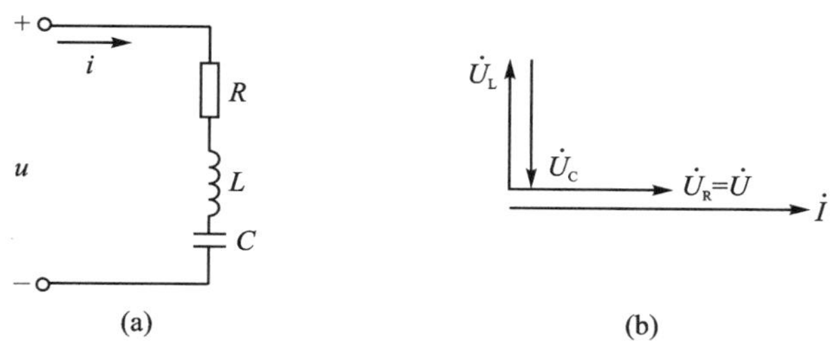

图 4-30　串联谐振电路与相量图

根据谐振的定义,$\varphi=0$ 时,电路产生谐振,因而产生串联谐振的条件是

$$X_L - X_C = 0 \text{ 或 } X_L = X_C$$

即
$$\omega L = \frac{1}{\omega C}$$

可见,改变 ω、L 或 C 可以使电路发生谐振或消除谐振。

当电路参数一定时,改变电源的频率可使电路发生谐振,此时的角频率称为谐振角频率,用 ω_0 表示,即

$$\omega_0 = \frac{1}{\sqrt{LC}} \qquad (4-50)$$

相应的谐振频率为

$$f_0 = \frac{1}{2\pi \sqrt{LC}} \qquad (4-51)$$

显然,当电路参数 L 和 C 为一定值时,电路产生的谐振频率就为一定值,与电阻 R 无关。所以,它反映了电路的一种固有性质,因此又称 f_0 为谐振电路的固有频率,ω_0 为谐振电路的固有角频率。

2. 串联谐振时电路的特征

(1)谐振时,阻抗 $Z=R$ 最小,且呈电阻性。

(2)谐振时,在一定的电源电压作用下,电路中的电流达到最大值。用 I_0 表示,即

$$I_0 = \frac{U}{R}$$

(3)谐振时,电感与电容两端的电压大小相等,相位相反,电阻上的电压等于电源电压。

$$\dot{U}_L + \dot{U}_C = 0$$
$$\dot{U} = \dot{U}_R$$

其相量图如图 4-30(b)所示。

(4)总无功功率等于零。

串联谐振时,由于 $X_L = X_C$,电感元件的瞬时功率和电容元件的瞬时功率数值相等,符号相反,所以电路总的无功功率为零,即电感的无功功率和电容的无功功率互相交换,互相补偿,这时电源不向电路提供无功功率,因此,电路只向电源吸取有功功率,并通过电阻转换成热能消耗掉。

3. 特性阻抗与品质因数

(1)特性阻抗

谐振时,电路的电抗为零,但感抗与容抗不为零,此时的感抗或容抗称为谐振电路的特性阻抗,用 ρ 表示,即

$$\rho = \omega_0 L = \frac{1}{\omega_0 C} = \sqrt{\frac{L}{C}} \qquad (4-52)$$

ρ 的单位为欧姆(Ω),它是由电路的 L、C 参数决定的。

(2)品质因数

在通信技术中常用谐振电路的特性阻抗 ρ 与电路中电阻 R 的比值大小来表征谐振电路的性能,此比值称为电路的品质因数,用字母 Q 表示,即

$$Q = \frac{\rho}{R} = \frac{\omega_0 L}{R} = \frac{1}{\omega_0 CR} = \frac{1}{R}\sqrt{\frac{L}{C}} \qquad (4-53)$$

品质因数 Q 是一个无单位的物理量，其大小由电路中 R、L、C 的数值决定。这样，谐振时电感和电容的电压有效值为

$$U_L = U_C = \rho I_0 = \frac{U}{R}\rho = QU \qquad (4-54)$$

它表明电路谐振时，电感电压和电容电压是电源电压的 Q 倍，当品质因数 Q 很大时，电感电压和电容电压就可能远大于电源电压，所以串联谐振又称为电压谐振。电压过高可能会击穿线圈或电容的绝缘，因此在电力工程中应避免发生谐振，防止过电压的产生。但在无线电工程中常利用串联谐振以获得较高电压来提取微弱信号。

4. 谐振曲线与选择性

在 RLC 串联电路中电流为

$$I = \frac{U}{\sqrt{R^2 + (\omega L - \frac{1}{\omega C})^2}}$$

当电压一定，电流 I 随频率变化的关系曲线称为谐振曲线，如图 4-31 所示。

从串联谐振曲线可知，当 $\omega = \omega_0$ 时，电流达到最大值，即谐振电流 $I_0 = \frac{U}{R}$，在 ω_0 附近的一段频率内，电流有较大的幅值。当 ω 逐渐远离 ω_0 时，电流则逐渐减小，即电路对电流的抑制力逐渐增强。通常把谐振曲线上电流为 $0.707I_0$ 所对应的两个频率之间的宽度（频率范围）称为通频带，简称带宽。

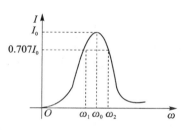

图 4-31　串联谐振曲线

通频带用 Δf 表示，即 $\Delta f = f_2 - f_1$。式中，f_1、f_2 是通频带低端和高端频率。可以证明

$$\Delta f = \frac{f_0}{Q}$$

由上面的分析可以看出，串联谐振电路具有"选频"的本领，频率在通频带内的信号容易通过 RLC 串联电路，而频率在通频带外的信号则很难通过电路。这种能够选择出谐振角频率 ω_0 及其附近频率所对应电流的性能称为电路的选频特性，即选择性。电路选频特性的好坏由谐振曲线的尖锐程度来决定，为了说明这一点，把上式作适当的变换，得

$$I = \frac{U}{\sqrt{R^2 + (\omega L - \frac{1}{\omega C})^2}} = \frac{U}{\sqrt{R^2 + (\omega_0 L)^2 \left(\frac{\omega}{\omega_0} - \frac{1}{\omega \omega_0 LC}\right)^2}}$$

$$= \frac{U}{R\sqrt{1 + \frac{\rho^2}{R^2}\left(\frac{\omega}{\omega_0} - \frac{\omega_0}{\omega}\right)^2}} = \frac{I_0}{\sqrt{1 + Q^2\left(\frac{\omega}{\omega_0} - \frac{\omega_0}{\omega}\right)^2}}$$

所以

$$\frac{I}{I_0} = \frac{1}{\sqrt{1 + Q^2\left(\frac{\omega}{\omega_0} - \frac{\omega_0}{\omega}\right)^2}} \qquad (4-55)$$

若以 ω/ω_0 为横坐标，以 I/I_0 为纵坐标，根据式(4-55)可以作出取不同 Q 值时的谐振曲线，如图 4-32 所示。由图可见，Q 值越大，谐振曲线越尖锐，通频带变得越窄，电路对谐振电流的选择性越好，对非谐振电流的抑制能力越强。

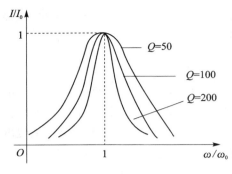

图 4-32　通用谐振曲线

中的电流、电容电压及品质因数 Q。

通过上述分析不难看出,电路的选择性好,通频带就窄;反之,通频带越宽,选择性就越差。所以在无线电技术中,合理地选择品质因数的大小,以充分兼顾通频带和选择性。

例 4-17　某收音机的输入回路可简化为一个线圈和可调电容器相串联的电路。线圈参数为 $R=15\ \Omega$,$L=0.23\ \text{mH}$,可变电容器的变化范围为 $42\sim360\ \text{pF}$,求此电路的谐振频率范围。若某接收信号电压为 $10\ \mu\text{V}$,频率为 $1\ 000\ \text{kHz}$,求此时电路

解　根据谐振频率条件有

$$f_{01} = \frac{1}{2\pi\ \sqrt{0.23\times10^{-3}\times42\times10^{-12}}}\ \text{Hz} = 1\ 620\ \text{kHz}$$

$$f_{02} = \frac{1}{2\pi\ \sqrt{0.23\times10^{-3}\times360\times10^{-12}}}\ \text{Hz} = 553\ \text{kHz}$$

即调频范围为 $553\sim1\ 620\ \text{kHz}$。当接收信号为 $1\ 000\ \text{kHz}$ 时,电容的值应为

$$C = \frac{1}{\omega_0^2 L} = \frac{1}{(2\pi\times10^6)^2\times0.23\times10^{-3}}\ \text{F} = 110\ \text{pF}$$

电路中的电流为

$$I_0 = \frac{U}{R} = \frac{10\times10^{-6}}{15}\ \text{A} = 0.67\ \mu\text{A}$$

电容电压为

$$U_\text{C} = I_0 X_\text{C} = 0.67\times10^{-6}\times\frac{1}{2\pi\times10^6\times110\times10^{-12}}\ \text{V} = 0.97\ \text{mV}$$

电路的品质因数为

$$Q = \frac{U_\text{C}}{U} = \frac{0.97\times10^{-3}}{10\times10^{-6}} = 97$$

或

$$Q = \frac{\rho}{R} = \frac{1}{15}\times\sqrt{\frac{0.23\times10^{-3}}{110\times10^{-12}}} = 97$$

4.13.2　并联谐振

在电子技术中为提高谐振电路的选择性,常常需要提高 Q 值。如果信号源内阻较小,可以采用串联谐振电路。如果信号源内阻很大,采用串联谐振会使 Q 值大为降低,使谐振电路的选择性显著变坏。这种情况下,常采用并联谐振电路。

1. RLC 并联谐振

在图 4-33(a)所示的 RLC 并联电路中,由于

$$Y = G + \text{j}(\omega C - \frac{1}{\omega L})$$

显然,该电路发生谐振的条件是当复导纳的虚部为零时,即有

$$\omega_0 C = \frac{1}{\omega_0 L}$$

谐振角频率为

$$\omega_0 = \frac{1}{\sqrt{LC}} \qquad\qquad (4-56)$$

相量图如图 4-33(b)所示。从图中看出各电流之间有如下关系：

$$\dot{I}_L = -\dot{I}_C, \qquad \dot{I} = \dot{I}_R + \dot{I}_L + \dot{I}_C = \dot{I}_R$$

RLC 并联电路在谐振时：电路的总阻抗 $Z_0 = R$ 最大，电路的总电流最小，电感支路的电流与电容支路的电流完全补偿，总电流等于电阻上的电流。

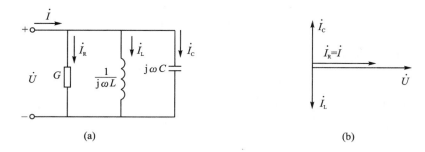

图 4-33　并联谐振电路与相量图

2. 电感线圈与电容并联的谐振电路

工程实际中广泛应用电感线圈和电容并联的谐振电路，其中电感线圈可以用电阻 R 和电感 L 串联电路模型来表示。在不考虑电容器的介质损耗时，该并联装置的电路模型如图 4-34(a)所示。电路的复导纳为

$$Y = \frac{1}{R + j\omega L} + j\omega C = \frac{R}{R^2 + (\omega L)^2} + j\left(\omega C - \frac{\omega L}{R^2 + (\omega L)^2}\right)$$

要使电路发生谐振，则复导纳的虚部应为零，得

$$C = \frac{L}{R^2 + (\omega L)^2}$$

可见，当电路的频率 ω 和实际电感线圈的参数 R、L 一定时，改变电容总能使电路达到谐振。

谐振角频率为

$$\omega_0 = \sqrt{\frac{1}{LC} - \left(\frac{R}{L}\right)^2} \qquad\qquad (4-57)$$

从式(4-57)可以看出，这种电路只有当 $\frac{1}{LC} > \left(\frac{R}{L}\right)^2$，即 $R < \sqrt{\frac{L}{C}}$ 时，才可能出现谐振。一般实际电感线圈的电阻较小，都可能有 $R \ll \sqrt{\frac{L}{C}}$，则式(4-57)可写为

$$\omega_0 \approx \frac{1}{\sqrt{LC}}$$

图 4-34(a)的并联电路在谐振时的相量图如图 4-34(b)所示。

并联电路在谐振时具有以下特点：

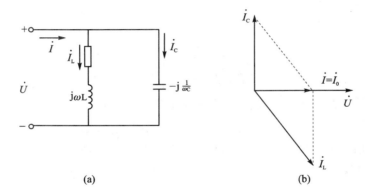

图 4 - 34 电感线圈与电容并联的谐振电路

(1) 谐振时,电路的总阻抗 Z_0 最大,且为电阻性。谐振时的等效阻抗为

$$|Z_0| = \frac{1}{|Y_0|} = \frac{R^2 + (\omega_0 L)^2}{R} = \frac{L}{RC} \qquad (4-58)$$

(2) 当电源电压一定时,谐振时电路的总电流最小,且与端电压同相位,即

$$I_0 = \frac{U}{|Z_0|} = \frac{URC}{L}$$

(3) 谐振时,电感支路和电容支路的电流均为总电流的 Q 倍,即

$$I_L = QI$$
$$I_C = QI$$

电路的特性阻抗 ρ 和品质因数 Q 分别为

$$\rho = \sqrt{\frac{L}{C}} \qquad (4-59)$$

$$Q = \frac{\rho}{R} \qquad (4-60)$$

Q 一般远大于 1,并联谐振时由于 L 和 C 支路的电流远大于总电流,因而并联谐振又称为电流谐振。

并联谐振和串联谐振的谐振曲线形状相同,选择性和通频带也一样,这里就不再重复讨论了。

在无线电工程和工业电子技术中,常用并联谐振时阻抗高的特点来选择信号或消除干扰。

必须指出,实际工程技术中遇到的谐振电路要比以上讨论的电路复杂得多,而且可能在一个电路中,既有串联谐振又有并联谐振。对它们的分析方法是类似的,即谐振时,电路的等效复阻抗或复导纳的虚部为零。

本章小结

1. 正弦交流电的基本概念

(1) 解析式与三要素   在选定参考方向后,一个正弦电流的瞬时值表达式为

$$i = I_m \sin(\omega t + \Psi)$$

其中,最大值 I_m、角频率 ω、初相位 Ψ 称为正弦量的三要素。它们反映了正弦量的特点。

（2）相位和相位差　$(\omega t + \Psi)$ 称为正弦电流的相位角，简称相位；两个同频率正弦量的相位之差等于它们的初相之差，两个同频率正弦量的相位关系一般为超前、滞后、同相、反相和正交，相位差角限于 $\pm 180°$ 范围内。

（3）正弦量的相量表示　与正弦量相对应的复数就称为正弦量的相量，电路分析时，应用较多的是有效值相量。正弦量的相量在复平面上所作的图形称为该正弦量对应的相量图。

2．单一参数元件在正弦交流电路中的作用

（1）电阻元件

$$\dot{U}_R = R\dot{I}_R$$

平均功率 $P_R = U_R I_R = I_R^2 R = \dfrac{U_R^2}{R}$，单位为 W。

（2）电感元件

$$\dot{U}_L = jX_L\dot{I}_L$$

式中，感抗 $X_L = \omega L$。

有功功率为零，无功功率 $Q_L = U_L I = I^2 X_L = \dfrac{U_L^2}{X_L}$，单位为 var。

（3）电容元件

$$\dot{U}_C = -jX_C\dot{I}_C$$

式中，容抗 $X_C = \dfrac{1}{\omega C} = \dfrac{1}{2\pi f C}$。

有功功率为零，无功功率 $Q_C = U_C I = I^2 X_C = \dfrac{U_C^2}{X_C}$，单位为 var。

3．基尔霍夫定律的相量形式

KCL $\qquad\quad \sum \dot{I} = 0$；

KVL $\qquad\quad \sum \dot{U} = 0$。

4．RLC 串联电路及复阻抗

（1）电压与电流

$$\dot{U} = [R + j(X_L - X_C)]\dot{I} = Z\dot{I}$$

$$|Z| = \sqrt{R^2 + (X_L - X_C)^2}$$

$$\varphi = \arctan\frac{X_L - X_C}{R}$$

（2）电路有三种不同的性质：电感性质、电容性质和电阻性质（串联谐振状态）。

5．RLC 并联电路及复导纳

（1）电压与电流

$$\dot{I} = [G + j(B_C - B_L)]\dot{U} = (G + jB)\dot{U} = Y\dot{U}$$

$$|Y| = \sqrt{G^2 + B^2}$$

$$\varphi' = \arctan\frac{B}{G}$$

（2）电路也有三种不同的性质：电感性质、电容性质和电阻性质（并联谐振状态）。

6. 无源二端网络的等效复阻抗与复导纳

（1）串联时等效复阻抗　　$Z = Z_1 + Z_2 + \cdots + Z_n$

（2）并联时等效复导纳　　$Y = Y_1 + Y_2 + \cdots + Y_n$

（3）复阻抗与复导纳的等效变换　　$ZY = 1$ 或 $(R + jX)(G + jB) = 1$

7. 二端网络的功率

（1）瞬时功率　　　　　$p = ui$

（2）有功功率　　　　　$P = UI \cos \varphi$

（3）无功功率　　　　　$Q = UI \sin \varphi$

（4）视在功率　　　　　$S = UI$

（5）功率因数　　　　　$\cos \varphi$

P、Q、S 组成功率三角形。同一电路中，阻抗三角形、电压三角形、功率三角形是相似三角形。

（6）复功率　　　　　　$\widetilde{S} = P + jQ = \dot{U} \dot{I}^{*}$

8. 功率因数的提高

（1）提高功率因数的意义：① 提高供电设备的利用率；② 减小供电设备和输电线路的功率损耗。

（2）提高功率因数的方法：在感性负载两端并联合适的电容器。

$$C = \frac{P}{\omega U^2}(\tan \varphi_1 - \tan \varphi_2)$$

$$Q_C = \frac{U^2}{X_C} = \omega C U^2 = P(\tan \varphi_1 - \tan \varphi_2)$$

9. 谐振

（1）串联谐振

谐振条件

$$X_L - X_C = 0 \qquad 或 \qquad X_L = X_C$$

谐振频率

$$\omega_0 = \frac{1}{\sqrt{LC}} \qquad 或 \qquad f_0 = \frac{1}{2\pi \sqrt{LC}}$$

谐振特点：① 电路总电阻最小；② 电路中电流最大；③ 可能出现过电压。

（2）并联谐振

谐振条件　即复导纳的虚部为零。

谐振频率

$$\omega_0 = \frac{1}{\sqrt{LC}} \qquad 或 \qquad \omega_0 = \sqrt{\frac{1}{LC} - \left(\frac{R}{L}\right)^2}$$

谐振特点：① 总电流最小，且与电压同相；② 电路阻抗很大，且为电阻性；③ 可能产生过电流。

（3）特性阻抗

$$\rho = \omega_0 L = \frac{1}{\omega_0 C} = \sqrt{\frac{L}{C}}$$

（4）品质因数

$$Q = \frac{\rho}{R} = \frac{\omega_0 L}{R} = \frac{1}{\omega_0 C R} = \frac{1}{R}\sqrt{\frac{L}{C}}$$

习　题

4-1　已知正弦交流电压 $u=100\sin(314t+30°)$ V。试求：（1）最大值、有效值、周期、频率、角频率和初相位；（2）$t=0$ 时电压的瞬时值；（3）$t=0.01$ s 时电压的瞬时值；（4）画出电压的波形图。

4-2　已知电源频率为 50 Hz 时，如某负载的电流和电压的有效值和初相位分别是 2 A、30°；36 V、−45°。（1）写出它们的瞬时值表达式；（2）指出它们二者之间的相位关系；（3）画出它们的波形图。

4-3　两个正弦交流电压，已知 $u_1=311\sin(314t+60°)$ V，u_2 具有相同的振幅和频率，但二者反相。试写出 u_2 的解析式，并画出波形图。

4-4　某正弦交流电路，已知 $u=220\sqrt{2}\sin(\omega t+50°)$ V，$i=14.1\sin(\omega t-70°)$ A。现用交流电压表和交流电流表分别测量它们的电压和电流。问两电表的读数分别为多少？

4-5　写出下列正弦量对应的相量，并画出它们的相量图。

（1）$u_1=220\sqrt{2}\sin\omega t$ V　　　　　（2）$u_2=10\sqrt{2}\sin(\omega t+30°)$ V

（3）$i_1=7.07\sin(\omega t-60°)$ A　　　　（4）$i_2=2\sqrt{2}\sin(\omega t+120°)$ A

4-6　写出下列相量对应的正弦量（$f=50$ Hz）。

（1）$\dot{U}_1=220\underline{/50°}$ V　　　　　　（2）$\dot{U}_2=380\underline{/120°}$ V

（3）$\dot{I}_1=\text{j}5$ A　　　　　　　　　（4）$\dot{I}_2=(3+\text{j}4)$ A

4-7　画出 $u_1=220\sqrt{2}\sin(\omega t-30°)$ V 和 $u_2=220\sqrt{2}\sin(\omega t+60°)$ V 的相量图，并求（1）u_1+u_2；（2）u_1-u_2。

4-8　两个同频率正弦电压的有效值分别为 30 V 和 40 V。问分别在什么情况下，它们有效值之和为 70 V、10 V 和 50 V？

4-9　已知一电阻 $R=10$ Ω，通过 R 的电流 $i=5\sin(\omega t+30°)$ A。求：（1）电阻 R 两端电压 U_m、U 和 u；（2）电阻消耗的功率 P。

4-10　有一 220 V、1 kW 的电炉，接在 220 V 的交流电源上，试求电炉的电阻和通过电炉的电流。

4-11　有一电感线圈，已知其电感 $L=6$ mH，把它分别接到电压都是 10 V 的直流电源和频率为 50 Hz、5 kHz 的交流电源上，其感抗和电流有效值分别是多大？

4-12　某电感线圈的电阻忽略不计，把它接到 220 V 的工频交流电路中，通过的电流是 5 A，求线圈的电感 L。

4-13　已知一电容电路，其电容 C 等于 10 μF，电流 $i=0.1\sqrt{2}\sin\left(100t+\dfrac{\pi}{3}\right)$ A，求该电路的容抗 X_C、电压 u_C、有功功率和无功功率。

4-14　有一电容 $C=2$ μF 的电容器，现把它分别接到：（1）直流电源；（2）50 Hz 正弦交流电源；(3) 500 Hz 正弦交流电源三种不同电源上，若电压都是 200 V，试问其容抗和电流有效值分别是多大？

4-15 一电容元件接在 220 V 的工频交流电路中，通过的电流为 2 A，试求元件的电容 C。

4-16 如图 4-35 所示电路，已知电流表 A_1、A_2、A_3 的读数均为 8 A，求电流表 A 的读数。

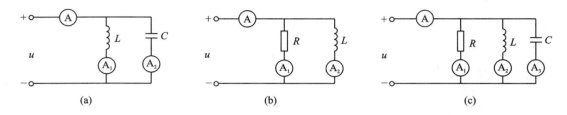

图 4-35 习题 4-16 图

4-17 如图 4-36 所示电路，已知电压表 V_1、V_2、V_3 的读数均为 100 V，求电压表 V 的读数。

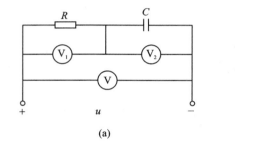 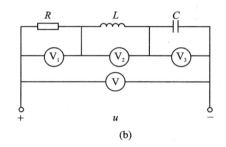

图 4-36 习题 4-17 图

4-18 在 R、L、C 串联电路中，试判断下列哪些是正确的？哪些是错误的？

   (1) $Z=\dfrac{U}{I}$ (2) $Z=R+X$ (3) $R=\sqrt{|Z|^2-X^2}$ (4) $X=X_L+X_C$

4-19 将一个电感线圈接到 20 V 直流电源时，通过的电流为 1 A，将此线圈改接于 2 000 Hz、20 V 的交流电源时，电流为 0.8 A。求该线圈的电阻 R 和电感 L。

4-20 一个 RC 串联电路，当输入电压为 1 000 Hz，12 V 时，电路中的电流为 2 mA，且电容电压 u_C 滞后于电源电压 60°，求 R 和 C。

4-21 在 RLC 串联电路中，已知 $R=15\ \Omega$，$X_L=20\ \Omega$，$X_C=5\ \Omega$。电源电压 $u=30\sin(\omega t+30°)$ V。求出电路的电流和各元件电压的相量，并判断电路的性质。

4-22 下列表示 RLC 并联电路中电压、电流关系的表达式中，哪些是错误的？哪些是正确的？

   (1) $i=i_R+i_L+i_C$ (2) $I=I_R+I_L+I_C$

   (3) $\dot{I}=\dot{I}_R+\dot{I}_L+\dot{I}_C$ (4) $U=\dfrac{I}{G+j(B_C-B_L)}$

4-23 为了要知道一只线圈的电感和电阻，将它和一只电阻 R_1 串联接于 50 Hz 的正弦交流电源，如图 4-37 所示，用电压表测得 $U=120$ V，电阻 R_1 上的电压 $U_1=60$ V，线圈两端的电压 $U_2=80$ V，用电流表测得电路中的电流为 2 A。试求线圈的电阻 R 和电感 L。

4-24 图 4-38 所示电路中，$R_1=7\ \Omega$，$\omega L=52\ \Omega$，$R_2=3\ \Omega$，$\dfrac{1}{\omega C}=57\ \Omega$，$\dot{I}_S=5\underline{/0°}$ A，求等效

复阻抗 Z 及 $\dot{I}_1$、$\dot{I}_2$。

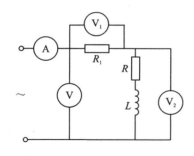

图 4 - 37 习题 4 - 23 图

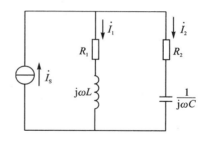

图 4 - 38 习题 4 - 24 图

4 - 25 已知某负载在电压、电流关联参考方向下的值为 $\dot{U}=100\underline{/120°}\,\text{V}$，$\dot{I}=5\underline{/60°}\,\text{A}$，试求该负载的复阻抗和复导纳。

4 - 26 电路如图 4 - 39 所示，$R=40\ \Omega$，$U=100\ \text{V}$，f 保持不变。（1）当 $f=50\ \text{Hz}$ 时，$I_L=4\ \text{A}$，$I_C=2\ \text{A}$，求 U_R 和 U_{LC}；（2）当 $f=100\ \text{Hz}$ 时，求 U_R 和 U_{LC}。

4 - 27 电路如图 4 - 40 所示，已知 $U=220\ \text{V}$，$f=50\ \text{Hz}$，开关 S 闭合前和闭合后电流表的读数不变。试求电流表的读数值以及电容 C（C 不为零）。

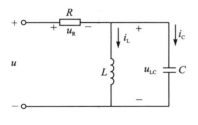

图 4 - 39 习题 4 - 26 图

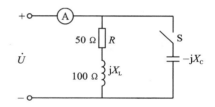

图 4 - 40 习题 4 - 27 图

4 - 28 如图 4 - 41 所示电路，$I_1=5\sqrt{2}\ \text{A}$，$I_2=5\ \text{A}$，$U=220\ \text{V}$，$R=5\ \Omega$，$R_1=X_L$。求 I、X_C、X_L、R。

4 - 29 已知 40 W 的日光灯电路，在 $U=220\ \text{V}$ 电压下，电流值为 $I=0.36\ \text{A}$，求该日光灯电路的功率因数和所需的无功功率。

4 - 30 把电阻 $R=3\ \Omega$，感抗 $X_L=4\ \Omega$ 的线圈接在 $f=50\ \text{Hz}$、$U=220\ \text{V}$ 的交流电路中，求：（1）绘出电路图并计算 I。（2）计算电压 U_R、U_L，电路的有功功率 P、无功功率 Q、视在功率 S、功率因数 $\cos\varphi$ 和电感 L。（3）按比例作出相量图和阻抗三角形。

4 - 31 在 220 V 的线路上，并接有 20 只 40 W、功率因数为 0.5 的日光灯和 100 只 40 W 的白炽灯，求线路总有功功率、无功功率、视在功率和功率因数。

4 - 32 当把一台功率 $P=1.1\ \text{kW}$ 的电动机接在 $U=220\ \text{V}$、$f=50\ \text{Hz}$ 的电路中时，其所取用的电流 $I=10\ \text{A}$，求：（1）电动机的功率因数；（2）若在电动机两端并联一只 $C=79.5\ \mu\text{F}$ 的电容器，再求整个电路的功率因数。

4 - 33 已知某发电机的额定电压为 220 V，视在功率为 440 kV·A。（1）用该发电机向额定工作电压为 220 V、有功功率为 4.4 kW、功率因数为 0.5 的用电器供电，问能供多少个用电器?（2）若把功率因数提高到 1，又能供多少个用电器?

4-34 将一个 $R=50\ \Omega$、电感 $L=4\ \text{mH}$ 的线圈与 $C=160\ \text{pF}$ 的电容器串联接在 $U=25\ \text{V}$ 的交流电源上。求:（1）电路的谐振频率 f_0，谐振时的电流 I_0，电容上的电压 U_C，电路品质因数 Q;（2）若电源的频率比电路的固有频率高 10% 时，求此时电路电流 I，电容两端的电压 U_C。

4-35 某收音机的输入谐振回路如图 4-42 所示，可变电容器 C_1 的变化范围在 7~270 pF 之间，C_2 为微调电容。当 C_1 调到最大值时，电路的谐振频率为 535 kHz;当 C_1 为最小值时，谐振频率为 1 605 kHz，问 L 及 C_2 应为多少?

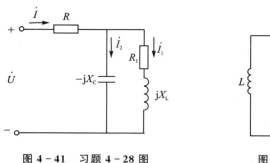 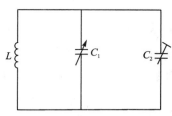

图 4-41　习题 4-28 图　　　图 4-42　习题 4-35 图

4-36 如图 4-34(a)所示并联谐振电路，已知 $R=5\ \Omega$，$L=50\ \mu\text{H}$，$C=200\ \text{pF}$。求谐振频率 f_0;若输入电流为频率 f_0、电流为 0.1 mA 的信号，输入端的电压为多少? 若输入电流为频率 1 000 kHz、电流为 0.1 mA 信号，此时输入端的电压又为多少?

测试题

4-1　填空题(15 分)

(1) 我国的工频电流频率 $f=$_____，它的周期 $T=$_____，角频率 $\omega=$_____;生活照明用电电压是_____，其最大值是_____。

(2) _____、_____和_____是确定一个正弦量的三要素，它们分别表示正弦量变化的幅度、快慢和起始状态。

(3) 已知一正弦交流电流 $i=\sin\left(314t-\dfrac{\pi}{4}\right)\text{A}$，则该交流电的最大值为_____，有效值为_____，频率为_____，周期为_____，初相位为_____。

(4) 频率为 50 Hz 的正弦交流电，当 $U=220\ \text{V}$，$\Psi_u=60°$，$I=10\ \text{A}$，$\Psi_i=-30°$时，它们的表达式为 $u=$_____，$i=$_____，u 与 i 的相位差为_____。

(5) 在正弦量的波形图中，从坐标原点到最近一个正弦波的零点之间的距离叫做_____。若零点在坐标原点右方，则初相角为_____;若零点在坐标原点左方，初相角为_____;若零点与坐标原点重合，初相角为_____。

(6) 正弦量的复数形式叫做相量。复数和正弦量有对应关系，复数的模是正弦量的_____，复数的幅角是正弦量的_____。只有_____才能用相量表示，但_____与它的相量之间不能划等号。

(7) 有一个电热器接到 10 V 的直流电源上,在时间 t 内能将一壶水煮沸。若将电热器接到 $u=10\sin\omega t$ V 的交流电源上,煮沸同一壶水需要时间 _____。若将电热器接到另一交流电源上,煮沸同样一壶水需要时间 $t/3$,则这个交流电压的最大值为 _____。

(8) 电感对交流电的阻碍作用叫做 _____。一个线圈的电感为 0.6 H,若把它接在频率为 50 Hz 的正弦交流电路中,感抗 $X_L=$ _____;若把它接在直流电源上,其感抗 $X_L=$ _____,电路相当于 _____。

(9) 电容对交流电的阻碍作用叫做 _____。100 pF 的电容器对频率是 10^6 Hz 的高频电流和 50 Hz 的工频电流的容抗分别是 _____ 和 _____。若把它接在直流电源上,其容抗 $X_C=$ _____,电路稳定后相当于 _____。

(10) 正弦交流电压 $u=220\sin\left(100\pi t+\dfrac{\pi}{3}\right)$ V,将它加在 100 Ω 电阻两端,每分钟放出的热量为 _____;将它加在 $C=\dfrac{1}{\pi}\mu$F 的电容器两端,通过该电容器的电流瞬时值的表达式为 _____;将它加在 $L=\dfrac{1}{\pi}$H 的电感线圈两端,通过该电感的电流瞬时值的表达式为 _____。

(11) 在正弦交流电路中,P 称为 _____,单位是 _____,它是电路中 _____ 元件消耗的功率;Q 称为 _____,单位是 _____,它是电路中 _____ 或 _____ 元件与电源进行能量交换时瞬时功率的最大值;S 称为 _____,单位是 _____,它是 _____ 提供的总功率。

(12) 已知某交流电路,电源电压 $u=100\sqrt{2}\sin(\omega t-30°)$ V,电路中通过的电流 $i=\sqrt{2}\sin(\omega t-90°)$ A,则电压和电流之间的相位差是 _____,电路的功率因数 $\cos\varphi=$ _____,电路消耗的有功功率 $P=$ _____,电路的无功功率 $Q=$ _____,电源输出的视在功率 $S=$ _____。

(13) 纯电阻电路的功率因数为 _____,纯电感电路的功率因数为 _____,纯电容电路的功率因数为 _____。在电感性负载两端并联一只电容量适当的电容器后,电路的功率因数 _____,线路中的总电流 _____,但电路的有功功率 _____,无功功率和视在功率都 _____。

(14) 在 RLC 串联电路中,已知电流为 5 A,电阻为 30 Ω,感抗为 40 Ω,容抗为 80 Ω,电路的阻抗为 _____,该电路称为 _____ 性电路。电阻上的平均功率为 _____,无功功率为 _____;电感上的平均功率为 _____,无功功率为 _____;电容上的平均功率为 _____,无功功率为 _____。

(15) 在无源的正弦交流电路中,电压相量和电流相量的比值叫做交流电路的 _____,它的模等于这段电路的 _____,它的幅角等于 _____ 之间的相位差。

4-2　判断题(14分)

(1) 正弦交流电的平均值就是有效值。(　　　)

(2) 如果两个同频率的正弦电流在某一瞬间都是 5 A,则两者一定同相且幅值相等。(　　　)

(3) 用交流电压表测得交流电压是 220 V,则此交流电压的最大值是 $220\sqrt{3}$ V。(　　　)

(4) 10 A 直流电和最大值为 12 A 的正弦交流电分别流过阻值相同的电阻,在相等的时

间内,10 A 直流电发出的热量多。(　　)

(5) 一只额定电压为 220 V 的白炽灯,可以接在最大值为 311 V 的交流电源上。(　　)

(6) 正弦交流电的相位可以决定正弦交流电在变化过程中瞬时值的大小和正负。(　　)

(7) 只有同频率的几个正弦量的相量才可以画在同一个相量图上进行分析。(　　)

(8) 如果将一只额定电压为 220 V、额定功率为 100 W 的白炽灯接到电压为 220 V、输出额定功率为 2 000 W 的电源上,则白炽灯会烧坏。(　　)

(9) 电阻元件上电压、电流的初相一定都是零,所以它们是同相的。(　　)

(10) 在同一交流电压作用下,电感 L 越大,电感中的电流就越小。(　　)

(11) 电感性负载并联一只适当数值的电容器后,可使线路中的总电流减小。(　　)

(12) 只有在纯电阻电路中,端电压与电流的相位差才为零。(　　)

(13) 某电路两端的端电压为 $u = 220\sqrt{2}\sin(314t + 30°)$ V,电路中的总电流为 $i = 10\sqrt{2}\sin(314t - 30°)$ A,则该电路为电感性电路。(　　)

(14) 在 RLC 并联电路中,若 $X_L < X_C$,则该电路中的总电流超前端电压,电路为电容性电路。(　　)

4-3　选择题(15 分)

(1) 关于交流电的有效值,下列说法正确的是(　　)。

　　A. 有效值是最大值的 $\sqrt{2}$ 倍

　　B. 最大值是有效值的 $\sqrt{3}$ 倍

　　C. 最大值为 311 V 的正弦交流电压,就其热效应而言,相当于一个 220 V 的直流电压

　　D. 最大值为 311 V 的正弦交流电,可以用 220 V 的直流电代替

(2) 已知 $u = 100\sqrt{2}\sin\left(314t - \dfrac{\pi}{6}\right)$ V,则它的角频率、有效值、初相分别为(　　)。

　　A. 314 rad/s,$100\sqrt{2}$ V,$-\dfrac{\pi}{6}$

　　B. 100π rad/s,100 V,$-\dfrac{\pi}{6}$

　　C. 50 Hz,100 V,$-\dfrac{\pi}{6}$

　　D. 314 rad/s,100 V,$\dfrac{\pi}{6}$

(3) 某正弦电压的有效值为 380 V,频率为 50 Hz,在 $t = 0$ 时的值 $u = 380$ V,则该正弦电压的表达式为(　　)。

　　A. $u = 380\sin(314t + 90°)$ V　　　　　　B. $u = 380\sin314t$ V

　　C. $u = 380\sqrt{2}\sin(314t + 45°)$ V　　　　D. $u = 380\sqrt{2}\sin(314t - 45°)$ V

(4) 交流电压 $u_1 = 311\sin(314t + 30°)$ V,$u_2 = 311\sin(314t - 45°)$ V,u_1 与 u_2 的相位关系是(　　)。

　　A. u_1 比 u_2 超前 75°　　　　　　　B. u_1 比 u_2 滞后 75°

　　C. u_1 比 u_2 超前 30°　　　　　　　D. 无法确定

(5) 下列各式错误的是(　　)。

A. $\dot{I}=60\underline{/30°}\,\mathrm{A}$　　　　　B. $\dot{U}=50\sin(\omega t+45°)\,\mathrm{V}$

C. $\dot{I}=6\,\mathrm{A}$　　　　　　　　D. $\dot{U}=-10\,\mathrm{V}$

(6) 在单相正弦交流电路中,下列各式正确的是(　　)。

　　A. $i=5\sqrt{2}\sin(\omega t-45°)\,\mathrm{A}=5\underline{/-45°}\,\mathrm{A}$

　　B. $\dot{U}=100\underline{/30°}\,\mathrm{V}=100\sqrt{2}\sin(\omega t+30°)\,\mathrm{V}$

　　C. $Z=3\underline{/60°}\,\Omega=3\sqrt{2}\sin(\omega t+60°)\,\Omega$

　　D. $\dot{U}=\mathrm{j}\dot{I}\,X_{\mathrm{L}}$

(7) 电路有两条并联支路,支路中电流分别为 $i_1=10\sin(\omega t-60°)\,\mathrm{A}$, $i_2=10\sqrt{3}\sin(\omega t+30°)\,\mathrm{A}$,则总电流 $i=$(　　)。

　　A. $20\sin\omega t\,\mathrm{A}$　　　　　　B. $20\sqrt{2}\sin\omega t\,\mathrm{A}$

　　C. $20\sin(\omega t-30°)\,\mathrm{A}$　　　D. 0

(8) 加在容抗为 $100\,\Omega$ 的纯电容两端的电压 $u_{\mathrm{C}}=100\sin\left(\omega t-\dfrac{\pi}{3}\right)\mathrm{V}$,则通过它的电流应是(　　)。

　　A. $i_{\mathrm{C}}=\sin\left(\omega t+\dfrac{\pi}{3}\right)\mathrm{A}$　　　　B. $i_{\mathrm{C}}=\sin\left(\omega t+\dfrac{\pi}{6}\right)\mathrm{A}$

　　C. $i_{\mathrm{C}}=\sqrt{2}\sin\left(\omega t+\dfrac{\pi}{3}\right)\mathrm{A}$　　D. $i_{\mathrm{C}}=\sqrt{2}\sin\left(\omega t+\dfrac{\pi}{6}\right)\mathrm{A}$

(9) 两纯电感串联, $X_{\mathrm{L}1}=10\,\Omega$, $X_{\mathrm{L}2}=15\,\Omega$,下列结论正确的是(　　)。

　　A. 总电感为 25 H　　　　　　B. 总感抗 $X_{\mathrm{L}}=\sqrt{X_{\mathrm{L}1}^2+X_{\mathrm{L}2}^2}$

　　C. 总感抗为 $25\,\Omega$　　　　　　D. 总感抗随交流电频率增大而减小

(10) 复阻抗的幅角就是(　　)。

　　A. 电压与电流的相位差　　B. 复阻抗的初相位角

　　C. 电压的初相位角　　　　D. 电流的初相位角

(11) 如图 4-43 所示,当交流电源的电压为 220 V,频率为 50 Hz 时,三只白炽灯的亮度相同。现将交流电的频率改为 100 Hz,则下列情况正确的应是(　　)。

　　A. A 灯比原来暗　　　　　B. B 灯比原来亮

　　C. C 灯比原来亮　　　　　D. C 灯和原来一样亮

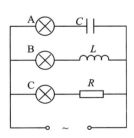

图 4-43　测试题 4-3-(11)图

(12) RLC 串联电路,属电感性电路的是(　　)。

　　A. $R=4\,\Omega$, $X_{\mathrm{L}}=1\,\Omega$, $X_{\mathrm{C}}=2\,\Omega$

　　B. $R=4\,\Omega$, $X_{\mathrm{L}}=0\,\Omega$, $X_{\mathrm{C}}=2\,\Omega$

　　C. $R=4\,\Omega$, $X_{\mathrm{L}}=3\,\Omega$, $X_{\mathrm{C}}=2\,\Omega$

　　D. $R=4\,\Omega$, $X_{\mathrm{L}}=3\,\Omega$, $X_{\mathrm{C}}=3\,\Omega$

(13) 正弦电路由两条支路组成,每条支路的有功功率、无功功率、视在功率分别为 P_1、Q_1、S_1 和 P_2、Q_2、S_2,下式正确的是(　　)。

　　A. $P=P_1+P_2$　　　　　　B. $Q=Q_1-Q_2$

　　C. $S=S_1+S_2$　　　　　　D. 以上三式均不正确

(14) 交流电路中提高功率因数的目的是(　　)。

    A. 减小电路的功率消耗　　　B. 提高负载的效率

    C. 增加负载的输出功率　　　D. 提高电源的利用率

(15) 在 RLC 串联电路发生谐振时,下列说法正确的是(　　)。

    A. Q 值越大,通频带越宽

    B. 端电压是电容两端电压的 Q 倍

    C. 电路的电抗为零,则感抗和容抗也为零

    D. 总阻抗最小,总电流最大

4-4　计算题(56分)

(1) 已知两个同频率的正弦交流电,它们的频率是 50 Hz,电压的有效值分别为 12 V 和 6 V,而且前者超前后者 $\frac{\pi}{2}$ 的相位角,以前者为参考相量,试写出它们的电压瞬时值表达式,并在同一坐标中画出它们的波形图,作出相量图。

(2) 交流接触器电感线圈的电阻为 220 Ω,电感为 10 H,接到电压为 220 V,频率为 50 Hz 的交流电源上,问线圈中电流为多大? 如果不小心将此接触器接到 220 V 的直流电源上,问线圈中电流又将为多大? 若线圈允许通过的电流为 0.1 A,会出现什么后果?

(3) 荧光灯电路可以看成是一个 RL 串联电路,若已知灯管电阻为 300Ω,镇流器感抗为 520Ω,电源电压为 220 V,电源频率为 50 Hz。① 画出电流、电压的相量;② 求电路中的电流;③ 求灯管两端和镇流器两端的电压;④ 求荧光灯消耗的功率及电路的功率因数;⑤ 若要将电路的功率因数提高到 0.866,问需并联多大的电容器?

(4) 一发电站以 22 kV 的高压输给负载 4.4×10^4 kW 的电力,若电路的功率因数为 0.5,输电线路的总电阻为 10 Ω,试计算:① 线路损耗;② 若电路的功率因数提高到 0.8 时,线路损耗又为多少,输电线上一天少损失多少电能?

(5) 图 4-44 所示是一个测定线圈参数的电路。已知串联附加电阻 $R = 15$ Ω,电源频率为 50 Hz,电压表的读数为 220 V,电流表的读数 5 A,功率表的读数为 500 W,求被测线圈的内阻 r 和电感 L。

(6) 图 4-45 所示并联谐振电路中,已知 $C = 10$ pF,电路品质因数 $Q = 50$,谐振频率 $f_0 = 37$ MHz,谐振时电路中电流 $I_0 = 10$ mA。求:① 电感;② 谐振时电路的等效阻抗;③ 电路两端的电压;④ 电路的通频带。

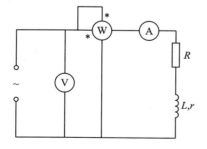

图 4-44　测试题 4-4-(5)图

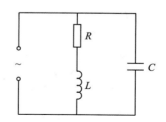

图 4-45　测试题 4-4-(6)图

第 5 章　三相正弦交流电路

第 4 章讨论了单相正弦交流电路的基本概念和分析方法,但在实际应用中更为广泛应用的是三相交流电路。在电力系统中发、变、输、配电以及电能与机械能互相转换方面采用三相交流电比单相交流电有显著的优越性。例如,三相电气设备的发电机、电动机以及变压器比单相的制造简单、性能优良;用三相输电比单相输电可节省有色金属,并且在相同的情况下,三相输电比单相输电电能损耗要少。本章主要介绍了三相电压的产生,电源与负载的星形、三角形接法,三相电路的分析计算及常见故障的分析。

5.1　三相交流电源

5.1.1　三相交流电压的产生

三相交流电路是由三相交流电源和三相负载用导线连接而构成的电路。其中三相电源是由频率相同、振幅相同、相位上依次互差 120°的三个电压以一定的连接方式组成的,也称为对称三相电源。

三相电源是由三相交流发电机产生的。图 5-1 所示是三相交流发电机的原理图,它主要由定子和转子两大部分组成。在定子内圆周表面的槽内嵌放有三个结构完全相同、彼此在空间上相隔 120°的定子绕组 U－U′、V－V′、W－W′, U、V、W 是它们的首端,U′、V′、W′是尾端。发电机转子铁芯上装有励磁绕组,当原动机(汽轮机、水轮机等)带动转子顺时针以角速度 ω 匀速转动时,就相当于每相绕组逆时针转动,定子绕组依次切割转子磁场,因而产生感应电动势,在绕组两端也就产生了电压。由于转子气隙中的磁场是按正弦分布的,三个绕组结构又相同,在空间上相差 120°,因此三个电压振幅相等,频率相同而相位相差 120°并且是按正弦规律变化的,这样的电压称为对称三相电压,如图 5-2 所示。以 U 相为参考量,各相绕组电压的参考方向规定为由首端指向末端,则三相电压的解析式为

$$\left.\begin{aligned} u_{\mathrm{U}} &= U_{\mathrm{m}}\sin \omega t \\ u_{\mathrm{V}} &= U_{\mathrm{m}}\sin (\omega t - 120°) \\ u_{\mathrm{W}} &= U_{\mathrm{m}}\sin (\omega t - 240°) = U_{\mathrm{m}}\sin (\omega t + 120°) \end{aligned}\right\} \tag{5-1}$$

对应的相量形式为

$$\left.\begin{aligned} \dot{U}_{\mathrm{U}} &= U_{\mathrm{P}}\underline{/0°} \\ \dot{U}_{\mathrm{V}} &= U_{\mathrm{P}}\underline{/-120°} \\ \dot{U}_{\mathrm{W}} &= U_{\mathrm{P}}\underline{/+120°} \end{aligned}\right\} \tag{5-2}$$

式中,U_{P} 为各相电压的有效值。它们的波形图和相量图如图 5-3(a)、(b)所示。由波形图和相量图可得出,三相对称电压的瞬时值的和以及相量和均为零,即

$$u_{\mathrm{U}} + u_{\mathrm{V}} + u_{\mathrm{W}} = 0$$

$$\dot{U}_{\mathrm{U}} + \dot{U}_{\mathrm{V}} + \dot{U}_{\mathrm{W}} = 0$$

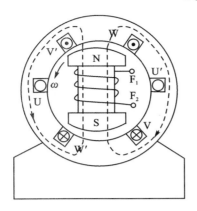

图 5-1　三相交流发电机原理

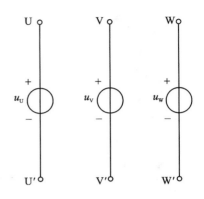

图 5-2　对称三相电源

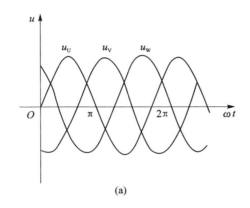

(a)

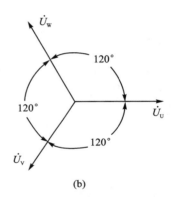

(b)

图 5-3　三相对称电压波形图和相量图

从图中可以看出,u_{U} 超前 u_{V} 达到最大值;u_{V} 又超前 u_{W} 达到最大值,三相对称电压这种到达最大值的先后次序称为相序。当三相绕组首尾确定以后,相序由发电机的旋转方向确定。通常把 U—V—W 称为正相序,反之称为负相序。在实际应用三相电器设备接入电源时,通常都要考虑相序;否则设备的运行方向就发生变化,如电动机要反转就改变相序。

5.1.2　三相电源的连接

通常三相电源的绕组连接方法有两种,一种称为星形(Y)接法,另一种称为三角形(△)接法。常用的接法为星形接法,变压器绕组常有两种接法。

1. 三相电源的星形连接

(1)相关名词

星形接法:把三相绕组的尾端接在一起,形成一个公共点 N,三个首端各引出一条线,这种接法就称为星形接法。

中点和中线:三个尾端连成的公共点 N 称为电源的中点,简称中点。由中点向负载的引线称为中线(俗称零线)。中点通常是接地的;当中点接地时,中线也称为地线。

相线：由三个首端引出的线称为端线或相线(俗称火线)。

相电压：电源每相绕组对外电路输出电压，每根相线与中线之间的电压称为相电压，用 $\dot{U}_U$、$\dot{U}_V$、$\dot{U}_W$ 表示。

线电压：相线与相线之间的电压称为线电压。用 $\dot{U}_{UV}$、$\dot{U}_{VW}$、$\dot{U}_{WU}$ 表示。如图 5-4(a)所示。由于电源是对称三相电源，所以一般用 U_P 表示相电压，用 U_L 表示线电压。工程上所说的三相电压是指线电压。

（2）线电压与相电压的关系

根据基尔霍夫第二定律可得

$$u_{UV} = u_U - u_V$$
$$u_{VW} = u_V - u_W$$
$$u_{WU} = u_W - u_U$$

写成相量形式为

$$\left.\begin{array}{l} \dot{U}_{UV} = \dot{U}_U - \dot{U}_V \\ \dot{U}_{VW} = \dot{U}_V - \dot{U}_W \\ \dot{U}_{WU} = \dot{U}_W - \dot{U}_U \end{array}\right\} \tag{5-3}$$

根据公式(5-3)可画出它们的相量关系图，如图 5-4(b)所示。由于电源对称，所以相电压、线电压都对称。由图可知，线电压与相电压在数值上的关系为

$$U_{UV} = \sqrt{3}U_U$$

$$U_{VW} = \sqrt{3}U_V$$

$$U_{WU} = \sqrt{3}U_W$$

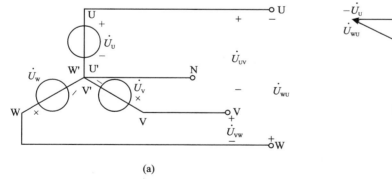

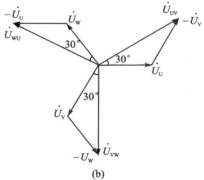

(a)   (b)

图 5-4 三相电源星形连接与相量图

写成一般形式为

$$U_L = \sqrt{3}U_P \tag{5-4}$$

即三相对称电源做星形连接时，线电压的有效值就等于相电压的有效值的 $\sqrt{3}$ 倍，三个线电压的相位分别超前对应的相电压 30°，这样线电压与相电压相量关系为

$$\dot{U}_{UV} = \sqrt{3}\dot{U}_{U}\underline{/30°}$$
$$\dot{U}_{VW} = \sqrt{3}\dot{U}_{V}\underline{/30°}$$ \qquad (5-5)
$$\dot{U}_{WU} = \sqrt{3}\dot{U}_{W}\underline{/30°}$$

根据以上分析可知,三相对称电源作星形连接时可提供两种电压,即线电压和相电压,于是在实际应用中三相电源星形连接的供电方式有两种,即三相四线制和三相三线制供电方式。通常在照明系统用三相四线制电源供电,在动力系统用三相三线制电源供电。在实际生活中常用的线电压是 380 V,相电压是 220 V,表示为 380 V/220 V。

2. 三相电源的三角形连接

三角形接法:是依次将一相绕组的首端和另一相绕组的尾端相连接,接成一个回路,供电时由三个连接点引出三条相线,如图 5-5(a)所示。

线电压和相电压的关系:由图 5-5(a)可知

$$\dot{U}_{UV} = \dot{U}_{U} - \dot{U}_{V}$$
$$\dot{U}_{VW} = \dot{U}_{V} - \dot{U}_{W}$$ \qquad (5-6)
$$\dot{U}_{WU} = \dot{U}_{W} - \dot{U}_{U}$$

相量图如图 5-5(b)所示,写成一般形式为

$$U_L = U_P \qquad (5-7)$$

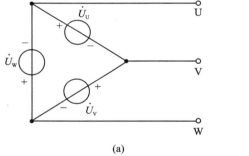 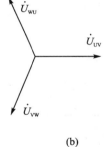

(a) \qquad (b)

图 5-5 三相电源的三角形连接和相量图

可见三相电源作三角形连接时,相电压等于线电压。它只能提供一种电压。

当三相电源作三角形连接时,三相绕组连接成一个闭合回路,于是有

$$\dot{U}_{U} + \dot{U}_{V} + \dot{U}_{W} = 0$$

所以绕组中的电流为 $\dot{I}=0$。如果三相绕组有一相接反,设 W 相接反,如图 5-6(a)所示,则

$$\dot{U} = \dot{U}_{U} + \dot{U}_{V} + \dot{U}_{W} = -2\dot{U}_{W}$$

如图 5-6(b)所示,回路中总电压的有效值为每相电压有效值的 2 倍,由于三相绕组阻抗很小,将在绕组回路中引起很大的环流而烧坏绕组。在三相电源作三角形连接时,为了避免接错,先将三相绕组接成一个开口三角形,在开口处接一个电压表检查,如图 5-6(c)所示。如果电压表读数为零,则说明连接正确,否则不正确。

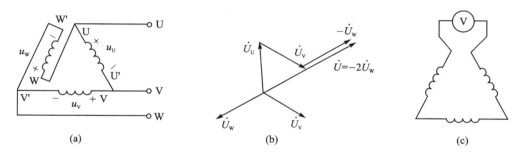

图 5 - 6　三相绕组一相接反的电路和相量图

5.2　三相负载的连接

三相电路中的负载,可以分为对称负载和不对称负载。各相负载的大小和性质完全相同的称为对称三相负载,即 $Z_U = Z_V = Z_W = Z$。如三相电动机、三相电炉、三相变压器等电器设备都是对称三相负载;各相负载大小和性质不同的就称为不对称三相负载,如三相照明电路中的负载。

在三相电路中,负载也要经过一定的连接,其连接方式有星形连接和三角形连接两种。

5.2.1　三相负载的星形连接

把负载的末端连接在一起,三个首端分别和电源的三条相线相连接,这样的连接方式就称为负载的星形连接。这种连接方式在实际应用中又分为三相四线制星形连接和三相三线制星形连接两种形式。

1. 负载三相四线制星形连接

在负载星形连接时,把负载的公共点(称负载的中点)和电源的中线相连,这样电源和负载间共需四条导线连接,所以称为三相四线制星形连接。一般负载不对称时采用这种接法,如图 5 - 7 所示。

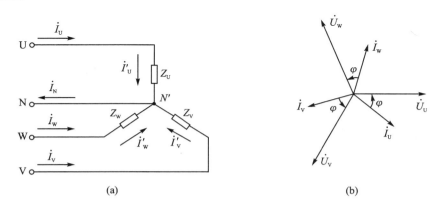

图 5 - 7　负载三相四线制星形连接和相量图

（1）负载电压

如图 5 - 7(a)所示,若忽略电源和导线内阻,则由于中线的存在,各相负载电压就等于电源的相电压,即 $U_{UN'} = U_{VN'} = U_{WN'} = U_P$。电源对称,那么负载电压也对称。

（2）相电流和线电流

在三相电路中,流过每条相线的电流称为线电流,用 $\dot{I}_U$、$\dot{I}_V$、$\dot{I}_W$ 表示,泛指用 I_L 表示。流过每相负载的电流称为相电流,用 $\dot{I}_U'$、$\dot{I}_V'$、$\dot{I}_W'$ 表示,泛指用 I_P 表示。由图 5-7（a）可以看出,三相负载星形连接时,相电流等于线电流,即

$$\left.\begin{array}{l} \dot{I}_U = \dot{I}_U' = \dfrac{\dot{U}_U}{Z_U} \\[2mm] \dot{I}_V = \dot{I}_V' = \dfrac{\dot{U}_V}{Z_V} \\[2mm] \dot{I}_W = \dot{I}_W' = \dfrac{\dot{U}_W}{Z_W} \end{array}\right\} \qquad (5-8)$$

（3）中线电流

流过中线的电流称为中线电流,用 $\dot{I}_N$ 表示。根据基尔霍夫第一定律可得中线电流为

$$\dot{I}_N = \dot{I}_U + \dot{I}_V + \dot{I}_W$$

其相量图如图 5-7（b）所示。由于中线电流是三个相电流相量之和,所以在大多数情况下,中线电流比线电流小,因此中线所用导线截面比相线截面小。

2. 负载三相三线制星形连接

在图 5-7 中,当负载对称时,中线电流为

$$\dot{I}_N = \dot{I}_U + \dot{I}_V + \dot{I}_W = 0$$

即中线电流等于零,因此当三相负载对称时中线可以省去,成为三相三线制星形连接,如图 5-8 所示,三相电路互成回路,于是每一瞬时流向负载中性点的电流中必然有正、有负,其代数和总是等于零。电路中的电流可用下式计算,即

$$I_P = \frac{U_P}{|Z|}, \quad \varphi = \arctan \frac{X}{R}$$

式中,$|Z|$ 和 φ 分别是每相负载的阻抗和阻抗角。

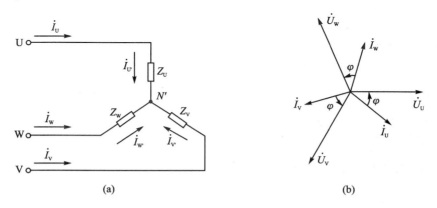

(a)　　　　　　　　　　　(b)

图 5-8　负载三相三线制星形连接和相量图

例 5-1　星形连接的对称三相负载,每相的电阻为 $R = 32\ \Omega$,$X_L = 24\ \Omega$,接到线电压 $U_L = 380\ \text{V}$ 的对称三相电源上。求相电压、相电流及线电流。

解　因为对称三相负载作星形连接，每相负载两端的电压等于电源的相电压，即

$$U_P = \frac{U_L}{\sqrt{3}} = 220 \text{ V}$$

设 $\dot{U}_U = 220\underline{/0°}$ V。

每相负载的阻抗为

$$Z = R + jX_L = (32 + j24) \ \Omega = 40\underline{/36.9°} \ \Omega$$

负载作星形连接时的线电流等于相电流，即

$$\dot{I}_U = \dot{I}'_U = \frac{\dot{U}_P}{Z} = \frac{220\underline{/0°}}{44\underline{/36.9°}} \text{ A} = 5.5\underline{/-36.9°} \text{ A}$$

$$\dot{I}_V = \dot{I}'_V = 5.5\underline{/-156.9°} \text{ A}$$

$$\dot{I}_W = \dot{I}'_W = 5.5\underline{/83.1°} \text{ A}$$

例 5 - 2　一组三相照明负载，接在三相四线制电路中，已知 $R_U = 5 \ \Omega$，$R_V = 10 \ \Omega$，$R_W = 20 \ \Omega$，电源相电压为 220 V，求各相负载电流和中线电流。

解　设 $\dot{U}_U = 220\underline{/0°}$ V

由于有中线，所以负载电压等于电源相电压，且为对称的。因此各相电流为

$$\dot{I}_U = \frac{\dot{U}_U}{R_U} = \frac{220\underline{/0°}}{5} \text{ A} = 44\underline{/0°} \text{ A}$$

$$\dot{I}_V = \frac{\dot{U}_V}{R_V} = \frac{220\underline{/-120°}}{10} \text{ A} = 22\underline{/-120°} \text{ A}$$

$$\dot{I}_W = \frac{\dot{U}_W}{R_W} = \frac{220\underline{/120°}}{20} \text{ A} = 11\underline{/120°} \text{ A}$$

中线电流

$$\dot{I}_N = \dot{I}_U + \dot{I}_V + \dot{I}_W = (44\underline{/0°} + 22\underline{/-120°} + 11\underline{/120°}) \text{ A} = 29.1\underline{/-19.1°} \text{ A}$$

5.2.2　三相负载的三角形连接

将三相负载的首尾依次相连接，构成一个三角形，三个连接节点分别接电源的三条相线，这就是负载的三角形连接。如图 5 - 9(a)所示。当三相负载连接成三角形时，每相负载承受对应电源的线电压。在图中参考方向下，根据基尔霍夫第一定律有

$$\dot{I}_U = \dot{I}_{UV} - \dot{I}_{WU}$$

$$\dot{I}_V = \dot{I}_{VW} - \dot{I}_{UV}$$

$$\dot{I}_W = \dot{I}_{WU} - \dot{I}_{VW}$$

上式对应的相量图如图 5 - 9(b)所示，当三相负载对称时，根据相量图可知，有

$$I_L = \sqrt{3} I_P \tag{5-9}$$

即线电流的有效值为相电流有效值的 $\sqrt{3}$ 倍，且线电流滞后于对应的相电流30°。

由以上分析可知，三相对称负载作三角形连接时，线电流有效值为相电流有效值的 $\sqrt{3}$ 倍，三相负载采用哪种接法，要根据电源电压和负载额定电压决定。当负载额定电压等于电源的

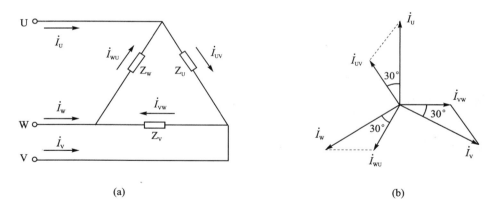

图 5 - 9　三相负载三角形连接

线电压时,采用三角形连接。当负载额定电压等于电源相电压时,采用星形连接。

例 5 - 3　有一对称三相负载,采用三角形连接,已知电源电压为 380 V,每相负载复阻抗为 $Z = 20\underline{/30^\circ}$ Ω,求各相负载的相电流及各线电流。

解　设 $\dot{U}_{UV} = 380\underline{/0^\circ}$ V

各相电流

$$\dot{I}_{UV} = \frac{\dot{U}_{UV}}{Z} = \frac{380\underline{/0^\circ}}{20\underline{/30^\circ}} \text{ A} = 19\underline{/-30^\circ} \text{ A}$$

因为负载对称,则相电流对称,有

$$\dot{I}_{VW} = 19\underline{/-150^\circ} \text{ A}$$

$$\dot{I}_{WU} = 19\underline{/90^\circ} \text{ A}$$

因为负载作三角形连接线电流有效值是相电流有效值的 $\sqrt{3}$ 倍,线电流滞后相应的相电流 30°,线电流也对称,则

$$\dot{I}_U = \sqrt{3}\dot{I}_{UV}\underline{/-30^\circ} = \sqrt{3} \times 19\underline{/-60^\circ} \text{ A} = 32.9\underline{/-60^\circ} \text{ A}$$

$$\dot{I}_V = 32.9\underline{/-180^\circ} \text{ A}$$

$$\dot{I}_W = 32.9\underline{/60^\circ} \text{ A}$$

5.2.3　三相电路的接线方式

三相电路就是由三相电源和三相负载组成的系统。根据三相电源和三相负载的基本接法可知,三相电源和三相负载之间有多种基本组合方式,从三相电源和三相负载之间的连接形式上看三相电路可分为两类,即三相三线制和三相四线制。

1. 三相三线制

如果电源与负载之间只通过三条端线连接起来,则这种连接方式称为三相三线制。根据三相电源和三相负载的基本连接方式可知,它们之间可有 Y - Y、Y - △、△ - Y、△ - △ 等多种连接方式。负载对称时,如动力系统常采用三相三线制接线方式,如图 5 - 10(a)所示三相电动机和电源的连接。

2. 三相四线制

如果三相电源和三相负载均接成星形,电源和负载的各相端点之间及中点之间均有导线连接,也就是说,电源与负载之间共用了四条导线,这种接法就是三相四线制。

根据以上分析,在实际应用中,我国低压配电系统广泛采用三相四线制,这种供电系统可以向负载提供两种电压:线电压和相电压,表示为 380 V/220 V。一般照明灯具和电炉及其他额定电压为 220 V 的单相用电设备接在相线与中线之间,使用相电压;三相动力设备及额定电压为 380 V 的用电设备接在两相线之间,使用线电压。如图 5-10(b)所示照明电路。

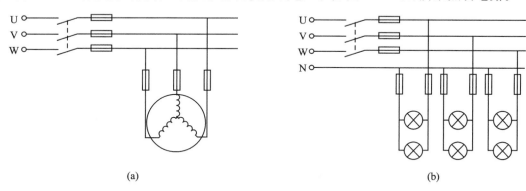

(a)　　　　　　　　　　　　　　　　(b)

图 5-10　低压配电线路

5.3　三相电路的分析与计算

三相电路中的电源一般是对称的,但电路中的三相负载可以对称也可以不对称,因此构成的三相电路就有对称和不对称两种类型。其中,电源和负载都对称的三相电路称为对称三相电路,如果负载为不对称负载,则构成的三相电路为不对称三相电路。下面分别讨论。

5.3.1　对称三相电路的分析计算

1. 电源和负载都为星形连接的对称三相电路

理论和实践证明,在电源和负载都为星形连接的三相电路中,无论中线阻抗为多大值,电源中点 N 与负载中点 N' 之间的电压为零,即

$$u_{NN'} = 0$$

可见在这种电路中,N 与 N' 等电位。根据电路等效变换的概念,电路中等电位点可以用无阻抗的导线连接起来。因此在这种电路中,无论有无中线,无论中线阻抗为何值,在计算时可用无阻抗的导线将电源和负载的中性点连接起来。这一结论表明,从电路计算角度看,对称电路中各相之间彼此无关,相互独立,这样各相就可以等效成一个单相电路来计算分析了,如图 5-11 所示。

由图 5-11(b)等效电路可求得相电流的有效值,它也等于线电流。

$$I_U = I_V = I_W = I_P = I_L = \frac{U_P}{\sqrt{R^2 + X^2}}$$

在关联参考方向下,各相阻抗角为

$$\varphi_U = \varphi_V = \varphi_W = \varphi = \arctan \frac{X}{R}$$

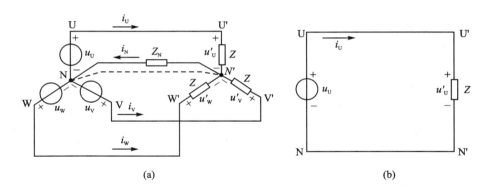

图 5-11 星形连接的对称三相电路

若已知电源电压的初相位及频率,便可写出三相电流的解析式。

用相量分析法,设 U 相电源电压为 $\dot{U}_U=U_P\underline{/0°}$ V,则各相电流等于各线电流为

$$\dot{I}_U=\dot{I}_U'=\frac{\dot{U}_U}{Z}=\frac{U_P}{|Z|}\underline{/-\varphi}$$

$$\dot{I}_V=\dot{I}_V'=\frac{\dot{U}_V}{Z}=\frac{U_P}{|Z|}\underline{/-120°-\varphi}$$

$$\dot{I}_W=\dot{I}_W'=\frac{\dot{U}_W}{Z}=\frac{U_P}{|Z|}\underline{/120°-\varphi}$$

$$(5-10)$$

中线电流为

$$\dot{I}_N=\dot{I}_U+\dot{I}_V+\dot{I}_W=0$$

通过前面对三相电源和三相负载的接法分析,可知,由于对称三相电路中电源对称、负载对称所以对称三相电路中,中线电流为零,可以省去,另外在对称三相电路中,线电压、相电压、线电流、相电流都是和电源相电压同相序的对称量。因此计算对称三相电路时,只需计算其中一相,按前面的单相交流电路计算出这一相的电压、电流后,根据对称原则,就可以求出另外两相的电压和电流。

例 5-4 如图 5-12 所示三相对称电路,分析负载电流及负载电压。

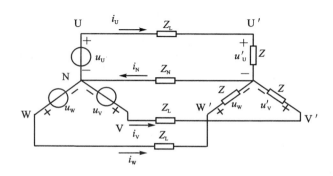

图 5-12 例 5-4 图

解　因三相对称电路,故 $\dot{U}_{\text{N'N}}=0$

取 U 相分析,有

$$\dot{I}_{\text{U}} = \frac{\dot{U}_{\text{U}} - \dot{U}_{\text{N'N}}}{Z + Z_{\text{L}}}, \qquad \dot{U}'_{\text{U}} = Z\dot{I}_{\text{U}}$$

因三相负载电流、负载电压对称,则

$$\dot{I}_{\text{V}} = \dot{I}_{\text{U}}\underline{/-120°}, \qquad \dot{U}'_{\text{V}} = \dot{U}'_{\text{U}}\underline{/-120°}$$

$$\dot{I}_{\text{W}} = \dot{I}_{\text{U}}\underline{/120°}, \qquad \dot{U}'_{\text{W}} = \dot{U}'_{\text{U}}\underline{/-120°}$$

2. 三角形负载接到星形电源的三相电路

如图 5-13 所示,根据对称星形连接的三相电源线电压与相电压的关系,可知

$$U_{\text{UV}} = U_{\text{VW}} = U_{\text{WU}} = \sqrt{3}U_{\text{P}}$$

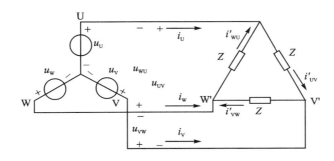

图 5-13　三角形连接的负载接至星形连接的电源

当忽略线路阻抗时,又因负载电压等于电源线电压,根据欧姆定律可知,负载电流的有效值

$$I'_{\text{UV}} = I'_{\text{VW}} = I'_{\text{WU}} = I_{\text{P}} = \frac{\sqrt{3}U_{\text{P}}}{\sqrt{R^2 + X_2}}$$

又因负载对称并且作三角形连接,因此线电流等于 $\sqrt{3}$ 倍的相电流。则有

$$I_{\text{U}} = I_{\text{V}} = I_{\text{W}} = \sqrt{3}I_{\text{P}} = \frac{3U_{\text{P}}}{\sqrt{R^2 + X_2}}$$

负载的阻抗角为

$$\varphi_{\text{UV}} = \varphi_{\text{VW}} = \varphi_{\text{WU}} = \varphi = \arctan\frac{X}{R}$$

若电源相电压的初相位已知,根据对称三相电路,可写出线电流和相电流的相量式和解析式。

5.3.2　不对称三相电路的分析计算

在三相电路中,由于负载的不对称,因此就构成了不对称三相电路,下面讨论不对称三相电路的分析计算。

1. 三相不对称负载作星形连接的三相电路

(1)一般分析法

在不对称三相负载作星形连接的电路中,由于负载为不对称负载,因此各相负载的电压、

电流也将是不对称的,因此必须要用解复杂电路的方法进行分析计算。为了分析方便,先假定电源中点与负载中点之间用一条阻抗为 Z_N 的中线连接起来,如图 5-14 所示。图中标出了电压、电流的参考方向,并且忽略电源和导线的电阻。

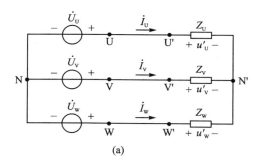
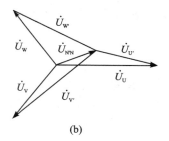

图 5-14　不对称负载作星形连接的三相电路

从图中可以看出,这是一个具有两个节点的复杂交流电路。当电源电压和负载阻抗均已知时,可用节点电压法对此电路进行计算,于是有中点电压公式

$$\dot{U}_{N'N} = \frac{\dot{U}_U Y_U + \dot{U}_V Y_V + \dot{U}_W Y_W}{Y_U + Y_V + Y_W + Y_N} \neq 0 \qquad (5-11)$$

根据基尔霍夫第二定律可得各相电压

$$\dot{U}'_U = \dot{U}_U - \dot{U}_{N'N}$$
$$\dot{U}'_V = \dot{U}_V - \dot{U}_{N'N}$$
$$\dot{U}'_W = \dot{U}_W - \dot{U}_{N'N}$$

各相负载电流为

$$\dot{I}_U = \dot{U}'_U Y_U$$
$$\dot{I}_V = \dot{U}'_V Y_V$$
$$\dot{I}_W = \dot{U}'_W Y_W$$

（2）位形图

为了简单明了地分析三相电路中的电压问题,常采用一种称为位形图的特殊相量图。位形图上每一点都要与三相电路中各点一一对应,且位形图中每一点坐标均可表示电路中对应点的相量电位;位形图中任意两点间连成的相量均表示电路中对应的两点之间的电压。所对应关系已标在图中。如图 5-15 所示。

在图 5-15 中可以看到,由于负载的不对称,使得表示负载中性点的电位 N' 点与电源中点 N 点不重合,使得 $\dot{U}_{N'N} \neq 0$,这个现象被称为中点位移,而 $\dot{U}_{N'N}$ 称为中点位移电压。

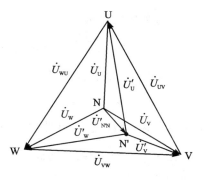

图 5-15　位形图

（3）中线的作用

从位形图可以看出,由于中点位移,引起负载上各相电压分配不对称,以致会使某些相负

载电压过高,超过额定值,可造成设备损坏;而另一些相负载电压过低而达不到额定值,设备不能正常工作,是不允许的。为了使各负载都能正常工作,就要求负载电压对称,因而要求中性点位移电压必须等于零。从中点位移电压公式

$$\dot{U}_{\mathrm{N'N}} = \frac{\dot{U}_{\mathrm{U}}Y_{\mathrm{U}} + \dot{U}_{\mathrm{V}}Y_{\mathrm{V}} + \dot{U}_{\mathrm{W}}Y_{\mathrm{W}}}{Y_{\mathrm{U}} + Y_{\mathrm{V}} + Y_{\mathrm{W}} + Y_{\mathrm{N}}}$$

可以看出,要使 $\dot{U}_{\mathrm{N'N}} = 0$,必须使分子等于零,或分母为无限大才行。显然,当负载对称时有 $Y_{\mathrm{U}} = Y_{\mathrm{V}} = Y_{\mathrm{W}} = Y$,则有 $\dot{U}_{\mathrm{U}}Y_{\mathrm{U}} + \dot{U}_{\mathrm{V}}Y_{\mathrm{V}} + \dot{U}_{\mathrm{W}}Y_{\mathrm{W}} = (\dot{U}_{\mathrm{U}} + \dot{U}_{\mathrm{V}} + \dot{U}_{\mathrm{W}})Y = 0$,即 $\dot{U}_{\mathrm{N'N}} = 0$。

另外,若接入中线并使其阻抗很小,即 $Z_{\mathrm{N}} \approx 0$,则 $Y_{\mathrm{N}} \to \infty$,这样将使中点位移电压公式中的分母为无限大,则不论三相负载对称与否,都可使 $\dot{U}_{\mathrm{N'N}} = 0$。

由此可知,当负载不对称作星形连接时,必须接有中线,中线的作用:一是用来接单相用电设备,提供单相电压;二是能保证三相负载电压对称,使负载能够正常工作;三是用来传导三相系统中的不平衡电流和单相电流;四是用来减少中点位移电压,使星形连接的不对称负载的相电压接近对称。而且为了防止中线断开,在中线上决不允许装开关和熔断器,同时为了增大它的机械强度使中线工作可靠,在干线上的中线有时还采用钢线或钢芯铝线、钢芯铜线等。

（4）相序指示器

在三相三线制星形连接的电路中,一般是不希望发生中点位移的,但在某些情况下有时又可利用中点位移现象,为了判明三相电源的相序可用相序指示器。

相序指示器电路如图 5-16 所示。它是由一只电容器和两个相同的灯泡组成的无中线星形电路,这时三相负载显然是不对称的,从而各负载上的电压将不相等。若以接有电容器的这一相为 U 相,则灯泡较亮的一相为 V 相,灯泡较暗的一相就是 W 相。根据中点位移电压公式和所作的位形图都可以验证这一点。另外也可用电感代替电容器做成相序指示器,这时灯泡较亮的一相为 W 相,较暗的一相为 V 相。

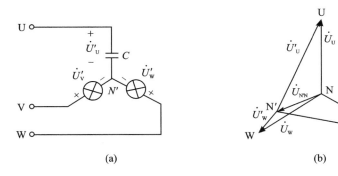

(a) (b)

图 5-16　相序指示器及其位形图

例 5-5　如图 5-16 所示,任意指定电源的一相为 U 相,把电容 C 接到 U 相上,两只白炽灯接到另外两相上。设 $R = 1/\omega C$,试说明如何根据两只灯的亮度来确定 V、W 相。

解　这是一个不对称的星形负载连接电路。设 $\dot{U}_{\mathrm{U}} = U\underline{/90°}$,则

中性点电压 $\dot{U}_{\mathrm{N'N}}$ 为

$$\dot{U}_{\mathrm{N'N}} = \frac{\dot{U}_{\mathrm{U}}\mathrm{j}\omega C + \dot{U}_{\mathrm{V}}Y + \dot{U}_{\mathrm{W}}Y}{\mathrm{j}\omega C + Y + Y}$$

得

$$\dot{U}_{\text{N'N}} = \frac{\text{j}U + U\underline{/-120°} + U\underline{/120°}}{2+\text{j}} = \frac{-1+\text{j}}{2+\text{j}}U = (-0.2+\text{j}0.6)U = 0.63U\underline{/-161.6°}$$

则

$$\dot{U}'_{\text{V}} = \dot{U}_{\text{V}} - \dot{U}_{\text{N'N}} = U\underline{/30°} - 0.63U\underline{/-161.6°} = 1.5U\underline{/-11°}$$

$$\dot{U}'_{\text{W}} = \dot{U}_{\text{W}} - \dot{U}_{\text{N'N}} = U\underline{/180°} - 0.63U\underline{/-161.6°} = 0.4U\underline{/-131.6°}$$

显然，V 相灯泡上的电压是电源电压的 1.5 倍，W 相灯泡上的电压是电源电压的 0.4 倍。由此可知较亮灯泡接入的那一相为 V 相，较暗灯泡接入的那一相为 W 相。

2. 三相不对称负载作三角形连接的三相电路

不对称负载作三角形连接时，各相负载上的电压等于电源的对应线电压，$U_{\text{P}} = U_{\text{L}}$。

这样当电源线电压和各相负载阻抗为已知时，用相量形式直接求出各相负载的电流，即

$$\dot{I}_{\text{UV}} = \frac{\dot{U}_{\text{UV}}}{Z_{\text{U}}}$$

$$\dot{I}_{\text{VW}} = \frac{\dot{U}_{\text{VW}}}{Z_{\text{V}}}$$

$$\dot{I}_{\text{WU}} = \frac{\dot{U}_{\text{WU}}}{Z_{\text{W}}}$$

然后根据基尔霍夫第一定律可求出各线电流

$$\dot{I}_{\text{U}} = \dot{I}_{\text{UV}} - \dot{I}_{\text{WU}}$$

$$\dot{I}_{\text{V}} = \dot{I}_{\text{VW}} - \dot{I}_{\text{UV}}$$

$$\dot{I}_{\text{W}} = \dot{I}_{\text{WU}} - \dot{I}_{\text{VW}}$$

例 5 - 6 在例 5 - 2 中，当中线断开时，求各负载上的电压、电流和中线电流。

解 根据例 5 - 2 中给出的参数，可知三相负载为不对称负载，当中线断开时就会出现中点位移。设 $\dot{U}_{\text{U}} = 200\underline{/0°}$ V，则

$$\dot{U}_{\text{V}} = 220\underline{/-120°} \text{ V}, \quad \dot{U}_{\text{W}} = 220\underline{/120°} \text{ V}$$

各相负载导纳为

$$Y_{\text{U}} = \frac{1}{R_{\text{U}}} = \frac{1}{5} \text{ S} = 0.2 \text{ S}, \quad Y_{\text{V}} = \frac{1}{R_{\text{V}}} = \frac{1}{10} \text{ S} = 0.1 \text{ S}, \quad Y_{\text{W}} = \frac{1}{R_{\text{W}}} = \frac{1}{20} \text{ S} = 0.05 \text{ S}$$

由于中线断开，可看成 $Z_{\text{N}} = \infty$，故 $Y_{\text{N}} = 0$，中点电压为

$$\dot{U}_{\text{N'N}} = \frac{220 \times 0.2 + 220\underline{/-120°} \times 0.1 + 200\underline{/120°} \times 0.05}{0.2 + 0.1 + 0.05} \text{ V} =$$

$$83\underline{/-19.1°} \text{ V} = (78.5 - \text{j}27.1) \text{ V}$$

各相负载电压为

$$\dot{U}'_{\text{U}} = \dot{U}_{\text{U}} - \dot{U}_{\text{N'N}} = [220\underline{/0°} - (78.5 - \text{j}27.1)] \text{ V} = 144\underline{/10.8°} \text{ V}$$

$$\dot{U}'_{\text{V}} = \dot{U}_{\text{V}} - \dot{U}_{\text{N'N}} = [220\underline{/-120°} - (78.5 - \text{j}27.1)] \text{ V} = 249\underline{/-139.2°} \text{ V}$$

$$\dot{U}'_{\text{W}} = \dot{U}_{\text{W}} - \dot{U}_{\text{N'N}} = [220\underline{/120°} - (78.5 - \text{j}27.1)] \text{ V} = 287\underline{/130.9°} \text{ V}$$

各相电流为

$$\dot{I}_U = \dot{U}'_U Y_U = 144\underline{/10.8°} \times 0.2 \text{ A} = 28.8\underline{/10.8°} \text{ A} = (28.27 + \text{j}5.43) \text{ A}$$

$$\dot{I}_V = \dot{U}'_V Y_V = 249\underline{/-139.2°} \times 0.1 \text{ A} = 24.9\underline{/-139.2°} \text{ A} = (-18.85 - \text{j}16.29) \text{ A}$$

$$\dot{I}_W = \dot{U}'_W Y_W = 287\underline{/130.9°} \times 0.05 \text{ A} = 14.4\underline{/130.9°} \text{ A} = (-9.42 + \text{j}10.86) \text{ A}$$

$$\dot{I}_N = \dot{I}_U + \dot{I}_V + \dot{I}_W = (28.27 + \text{j}5.43) \text{ A} + (-18.85 - \text{j}16.29) \text{ A} +$$
$$(-9.42 + \text{j}10.86) \text{ A} = 0 \text{ A}$$

5.4　对称三相电路的故障分析

5.4.1　星形连接的对称三相负载的故障分析

1. 一相负载断路

如图 5-17 所示的 Y-Y 连接的电路中,假如 U 相发生断路。

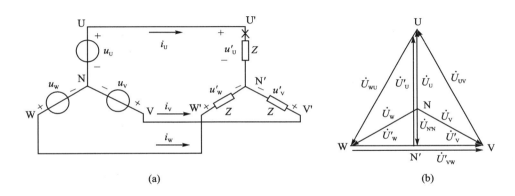

(a)　　　　　　　　　　　　(b)

图 5-17　一相负载断路

U 相断路后,U 相电流 $i_U = 0$,这时 V、W 两相负载串联承受的电压为线电压 U_{VW}。它们构成了一个独立的闭合回路,由于这两相负载的阻抗相等,因此它们就平分此线电压。即其有效值为

$$U'_V = U'_W = \frac{1}{2}U_{VW} = \frac{\sqrt{3}}{2}U_P$$

$$Z_U = Z_V = Z_W = Z$$

$$Y_U = Y_V = Y_W = Y$$

取 U 相电压为参考相量,根据中点位移电压公式,可求得中点位移电压为

$$\dot{U}_{N'N} = \frac{\dot{U}_U Y_U + \dot{U}_V Y_V + \dot{U}_W Y_W}{Y_U + Y_V + Y_W + Y_N} = \frac{0 + \dot{U}_U\underline{/-120°}Y_V + \dot{U}_U\underline{/120°}Y_W}{0 + Y_V + Y_W + 0} = -\frac{\dot{U}_U}{2}$$

则其有效值为

$$U_{N'N} = \frac{1}{2}U_U = \frac{1}{2}U_P$$

断路处电压为

$$\dot{U}_{U'} = \dot{U}_U - \dot{U}_{N'N} = \frac{3}{2}\dot{U}_U \qquad (5-12)$$

由此可见,由于一相断路,使得断路的一相中没有电流,而其他两相负载上的电压也低于其额定电压,所以都不能正常工作。

2. 一相负载短路

如图 5-18 所示 Y-Y 连接的三相电路中假如 U 相负载短路。当 U 相短路后,U′与 N′点等相位,U 相负载电压为零,负载中点 N′与电源中点 N 之间的电压等于 U 相电源电压,即

$$U'_U = 0, \quad U_{N'N} = U_U = U_P$$

这样 V、W 两相就分别相当于接在 V、U 和 W、U 两端线上,因此这两相负载的电压分别为

$$U'_V = U_{UV} = \sqrt{3}U_P$$
$$U'_W = U_{WU} = \sqrt{3}U_P$$

V、W 两相电流以及 U 相电流为

$$\begin{cases} I_V = \dfrac{U_{UV}}{|Z|} = \sqrt{3}\,\dfrac{U_P}{|Z|} \\ I_W = \dfrac{U_{WU}}{|Z|} = \sqrt{3}\,\dfrac{U_P}{|Z|} \\ \dot{I}_U = \dot{I}_V + \dot{I}_W \end{cases} \qquad (5-13)$$

由如图 5-18(b)所示图的相量图可知

$$I_U = 3\,\frac{U_P}{|Z|}$$

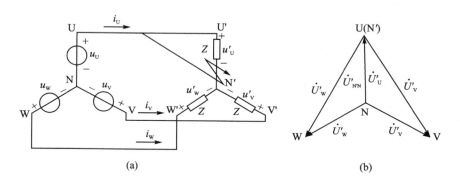

图 5-18 一相负载短路

通过以上分析可知,在电源电压恒定,且忽略线路电阻时,对称三相电路中,有一相短路时,短路相的负载电压为零,其线电流增大到原来的 3 倍;其他两相负载上的电压和电流都增大到原来的 $\sqrt{3}$ 倍。

3. 中线断路

如图 5-19 所示为三相四线制电路。它的讨论在前面位形图已经分析过,参看前面的分析。

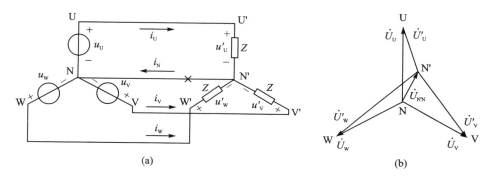

图 5 - 19   中线断路

5.4.2   三角形连接的对称负载的故障分析

1. 一条端线断路

如图 5 - 20 所示，U 相端线断路，此时 U 相负载与 W 相负载串联后，再与 V'W'相负载并联，接于电源线电压 U_{VW} 上，根据这种连接方法，可确定出三相负载的相电压为

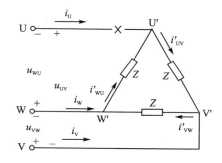

图 5 - 20   一条端线断路

$$U'_{UV} = \frac{1}{2}U_{VW} = \frac{1}{2}U_L$$

$$U'_{VW} = U_{VW} = U_L$$

$$U'_{WU} = \frac{1}{2}U_{VW} = \frac{1}{2}U_L$$

则各相负载相电流和线电流为

$$I'_{UV} = I'_{WU} = \frac{1}{2}\frac{U_{VW}}{|Z|} = \frac{1}{2}\frac{U_L}{|Z|}$$

$$I'_{VW} = \frac{U_{VW}}{|Z|} = \frac{U_L}{|Z|}$$

$$I_U = 0$$

$$I_V = I_W = \frac{3}{2}\frac{U_{VW}}{|Z|} = \frac{3}{2}\frac{U_L}{|Z|} \tag{5-14}$$

由以上分析可知，对称三相负载三角形连接，在电源电压恒定，忽略线路电阻，一相端线断开时，与断路相端线相连的两相负载电压和电流均减小为原来的 $\frac{1}{2}$。另外一相负载的电压和电流保持不变。断路端线电流为零，另外两条端线的电流为原来的 $\frac{3}{2}$ 倍。

2. 一相负载断路

如图 5 - 21 所示电路，假设 U 相负载断路，此时其他两相负载未发生变化，因此断路后负载上承受的线电压还是相应的电源的线电压，于是有

$$\begin{cases} I'_{UV} = 0 \\ I'_{VW} = \dfrac{U_{VW}}{|Z|} \\ I'_{WU} = \dfrac{U_{WU}}{|Z|} \end{cases} \tag{5-15}$$

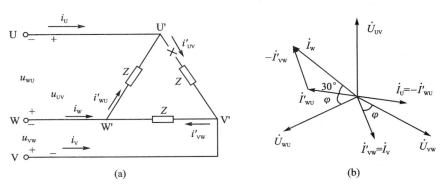

图 5 - 21　一相负载断路

根据基尔霍夫定律可求出各线电流为

$$I_U = -I'_{WU}$$
$$I_V = I'_{VW}$$
$$I_W = \sqrt{3}\,I'_{WU}$$

由以上分析可知,三角形连接的负载一相断路时,负载线电压均不发生变化,断路相的负载电流为零,其他两相负载电流保持不变,与断路相两端相连的两端线电流减小为原来相电流,另一线电流保持不变,即仍为原相电流的$\sqrt{3}$倍。

3. 一相负载短路

三相电路中,当一相负载短路时,若忽略线路电阻,则短路相造成与它相连的这两相电源短路,这样将烧毁电源;或者线路上的保护装置将动作,切断电源和负载的通路,使三相都停止工作。

5.5　三相电路的功率

1. 三相电路的功率

(1) 瞬时功率

三相负载的瞬时功率等于每相负载瞬时功率之和。即

$$p = p_U + p_V + p_W = u_U i_U + u_V i_V + u_W i_W$$

(2) 有功功率

三相负载有功功率就等于各相负载有功功率之和。即

$$P = P_U + P_V + P_W = U_U I_U \cos\varphi_U + U_V I_V \cos\varphi_V + U_W I_W \cos\varphi_W \tag{5-16}$$

(3) 无功功率

同样三相无功功率也等于各相无功功率之和。即

$$Q = Q_U + Q_V + Q_W = U_U I_U \sin\varphi_U + U_V I_V \sin\varphi_V + U_W I_W \sin\varphi_W \tag{5-17}$$

（4）视在功率

根据视在功率的定义，则三相电路中视在功率和有功功率、无功功率之间的关系为

$$S = \sqrt{P^2 + Q^2} \tag{5-18}$$

要注意的是一般情况下，三相电路视在功率并不等于各相视在功率之和。

2. 对称三相电路的功率

在对称三相电路中，用相电压、相电流计算时，各相负载的有功功率、无功功率都相等。所以有

$$P = 3P_U = 3U_U I_U \cos\varphi_U$$

$$Q = 3Q_U = 3U_U I_U \sin\varphi_U$$

可见，对称三相电路总的有功功率、无功功率分别等于一相有功功率、无功功率的3倍。

由于实际应用中，电器设备给出的额定电压、电流通常都是线电压和线电流，而且线电压和线电流很容易测量出来，因此用线电压和线电流计算三相电路的功率很方便。

当三相电源和负载是星形连接时，有

$$U_L = \sqrt{3}U_P, \quad I_L = I_P$$

当三相电源和负载是三角形连接时，有

$$U_L = U_P, \quad I_L = \sqrt{3}I_P$$

将上述关系代入以上推出的 P、Q 的公式可得

$$\left.\begin{array}{l} P = \sqrt{3}U_L I_L \cos\varphi \\ Q = \sqrt{3}U_L I_L \sin\varphi \\ S = \sqrt{3}U_L I_L \end{array}\right\} \tag{5-19}$$

应注意的是式（5-19）中，电压为线电压，电流为线电流，φ 仍为相电压和相电流的相位差。因此不论负载星形连接还是三角形连接，都可用式（5-19）计算总的有功功率、无功功率及视在功率。

例 5-7 有一三相负载电阻 $R = 8\ \Omega$，感抗 $X = 6\ \Omega$，一对称三相电源的线电压为 $U_L = 380\ \text{V}$，试求（1）负载星形连接，求相电流、线电流、有功功率、无功功率和视在功率；（2）负载三角形连接，求相电流、线电流、有功功率、无功功率和视在功率。

解 （1）负载作星形连接时

$$U_P = \frac{U_L}{\sqrt{3}} = \frac{380}{\sqrt{3}}\ \text{V} = 220\ \text{V}$$

$$I_P = \frac{U_P}{|Z|} = \frac{220}{\sqrt{6^2 + 8^2}}\ \text{A} = 22\ \text{A}$$

$$I_L = I_P = 22\ \text{A}$$

$$\cos\varphi = \frac{R}{|Z|} = \frac{8}{10} = 0.8, \quad \sin\varphi = \frac{X}{|Z|} = \frac{6}{10} = 0.6$$

$$P = \sqrt{3}U_L I_L \cos\varphi = \sqrt{3} \times 380 \times 22 \times 0.8\ \text{W} = 11.6\ \text{kW}$$

$$Q = \sqrt{3}U_L I_L \sin\varphi = \sqrt{3} \times 380 \times 22 \times 0.6\ \text{var} = 8.69\ \text{kvar}$$

$$S = \sqrt{3}U_L I_L = \sqrt{3} \times 380 \times 22\ \text{V·A} = 14.48\ \text{kV·A}$$

（2）负载作三角形连接时

$$U_P = U_L = 380 \text{ V}$$

$$I_P = \frac{U_P}{|Z|} = \frac{380}{\sqrt{6^2 + 8^2}} \text{ A} = 38 \text{ A}$$

$$I_L = \sqrt{3} I_P = \sqrt{3} \times 38 \text{ A} = 66 \text{ A}$$

$$\cos \varphi = \frac{R}{|Z|} = \frac{8}{10} = 0.8, \quad \sin \varphi = \frac{X}{|Z|} = \frac{6}{10} = 0.6$$

$$P = \sqrt{3} U_L I_L \cos \varphi = \sqrt{3} \times 380 \times 66 \times 0.8 \text{ W} = 34.7 \text{ kW}$$

$$Q = \sqrt{3} U_L I_L \sin \varphi = \sqrt{3} \times 380 \times 66 \times 0.6 \text{ var} = 26.09 \text{ kvar}$$

$$S = \sqrt{3} U_L I_L = \sqrt{3} \times 380 \times 66 \text{ V} \cdot \text{A} = 43.44 \text{ kV} \cdot \text{A}$$

通过此例题，可以看出，在同一三相电源作用下，同一负载作三角形连接时的线电流和总有功功率是作星形连接时的 3 倍。

本章小结

1. 三相电源

三相电路是由三相电源供电的三相交流电路。如果三相电源的幅值相等、频率相同、相位互差 120°，则称为对称三相电源。三相电源作星形连接时输出两种电压，并且线电压是相电压的 $\sqrt{3}$ 倍，在相位上线电压超前相应的相电压 30°；三相电源作三角形连接时只能提供一种电压，线电压等于相电压。电源的三相绕组通常作星形连接。根据需要，可采用三相三线制或三相四线制供电方式。

2. 三相负载的连接

三相负载有星形和三角形两种连接方式，当负载对称时，星形连接时每相负载承受对应电源的相电压，线电流等于相电流；三相负载作三角形连接时，每相负载承受的电压是对应电源的线电压，线电流等于相电流的 $\sqrt{3}$ 倍，并且线电流滞后相应的相电流 30°。采用哪种连接方式应视负载的额定电压及电源电压数值而定。

3. 三相电路的功率

不对称三相电路，有功功率就等于每相有功功率之和。

对称三相电路，无论负载接成星形还是三角形，其功率计算常用公式为

$$P = \sqrt{3} U_L I_L \cos \varphi$$

$$Q = \sqrt{3} U_L I_L \sin \varphi$$

$$S = \sqrt{3} U_L I_L$$

4. 三相电路的分析计算

对称三相电路分析计算时，可用单相法进行计算其中一相，其他两相根据电路对称性进行推算。不对称三相电路的分析计算，可用中点位移电压法计算。在不对称电路故障分析中可以看出，中线的作用非常重要。尤其是三相四线制不对称电路，决不允许省去或断开中线。

习　题

5-1　什么叫做对称三相电源？写出对称三相电压的瞬时值及相量表达式，并画出波形图和相量图。

5-2　对称三相电源有几种连接方法，各能输出几种电压，电压之间又有什么关系？

5-3　如何检验三相电源绕组是否正确接成三角形连接？

5-4　什么是对称三相负载，对称三相负载有哪两种连接方式，采用这两种接法的依据是什么？

5-5　什么是中性点位移，在什么情况下发生中性点位移？

5-6　在对称和不对称三相电路中，中线的作用如何？

5-7　三相电路中常见的故障有哪些？如何检查？

5-8　试画出电源三相绕组在接成星形连接时 V 相头尾接反了的电压相量图，写出它的相电压和线电压的相量式。

5-9　对称负载接成三角形，已知线电流为 25 A，求相电流，并作相量图。

5-10　有一三相负载作星形连接，每相电阻为 $R = 6\ \Omega$，$X_L = 8\ \Omega$，电源电压对称，线电压 $\dot{U}_{UV} = 380\underline{/30°}\text{V}$，求各相电流。

5-11　不对称三相负载作星形连接，已知 $Z_U = (3+j4)\Omega$，$Z_V = 10\underline{/-30°}\Omega$，$Z_W = 22\ \Omega$，对称电源的线电压为 $\dot{U}_{VW} = 380\underline{/0°}\text{V}$。求各相负载电流和中线电流，并作出相量图。

5-12　三相星形对称负载接在星形对称电源上。已知 $\dot{U}_{UV} = 380\underline{/30°}\text{V}$，$\dot{I}_V = 10\underline{/-75°}\text{A}$。求负载的电阻和电抗，并说出其是什么性质的。

5-13　在三相照明电路中，各相的电阻分别为 $R_U = 40\ \Omega$，$R_V = 40\ \Omega$，$R_W = 10\ \Omega$，将它们连接成星形接到线电压为 380 V 三相四线制电路中，各灯泡的额定电压为 220 V。试求：(1) 各相电流、线电流和中线电流。(2) 若中线因故断开，U 相灯全部关闭，V、W 两相全部在工作，这两相电流为多大？会出现什么情况？

5-14　不对称三相负载，$R_{UV} = X_{VW} = X_{WU} = 10\ \Omega$，接成三角形，电源为三相对称，其中 $\dot{U}_{UV} = 220\underline{/0°}\text{V}$，求各相和各线电流。

5-15　对称三相负载三角形连接，其各相阻抗 $Z = (29+j21.8)\Omega$，接在线电压 380 V 对称三相电源上。求线电流和相电流。若负载一相断路，重求相电流和线电流。若一端线断路，再求相电流和线电流。

5-16　已知对称三相电路，负载星形连接，负载阻抗 $Z = (165+j84)\Omega$，端线阻抗 $Z_L = (2+j1)\Omega$，中线阻抗 $Z_N = (1+j1)\Omega$，电源线电压 380 V。求负载电流和电压。

5-17　有一星形连接的三相感应电动机，接入线电压为 $U_L = 380$ V 的对称电源上。在额定输出功率 $P_N = 10\ \text{kW}$ 运行时的效率 $\eta_N = 0.9$，线电流为 $I_{LN} = 20$ A，但该电动机实际输出功率 $P = 2\ \text{kW}$，线电流 $I_L = 10.5$ A，效率仅为 $\eta = 0.6$，试分别计算上述两种情况下电动机的功率因数。

测 试 题

5－1 填空题(共 35 分)

(1) 对称三相电源是由＿＿＿＿＿＿和＿＿＿＿＿＿、＿＿＿＿＿＿的三个电压组成的。

(2) 三相交流发电机主要是由＿＿＿＿＿＿和＿＿＿＿＿＿组成。

(3) 三相电源作星形连接线时输出两种电压＿＿＿＿＿＿和＿＿＿＿＿＿,并且＿＿＿＿＿＿是＿＿＿＿＿＿$\sqrt{3}$倍,在相位上＿＿＿＿＿＿超前＿＿＿＿＿＿30°。三相电源作三角形连接线时输出一种电压,并且＿＿＿＿＿＿等于＿＿＿＿＿＿。

(4) 在实际应用中,照明系统采用＿＿＿＿＿＿电源供电,在动力系统采用＿＿＿＿＿＿电源供电;生活中常用的线电压为＿＿＿＿＿＿,相电压为＿＿＿＿＿＿,表示为＿＿＿＿＿＿。

(5) 通常三相负载的连接方法有＿＿＿＿＿＿和＿＿＿＿＿＿连接。

(6) 在三相对称负载中,三个相电流＿＿＿＿＿＿相等,相位互差＿＿＿＿＿＿。

(7) 三相正弦交流电的相序就是三相交流电在某一确定的时间内到达最大值的＿＿＿＿＿＿顺序。通常把 U－V－W 称为＿＿＿＿＿＿,电动机要反转就要改变＿＿＿＿＿＿。

(8) 如三相对称负载采用星形接线时,其线电压等于＿＿＿＿＿＿倍相电压,而线电流等于＿＿＿＿＿＿倍的相电流。

(9) 如三相对称负载采用三角形接线时,其线电压＿＿＿＿＿＿相电压,而线电流等于＿＿＿＿＿＿倍的相电流。

(10) 在三相对称电路中,已知线电压 U、线电流 I 及功率因数角 φ,则有功功率 $P=$＿＿＿＿＿＿,无功功率 $Q=$＿＿＿＿＿＿,视在功率 $S=$＿＿＿＿＿＿。

(11) 已知某电源的相电压为 6 kV,如将其接成星形连接,它的线电压等于＿＿＿＿＿＿。

(12) 当三相发电机三相绕组连成星形,其线电压为 380 V,它的相电压＿＿＿＿＿＿。

(13) 有一台三相异步电动机,额定电压为 380 V,三角形连接,若测出线电流为 30 A,那么通过每相绕组的电流等于＿＿＿＿＿＿。

5－2 判断题(共 10 分)

(1) 三相对称电动势的相量和瞬时值代数和都等于零。(   )

(2) 在三相异步电动机所连接的三相电路,中线中没有电流通过,故可以去掉。(   )

(3) 在三相对称电路中,总的有功功率等于线电压、线电流和功率因数三者相乘积的 $\sqrt{3}/3$。(   )

(4) 中线的作用在于使星形连接的不对称负载的相电压对称。(   )

(5) 在保证变压器额定电压和额定电流下,功率因数愈高,电源能够输出的有功功率就愈小,而无功功率就愈大。(   )

(6) 在三相交流发电机中,电枢是固定不动的。(   )

(7) 由于发电机的三个相电压是对称的,即三个相电压的有效值相等,频率相同。(   )

(8) 三相交流电路的功率和单相交流电路的功率一样,都有有功功率、无功功率和视在功率之分。(   )

(9) 三相电路中的线电流就是流过每根端线或火线中的电流。(   )

(10) 三相照明电路没有中线也能正常运行。(   )

5 - 3　选择题(共 20 分)

(1) 三相交流电源,如按正相序排列时,其排列顺序为(　　)。

　　A. U、V、W　　　　B. W、V、U　　　　C. V、W、U　　　　D. V、U、W

(2) 我国低压配电系统,目前普遍采用三相四线制,其线电压和相电压是(　　)。

　　A. 380/220 V　　　B. 380/110 V　　　C. 220/110 V　　　D. 36/24 V

(3) 三相对称电动势在相位上互差(　　)。

　　A. 90°　　　　　　B. 120°　　　　　　C. 150°　　　　　　D. 180°

(4) 如果电源按星形连接,那么线电压为相电压的(　　)。

　　A. $\sqrt{2}/2$　　　　　B. $\sqrt{3}/2$　　　　　C. $\sqrt{2}$　　　　　D. $\sqrt{3}$

(5) 三相异步电动机的三个尾端连接成一点,称为(　　)。

　　A. 单相连接　　　　B. 三角形连接　　　C. 星形连接

(6) 在对称三相负载三角形连接中,线电流在相位上滞后相应线电流(　　)。

　　A. 30°　　　　　　B. 60°　　　　　　　C. 90°　　　　　　D. 120°

(7) 在负载的星形连接电路中,线电流(　　)相电流。

　　A. 大于　　　　　　B. 小于　　　　　　C. 等于　　　　　　D. 等于$\sqrt{3}$倍

(8) 三相对称负载是指三相负载复数阻抗的模数及辐角都(　　)。

　　A. 相等　　　　　　B. 不等　　　　　　C. 不一致　　　　　D. 等于零

(9) 三相交流电路的有功功率、无功功率和视在功率之间的关系是(　　)。

　　A. $S=\sqrt{P^2+Q^2}$　　B. $S=P^2+Q^2$　　C. $S=\sqrt{P+Q}$　　D. $S=\sqrt{P^2-Q^2}$

(10) 对称三相交流电路,无论负载接成星形还是三角形,其有功功率计算常用公式是(　　)。

　　A. $P=\sqrt{3}U_L I_L \cos\varphi$　　B. $P=\sqrt{3}U_P I_P \cos\varphi$　　C. $P=\sqrt{3}U_P I_P$　　D. $P=\sqrt{3}U_L I_L$

5 - 4　计算题　(共 35 分)

(1) 有一台三相异步电动机负载,每相绕组的电阻 $R=32\ \Omega$,感抗 $X=24\ \Omega$,其绕组的额定电压为 220 V,试求以下两种情况下负载的相电流、线电流、有功功率、无功功率、和视在功率:① 电机绕组接成星形连接,接到一对称三相电源的线电压为 $U_L=380\ V$ 的三相电源上;② 电机绕组接成三角形连接,接到一对称三相电源的线电压为 $U_L=220\ V$ 的三相电源上。

(2) 对称三相交流电路如图 5 - 22 所示,其中 $Z_1=50\ \Omega$, $Z_2=(90+j120)\Omega$, $Z_L=j5\ \Omega$,电源线电压 380 V。试求负载电压和各负载的相电流。

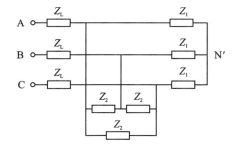

图 5 - 22　测试题 5 - 4 -(2)图

第6章 互感耦合电路

前面在讨论正弦交流电时,只考虑了线圈的自感现象,而没有考虑线圈相互之间的影响。互感耦合电路是特殊的正弦交流电路,其特殊就在于应考虑电感线圈之间具有磁耦合的影响。在实际电路中,互感耦合的应用是很多的,但基本原理是磁耦合。由于电路中存在互感,因此,它的分析和计算方法与不考虑互感时有所不同。本章将重点介绍互感与耦合系数、同名端、互感电压与电流的关系、互感线圈串并联等效电感的计算以及互感电路的分析计算方法、空心变压器与理想变压器的电路分析。

6.1 互感现象与互感电压

6.1.1 互感现象

通过如图 6-1 所示的实验来研究互感现象。线圈 1 和电位器 R_P、开关 S 串联起来后接到电源 U_S 上。线圈 2 的两端分别和灵敏电流计 G 的两个接线柱相连。当开关 S 闭合或断开的瞬间,电流计的指针发生偏转,并且指针偏转的方向相反,说明电流方向相反。当开关闭合后迅速改变电位器的阻值,电流计的指针也会左右偏转,而且阻值变化的速度越快,电流计指针偏转的角度也越大。

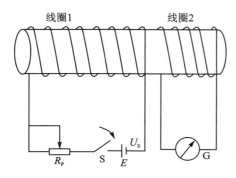

图 6-1 互感现象

实验表明,如图 6-2(a)、(b)所示的线圈 1 中的电流 i_1 发生变化时,电流产生的磁场也要发生变化,N_1 和 N_2 分别为线圈 1 的匝数和线圈 2 的匝数。当线圈 1 有电流流过时,产生的自感磁通 Φ_{11} 和自感磁通链 $\psi_{11}=N_1\Phi_{11}$。由于线圈 2 处在线圈 1 产生的磁场中,Φ_{11} 的一部分穿过了线圈 2,这一部分磁通称为互感磁通 Φ_{21},$\psi_{21}=N_2\Phi_{21}$ 称为互感磁通链。同样,在图中当线圈 2 中的电流 i_2 发生变化时,它产生的自感磁通 Φ_{22} 的一部分也要穿过线圈 1,称为互感磁通 Φ_{12}。这种由于一个线圈

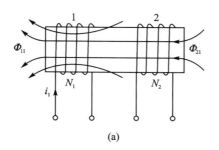

(a)

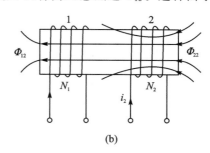

(b)

图 6-2 两个具有互感的线圈

流过电流所产生的磁通穿过另一个线圈的现象,称为磁耦合。当 i_1、i_2 的变化,引起 Φ_{21}、Φ_{12} 变化,根据电磁感应定律,线圈 1 与线圈 2 产生感应电压。这种由于一个线圈电流变化,导致另一个线圈产生感应电压的现象,称为互感现象。

为明确起见,互感磁通、磁通链、感应电压等用双下标表示。第一个代表该量所在线圈的编号,第二个代表产生该量的原因所在线圈的编号。例如 Φ_{21} 表示由线圈 1 产生的穿过线圈 2 的磁通。

互感现象在电工和电子技术中应用非常广泛,如电力变压器、电流互感器、电压互感器和中周变压器等都是根据互感原理制成的。

6.1.2 互感系数和耦合系数

1. 互感系数

在图 6-2 所示线圈中,在介质为非铁磁性材料,线圈中电流产生的磁通与电流成正比,当匝数一定时,磁通链也与电流大小成正比。选择电流的参考方向和磁通的参考方向满足右手螺旋定则关系时,则可得

$$\Psi_{21} \propto i_1$$

设比例系数为 M_{21},则

$$\Psi_{21} = M_{21} i_1$$

或

$$M_{21} = \frac{\Psi_{21}}{I_1} \tag{6-1}$$

M_{21} 就称为线圈 1 对线圈 2 的互感系数,简称互感。

同理,线圈 2 对线圈 1 的互感为

$$M_{12} = \frac{\Psi_{12}}{I_2}$$

理论和实验证明,$M_{12}=M_{21}$。今后讨论时无须区分 M_{12} 和 M_{21},统一用两线圈间的互感系数 M 表示,即

$$M = M_{21} = M_{12}$$

在国际单位制(SI)中,互感 M 和自感 L 有相同的单位是亨(H),常用单位还有毫亨(mH)和微亨(μH)。互感的大小反映了一个线圈在另一个线圈中产生磁通链的能力,线圈间的互感 M 取决于两个耦合线圈的几何尺寸、匝数以及它们之间的相对位置和磁介质。当磁介质是非铁磁性物质时 M 是常数,当磁介质是铁磁性物质时 M 不是常数,本章讨论的互感系数 M 均为常数。

2. 开路电压法测定互感系数

如图 6-3 所示,在一个线圈两端施加一工频正弦电压,测出电流 I_1;另一端线圈开路,测出开路电压 U_{20},通过计算可得出互感系数 $M = \dfrac{U_{20}}{\omega I_1}$,其中 ω 为电源的频率。在线圈电阻不能忽

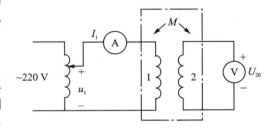

图 6-3　开路法测定互感系数

略时先测线圈电阻,然后计算。

3. 互感耦合系数

工程中常用耦合系数 k 表示两个线圈磁耦合的紧密程度。两个耦合线圈的电流所产生的磁通,一般情况下,只有部分交链。两耦合线圈相互交链的磁通越大,说明两个线圈耦合越紧密。耦合系数定义为

$$k = \frac{M}{\sqrt{L_1 L_2}} \tag{6-2}$$

因为

$$L_1 = \frac{\Psi_{11}}{I_1} = N_1 \frac{\Phi_{11}}{I_1}$$

$$L_2 = \frac{\Psi_{22}}{I_1} = N_2 \frac{\Phi_{22}}{I_2}$$

$$M_{12} = \frac{\Psi_{12}}{I_2} = N_1 \frac{\Phi_{12}}{I_2}$$

$$M_{21} = \frac{\Psi_{21}}{I_1} = N_2 \frac{\Phi_{21}}{I_1}$$

所以

$$k = \sqrt{\frac{M_{12} M_{21}}{L_1 L_2}} = \sqrt{\frac{\Psi_{12} \Psi_{21}}{\Psi_{11} \Psi_{22}}} = \sqrt{\frac{\Phi_{12} \Phi_{21}}{\Phi_{11} \Phi_{22}}}$$

而 $\Phi_{21} \leqslant \Phi_{11}$,$\Phi_{12} \leqslant \Phi_{22}$,所以

$$\begin{cases} 0 \leqslant k \leqslant 1 \\ 0 \leqslant M \leqslant \sqrt{L_1 L_2} \end{cases} \tag{6-3}$$

由于互感磁通是自感磁通的一部分,所以 $k \leqslant 1$。当 k 接近零时,为弱耦合;k 近似为 1 时为强耦合;$k=1$ 时,称两个线圈为全耦合,此时自感磁通全部为互感磁通。

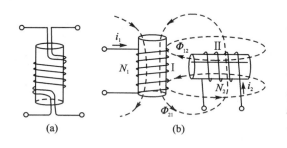

图 6 - 4 相对位置不同的耦合线圈

两个线圈之间的耦合程度或系数的大小与线圈的结构、两个线圈的相互位置以及周围磁介质的性质有关。如果两个线圈靠得很紧密或紧密地绕在一起,如图 6 - 4(a)所示,则 k 值可能接近于 1;反之,它们相隔很远,则 k 值就很小,如图 6 - 4(b)所示,k 值可能接近于零。由此可见,改变或调整两线圈的相互位置可以改变耦合系数的大小,即当 L_1、L_2 一定时,改变两线圈的相互位置也就相应地改变互感 M 的大小。应用这种原理可制作可变电感器。

在电力电子技术中,为了利用互感原理有效地传输能量或信号,总是采用极紧密的耦合,使 k 值尽可能的接近于 1,通过合理地绕制线圈和采用铁磁材料作为磁介质可以实现这一目的,使 k 值尽可能地接近于 1;但在控制电路或仪表线路中,为了避免干扰,若要尽量减小互感的影响,除合理地布置这些线圈的相互位置外,还可以采用磁屏蔽措施。

6.1.3　互感电动势和互感电压

1. 互感电动势

在图 6-2 所示互感现象中,线圈中产生的电动势称为互感电动势。用 e_{12} 和 e_{21} 分别表示线圈 1 和线圈 2 中产生的互感电动势。线圈 2 中的互感电动势 e_{21} 的大小不仅与线圈 1 中的电流变化率有关,而且与两个线圈的结构以及两个线圈间的相对位置有关。根据法拉第电磁感应定律,当线圈 1 中的电流变化时,在线圈 2 中产生的互感电动势为

$$e_{21} = \frac{\mathrm{d}\Psi_{21}}{\mathrm{d}t} = -M_{21}\frac{\mathrm{d}i_1}{\mathrm{d}t}$$

同理,当线圈 2 中的电流变化时,在线圈 1 中产生的互感电动势为

$$e_{12} = -\frac{\mathrm{d}\Psi_{12}}{\mathrm{d}t} = -M_{12}\frac{\mathrm{d}i_2}{\mathrm{d}t} \tag{6-4}$$

这表明线圈中互感电动势的大小与互感系数和另一线圈中的电流的变化率乘积成正比,互感电动势的方向用楞次定律来判定。

2. 互感电压

在图 6-2 互感现象中,一个线圈电流的变化在另一个线圈两端产生的电压,就称为互感电压。用 u_{21} 和 u_{12} 分别表示线圈 1 中电流的变化在线圈 2 两端产生的感应电压和线圈 2 中电流的变化在线圈 1 两端产生的感应电压。互感电压与互感磁通链的关系也符合电磁感应定律。选择互感电压和互感磁通链两者的参考方向为右手螺旋关系时,就有因线圈 1 中电流的变化在线圈 2 中产生的互感电压为

$$u_{21} = \frac{\mathrm{d}\Psi_{21}}{\mathrm{d}t} = M_{21}\frac{\mathrm{d}i_1}{\mathrm{d}t}$$

同样,因线圈 2 中电流的变化在线圈 1 中产生的互感电压为

$$u_{12} = \frac{\mathrm{d}\Psi_{12}}{\mathrm{d}t} = M_{12}\frac{\mathrm{d}i_2}{\mathrm{d}t} \tag{6-5}$$

互感电压和互感电动势的关系为

$$u_{21} = -e_{21}, \quad u_{12} = -e_{12}$$

由式(6-5)可知,互感电压的大小取决于电流的变化率。当 $\frac{\mathrm{d}i}{\mathrm{d}t} > 0$ 时,互感电压为正值,表示互感电压的实际方向与参考方向一致。当 $\frac{\mathrm{d}i}{\mathrm{d}t} < 0$ 时,互感电压为负值,表示互感电压的实际方向与参考方向相反。

当两线圈中通过的电流为正弦交流电时,如 $i_1 = I_{1m}\omega\sin t$, $i_2 = I_{2m}\sin\omega t$ 则

$$u_{21} = -e_{21} = M\frac{\mathrm{d}i_1}{\mathrm{d}t} = M\frac{\mathrm{d}(I_{1m}\sin\omega t)}{\mathrm{d}t} =$$

$$\omega M I_{1m}\cos\omega t = \omega M I_{1m}\sin\left(\omega t + \frac{\pi}{2}\right)$$

同理,有

$$u_{12} = -e_{12} = \omega M I_{2m}\sin\left(\omega t + \frac{\pi}{2}\right)$$

u_{21} 较 i_1 超前 $90°$;u_{12} 较 i_2 超前 $90°$。

互感电压也可用相量表示为

$$\dot{U}_{21} = j\omega M \dot{I}_1 = jX_M \dot{I}_1$$

$$\dot{U}_{12} = j\omega M \dot{I}_2 = jX_M \dot{I}_2 \qquad (6-6)$$

式中,$X_M = \omega M$ 具有感抗的性质,称为互感抗,单位与感抗的相同,因此也是欧姆(Ω)。

6.2 互感线圈的同名端

在物理学中讲述电磁感应定律时,曾讨论过感应电压的参考方向和实际方向。不仅要求给出电流方向和它的变化趋势(增大或减小),而且还必须给出线圈的实际绕制方向。而在实际情况下,线圈往往是密封的,看不到绕向的,要在电路图中画出实际绕制方向是很不方便的,这时就无法用右手螺旋定则来判定。只要给互感线圈指出同名端,在给定电流方向之后,互感电压的参考方向是不难标定的。

6.2.1 互感线圈的同名端概述

当两个线圈同时有电流流入时,每个线圈中产生的自感磁通与互感磁通的方向一致(即两个磁通互相加强),则把流入电流的两个端钮就称为同名端。同名端通常用相同的符号"·"或"＊"标记。由于不标记的另外两个端钮也是同名端,因此为了便于区别,仅在两个线圈的一对同名端用标记标出,另一对则不需标注。在图6-5(a)中,线圈1的1端和线圈2的2端都为电流流入的端钮,则这两端为同名端;另外两端1′和2′也是一对同名端。由此可知带标记端和不带标记端就称为异名端,如图6-5中1端和2′端、2端和1′端是异名端。

采用同名端标记后就不画出两个互感线圈的实际绕向了,就可以用如图6-5(b)所示的电路模型符号来表示。其中"·"号表示它们的同名端,两线圈的自感分别为L_1、L_2,M为互感。

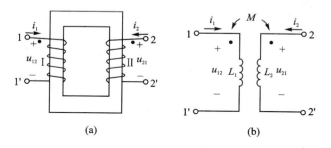

图6-5 互感线圈的同名端

6.2.2 同名端的测定

1. 利用定义直接判定

如果已知磁耦合线圈的实际绕向及相对位置时,同名端就很容易利用其概念进行判定。如图6-5所示。

2. 直流判定法

实际的磁耦合线圈的绕向一般是无法确定的,因此同名端就很难判别。在生产实践中经常用实验的方法来进行同名端的判断。

实验测定同名端的方法常用直流法,其接线方式如图6-6所示,其中U_s为直流电源。当开关 S 突然接通瞬间,与 U_S 相连接的线圈中有电流流入且增加,若此时直流电压表指针正偏(不必读取指示值),则电压表"+"接线柱所接线圈端钮 3 和另一个线圈接电源正极的端钮 1 为同名端。反之,电压表指针反偏,则电压表"-"接线柱所接线圈端钮 4 与另一线圈接电源的正极的端钮 1 为同名端。

3. 交流判定法

依据互感线圈串联原理(在后面第 3 节讲互感线圈的串联)来测定同名端,在工程上应用更为广泛。如图 6-7 所示,两个线圈实际绕向未知,一个接交流电源,其电压有效值为 U_1,将 1、3 相连,用电压表测 2、4 端电压 U_2,若 $U_2 > U_1$,说明两线圈顺向串联,1、3 为异名端,1、4 为同名端;若 $U_2 < U_1$,说明两个线圈反向串联,1、3 为同名端。如果没有电压表,用白炽灯代替,其道理一样;但要做两次实验,白炽灯较亮时,两线圈顺串,白炽灯较暗时为反串。

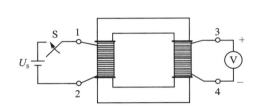 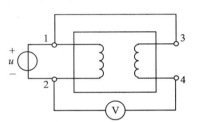

图 6-6　直流法判定同名端　　　图 6-7　交流法判定同名端

同名端的标定实际上反映了互感线圈的绕制方向和相对位置。因此判别同名端不仅在理论分析中很重要,在实际应用中也非常重要。如变压器使用中,经常根据需要用同名端标明各线圈的绕向关系。在电子技术中广泛应用的互感线圈,也必须考虑互感线圈的同名端。

例 6-1　电路如图 6-8 所示,试判断同名端。

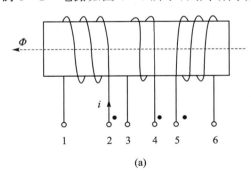 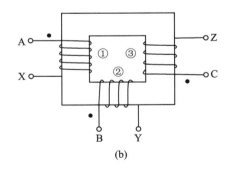

(a)　　　　　　　　　　(b)

图 6-8　例 6-1 图

解　在图 6-8(a)、(b)中,已知线圈的绕向,根据同名端定义,可知在图(a)中 2、4、5 为同名端,或 1、3、6 为同名端。在图(b)中 A、B、C 为同名端,或 X、Y、Z 为同名端。

有了同名端定义后,就可以用以前讲过的关于感应电压参考方向的规定来标定互感电压的参考方向。在图 6-5 中,线圈①中的电流是从同名端流到异名端,在线圈②中产生的互感电压 u_{21} 是由同名端指向异名端。可见互感电压与产生它的电流对同名端的参考方向一致。

例 6-2　如图 6-5(b)所示电路中,两线圈之间的互感 $M = 0.012\ 5$ H,$i_2 = 10\sin(800t + 30°)$ A,试求互感电压 u_{12}。

解 因为

$$u_{12} = M \frac{\mathrm{d}i_2}{\mathrm{d}t}$$

利用相量关系,则

$$\dot{I}_2 = \frac{10}{\sqrt{2}} \angle 30° \text{ A}$$

$$\dot{U}_{12} = \mathrm{j}\omega M \dot{I}_2 = \mathrm{j}X_{\mathrm{M}} \dot{I}_2 = \mathrm{j}800 \times 0.012\,5 \times \frac{10}{\sqrt{2}} \angle 30° \text{ V} = \frac{100}{\sqrt{2}} \angle 120° \text{ V}$$

根据求得的相量写出对应的正弦量为

$$u_{12} = 100\sin(800t + 120°) \text{ V}$$

6.3 互感电路的计算

在计算具有互感的正弦电路时,电压平衡、相量法、基尔霍夫定律仍然适用,在列写基尔霍夫第一定律方程式时形式不变,但列电路的电压方程时,应加上由于互感作用而引起的互感电压。当某些支路之间具有互感时,则这些支路的电压将不仅与本支路的电流有关,同时还与其他与之有互感关系的支路电流有关。因此在分析与计算有互感的电路时,应注意其特殊性。

6.3.1 互感线圈的串联

由于同名端的存在,具有互感的两个线圈串联的电路,就有两种接法:即一种是顺向串联,另一种是反向串联。下面分别进行计算分析:

1. 互感线圈顺向串联

如图 6 - 9 所示。把两线圈的异名端相连,此时两个线圈流过同一电流,且电流都是由线圈的同名端流入(或流出),这种连接方式称为顺向串联。简称顺串。根据基尔霍夫电压定律,当电流与电压参考方向如图所示时,则在正弦交流电路只有

$$\dot{U}_1 = \dot{U}_{R1} + \dot{U}_{L1} + \dot{U}_{12} = R_1 \dot{I} + \mathrm{j}\omega L_1 \dot{I} + \mathrm{j}\omega M \dot{I}$$

$$\dot{U}_2 = \dot{U}_{R2} + \dot{U}_{L2} + \dot{U}_{21} = R_2 \dot{I} + \mathrm{j}\omega L_2 \dot{I} + \mathrm{j}\omega M \dot{I}$$

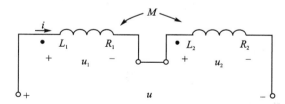

图 6 - 9 互感线圈顺向串联

串联后电路两端总电压为

$$\dot{U} = \dot{U}_1 + \dot{U}_2 = (R_1 + R_2)\dot{I} + \mathrm{j}\omega(L_1 + L_2 + 2M)\dot{I} = (R + \mathrm{j}\omega L_{\mathrm{S}})\dot{I}$$

其中

$$R = R_1 + R_2$$

$$L_{\mathrm{S}} = L_1 + L_2 + 2M \tag{6-7}$$

这里的 L_{S} 为线圈顺向串联时的等效电感,也就是说可以用一个电感为 L_{S} 的线圈来代替

原来串联的两个有互感的线圈。

2. 互感线圈反向串联

如图 6-10 所示,把两个线圈的同名端相连,此时电流都是由线圈的异名端流入(或流出),这种连接方式称为反向串联,简称反串。电流电压按习惯参考方向如图中所示,则在正弦交流电路中有

$$\dot{U}_1 = \dot{U}_{R1} + \dot{U}_{L1} - \dot{U}_{12} = R_1\dot{I} + j\omega L_1\dot{I} - j\omega M\dot{I}$$

$$\dot{U}_2 = \dot{U}_{R2} + \dot{U}_{L2} - \dot{U}_{21} = R_2\dot{I} + j\omega L_2\dot{I} - j\omega M\dot{I}$$

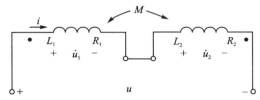

图 6-10　互感线圈反向串联

串联后电路两端总电压为

$$\dot{U} = \dot{U}_1 + \dot{U}_2 = (R_1 + R_2)\dot{I} + j\omega(L_1 + L_2 - 2M)\dot{I}$$

$$\dot{U} = (R + j\omega L_F)\dot{I}$$

其中

$$R = R_1 + R_2$$

$$L_F = L_1 + L_2 - 2M \tag{6-8}$$

这里的 L_F 为线圈反向串联时的等效电感,也就是说可以用一个电感为 L_F 的线圈来代替原来串联的两个有互感的线圈。

由式 $L = L_1 + L_2 \pm 2M$ 可以看出当互感线圈顺向串联时,等效电感增加;反向串联时等效电感减小,有削弱电感的作用。利用这个结论,通过实验方法可以判别两个线圈的同名端。由于互感磁通是自感磁通的一部分,所以 $(L_1 + L_2) > 2M$,因此整个电路仍为感性。

根据式 $L_S = L_1 + L_2 + 2M$ 和 $L_F = L_1 + L_2 - 2M$ 可以求出两线圈的互感为

$$M = \frac{L_S - L_F}{4} \tag{6-9}$$

例 6-3　已知两个线圈,$L_1 = 1$ H,$L_2 = 2$ H,$M = 0.5$ H,$R_1 = R_2 = 2$ kΩ,反向串联在电压为 $u_S = 100\sqrt{2}\sin 1\,500t$ V,试求:(1) 反向串联后的等效电感 L_F;(2) 电流 i。

解　(1) $L_F = L_1 + L_2 - 2M = (1 + 2 - 2 \times 0.5)$ H = 2 H

(2) 利用相量关系

$$Z = (R_1 + R_2) + j\omega(L_1 + L_2 - 2M) = (4\,000 + j1\,500 \times 2)\ \Omega =$$
$$(4\,000 + j3\,000)\ \Omega = 5\,000\underline{/36.9°}\ \Omega$$

又因为 $\dot{U} = 100\underline{/0°}$ V,所以

$$\dot{I} = \frac{\dot{U}_S}{Z} = \frac{100\underline{/0°}}{5\underline{/36.9°}}\ \text{mA} = 20\underline{/-36.9°}\ \text{mA}$$

$$i = 20\sqrt{2}\sin(1\,500t - 36.9°)\ \text{mA}$$

6.3.2 互感线圈的并联

1. 互感线圈的并联

两个互感线圈并联时,也有两种情况,一种是两个线圈同名端相连,称顺向并联,简称顺并。如图6-11(a)所示;另一种为两个线圈的异名端相连,称反向并联,简称反并,如图6-11(b)所示。

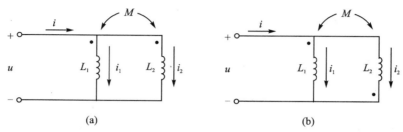

图6-11 互感线圈的并联

当选择电流为图示参考方向时,则在正弦电路中有

$$\dot{I} = \dot{I}_1 + \dot{I}_2$$
$$\dot{U} = j\omega L_1 \dot{I}_1 \pm j\omega M \dot{I}_2$$
$$\dot{U} = j\omega L_2 \dot{I}_2 \pm j\omega M \dot{I}_1$$

式中互感电压前的正号对应于顺并,负号对应于反并。求解可得并联电路的等效复阻抗 Z 为

$$Z = \frac{\dot{U}}{\dot{I}} = j\omega \frac{L_1 L_2 - M^2}{L_1 + L_2 \mp 2M} = j\omega L$$

L 为两个线圈并联后的等效电感,即

$$L = \frac{L_1 L_2 - M^2}{L_1 + L_2 \mp 2M} \tag{6-10}$$

2. 可变电感器和无感线圈

通过对两线圈串联、并联电路的分析,也进一步证实了,互感线圈的互感与两线圈的相对位置有很大的关系。不难想出,为了改变线圈的电感,只要改变两互感线圈的相对位置就行了,这样就制成了可变电感器,如图6-12所示,外面为固定线圈①,内部为可绕轴旋转180°的

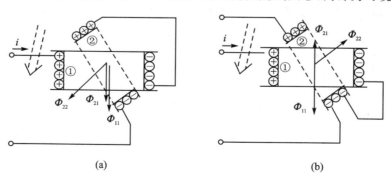

图6-12 可变电感器

可动线圈②,将两线圈串联,当线圈②旋至图(a)位置时,相当于两线圈顺向串联,当线圈②旋至图(b)位置时,相当于两线圈反向串联。根据前面的分析可知,可变电感器的两个线圈,顺串时的总电感为 $L_S = L_1 + L_2 + 2M$;反串时的总电感为 $L_S = L_1 + L_2 - 2M$。为了将线圈从顺串变为反串,并不需要将线圈改接,只要将其中一个线圈转到相应的位置,使两个线圈产生的磁通方向相反就可以了。这样,旋转一个线圈,就可以平稳而连续地改变可变电感器的电感。从顺接时耦合系数 $k=1$ 的电感最大值 $L_{\max} = L_1 + L_2 + 2M$ 变化到反接时的最小值 $L_{\min} = L_1 + L_2 - 2M$,显然,总电感值不可能为负,当 $L_1 = L_2 = M$ 的两个线圈串联时可使总电感 $L=0$。这就启发人们,可以制造无电感线圈。在制造无电感线圈时,为了消除电感,就可以用一根电阻丝对折成双线用如图 6-13 所示绕法制作。

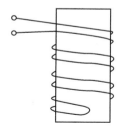

图 6-13　无感绕法

6.3.3　互感消去法

当两个耦合线圈既不是串联也不是并联且有一个公共端时(见图 6-14(a)),有

$$\dot{U}_1 = \mathrm{j}\omega L_1 \dot{I}_1 \pm \mathrm{j}\omega M \dot{I}_2$$

$$\dot{U}_2 = \mathrm{j}\omega L_2 \dot{I}_2 \pm \mathrm{j}\omega M \dot{I}_1$$

变量代换、整理,可得如下方程式

$$\dot{U}_1 = \mathrm{j}\omega L_1 \dot{I}_1 \pm \mathrm{j}\omega M(\dot{I} - \dot{I}_1) = \mathrm{j}\omega(L_1 \mp M)\dot{I}_1 \pm \mathrm{j}\omega M \dot{I}$$

$$\dot{U}_2 = \mathrm{j}\omega L_2 \dot{I}_2 \pm \mathrm{j}\omega M(\dot{I} - \dot{I}_2) = \mathrm{j}\omega(L_2 \mp M)\dot{I}_2 \pm \mathrm{j}\omega M \dot{I}$$

因此,用图 6-14(b)所示无互感的电路可等效替代图 6-14(a)所示互感电路。图 6-14(b)所示就称为图 6-14(a)的去耦等效电路,即消去互感后的等效电路。用去耦等效电路来分析求解互感电路的方法,称为互感消去法。当 1 和 2 为同名端时,取式中的正号,当 1 和 2 为异名端时,取式中的负号。同时应注意,去耦等效电路仅仅对外电路等效。一般情况下消去互感后,节点将增加。

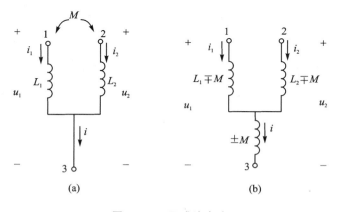

(a)　　　　　　　　　　　(b)

图 6-14　互感消去法

$$6.4 \quad 空心变压器$$

变压器是利用互感原理来实现能量传输和信号传递的电器设备。工程上常用的变压器，根据支撑线圈的骨架可分为铁芯变压器和空心变压器。空心变压器实际上就是由两个具有互感的线圈组成的，把这两个线圈绕在由非铁磁材料制成的骨架上就构成了空心变压器。其中一个线圈与电源相连接，称为一次侧绕组或原边；另一个线圈与负载相连接，称为二次侧绕组或副边。空心变压器在测量设备和无线电、电视机和通信电路中获得广泛应用。

图 6-15 为空心变压器的电路模型。图中与电源相连的为一次侧绕组，R_1、L_1 表示它的电阻和电感。与负载相连的绕组为二次侧，R_2、L_2 分别表示它的电阻和电感。M 为两线圈的互感，R_1、L_1、R_2、L_2 是变压器的参数。R_L、X_L 为负载电阻和电抗。一般情况下可以忽略一、二次侧绕组间的匝间电容。

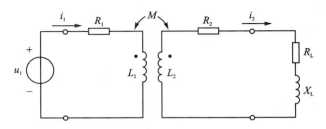

图 6-15　空心变压器电路模型

在电源电压 u_1 为正弦交流电压，按图中所标电流、电压参考方向和线圈的同名端，应用基尔霍夫 KVL 可以列出一次侧和二次侧回路电压方程为

$$R_1 \dot{I}_1 + j\omega L_1 \dot{I}_1 - j\omega M \dot{I}_2 = \dot{U}_1$$

$$R_2 \dot{I}_2 + j\omega L_2 \dot{I}_2 - j\omega M \dot{I}_1 + (R_L + jX_L)\dot{I}_2 = 0$$

$$(R_1 + j\omega L_1)\dot{I}_1 - j\omega M \dot{I}_2 = \dot{U}_1$$

$$(R_2 + j\omega L_2 + R_L + jX_L)\dot{I}_2 - j\omega M \dot{I}_1 = 0$$

令 $Z_{11} = R_1 + j\omega L_1$，$Z_{22} = R_2 + j\omega L_2 + R_L + jX_L = R_{22} + jX_{22}$

$$Z_{12} = Z_{21} = -j\omega M = -jX_M$$

其中 $R_{22} = R_2 + R_L$，$X_{22} = \omega L_2 + X_L$。

则有
$$Z_{11}\dot{I}_1 + Z_{12}\dot{I}_2 = \dot{U}_1$$

$$Z_{22}\dot{I}_2 + Z_{21}\dot{I}_1 = 0$$

求解上述方程可得

$$\dot{I}_1 = \frac{\dot{U}_1}{Z_{11} + \dfrac{(\omega M)^2}{Z_{22}}}$$

$$\dot{I}_2 = -\frac{Z_{21}\dot{I}_1}{Z_{22}} = j\frac{\omega M}{Z_{22}}\dot{I}_1$$

由上式可求得空心变压器的输入阻抗为

$$Z_1 = \frac{\dot{U}_1}{\dot{I}_1} = Z_{11} + \frac{(\omega M)^2}{Z_{22}} = Z_{11} + Z'_1$$

其中

$$Z'_1 = \frac{(\omega M)^2}{Z_{22}} = \frac{(\omega M)^2}{R_2 + R_L + \mathrm{j}(\omega L_2 + X_L)} = \frac{(\omega M)^2}{R_{22} + \mathrm{j}X_{22}}$$

Z'_1 称为二次侧回路反射到一次侧回路的反射阻抗。由此可知,虽然一次侧回路和二次侧次级回路没有直接的电的连接,但由于互感作用使闭合的二次侧电路中产生了二次侧电流,该电流又反过来影响了一次侧回路,从一次侧回路看来,二次侧回路的作用可以看做是在一次侧回路中增加了一个阻抗,这个阻抗称为反射阻抗。将有关数值代入 Z_1,通过整理得

$$Z_1 = Z_{11} + Z'_1 = R_1 + \mathrm{j}X_1 + \frac{X_M^2}{R_{22} + \mathrm{j}X_{22}} =$$

$$R_1 + \frac{X_M^2}{R_{22}^2 + X_{22}^2}R_{22} + \mathrm{j}\left(X_1 - \frac{X_M^2}{R_{22}^2 + X_{22}^2}X_{22}\right) \qquad (6-11)$$

从式 $(6-11)$ 可以看出,两个耦合回路可用一个等效电路来代替它。将二次侧回路的影响反射到一次侧回路而得到的等效回路是一次侧等效电路,其等效电阻为 $R'_1 = \frac{X_M^2}{R_{22}^2 + X_{22}^2}R_{22}$,称为反射电阻。等效电抗为 $X'_1 = \frac{X_M^2}{R_{22}^2 + X_{22}^2}X_{22}$,称为反射电抗。则反射阻抗为 $Z'_1 = R'_1 + \mathrm{j}X'_1$。

由反射电阻的表达式可知,等效电阻大于一次侧回路的电阻,这是因为二次侧回路反射到一次侧回路要消耗能量的缘故。

从反射电抗的表达式可知,若 $X_{22} > 0$,即二次侧回路呈感性,则反射到一次侧的电抗为负值,反射到一次侧以后相当于一个容抗的作用,即为容性;否则,若 $X_{22} < 0$,二次侧回路呈容性,反射到一次侧回路的电抗为正值,说明反射到一次侧回路之后相当于一个感抗的作用,说明一次侧回路呈感性。空心变压器一次侧的等效电路如图 $6-16(\mathrm{a})$ 所示,二次侧的等效电路如图 $6-16(\mathrm{b})$ 所示。

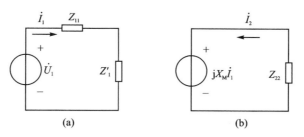

图 6 - 16 空心变压器一、二次侧等效电路

由于反射阻抗的存在,当二次侧开路时,$R_L = \infty$,$Z'_1 = 0$,这时二次侧对一次侧没有影响,一次侧电流 $\dot{I}_1$ 只取决于自己回路的电阻 R_1 和电抗 $\mathrm{j}\omega L_1$。当二次侧短路时,$-\mathrm{j}X'_1$ 在很大程度上抵消了一次侧的 $\mathrm{j}\omega L_1$,因此 $\dot{I}_1$ 将增加很多。可见变压器二次侧负载的变化将通过互感影响一次侧。

例 6 - 5 图 $6-16$ 所示的空心变压器等效电路中,已知其参数为:$R_1 = 5\ \Omega$,$L_1 = 0.3\ \mathrm{H}$,$R_2 = 15\ \Omega$,$L_2 = 1.2\ \mathrm{H}$,$M = 0.5\ \mathrm{H}$,$U_1 = 10\ \mathrm{V}$,$R_L = 100\ \Omega$,$X_L = 0\ \Omega$。求:(1) 一次侧和二次侧

电流 $\dot{I}_1$ 和 $\dot{I}_2$；（2）负载两端的电压 U_2 及变压器的效率。

解 （1）$\omega L_1 = 2 \times 50 \times 0.3\ \Omega = 30\ \Omega$，$\omega L_2 = 2 \times 50 \times 1.2\ \Omega = 120\ \Omega$，$\omega M = 2 \times 50 \times 0.5\ \Omega = 50\ \Omega$，$\dot{U}_1 = 10\underline{/0^\circ}$ V，将已知数值代入电压方程式

$$(R_1 + j\omega L_1)\dot{I}_1 - j\omega M \dot{I}_2 = \dot{U}_1$$

$$(R_2 + j\omega L_2 + R_L + jX_L)\dot{I}_2 - j\omega M \dot{I}_1 = 0$$

得出

$$(5 + j30)\dot{I}_1 - j50 \dot{I}_2 = \dot{U}_1$$

$$(115 + j120)\dot{I}_2 - j50 \dot{I}_1 = 0$$

解方程得

$$\dot{I}_1 = \frac{115 + j120}{j50}\dot{I}_2 = \frac{166\underline{/46.2^\circ}}{50\underline{/90^\circ}}\dot{I}_2 = 3.32\underline{/-43.8^\circ}\dot{I}_2$$

代入第一方程可得

$$3.32\underline{/-43.8^\circ}(5 + j30)\dot{I}_2 - j50 \dot{I}_2 = 10$$

$$\dot{I}_2 = \frac{10}{81.7\underline{/7.3^\circ}}\ \text{A} = 0.122\underline{/-7.3^\circ}\ \text{A}$$

那么就有

$$\dot{I}_1 = 3.32\underline{/-43.8^\circ} \times 0.122\underline{/-7.3^\circ}\ \text{A} = 0.4\underline{/-51.1^\circ}\ \text{A}$$

（2）负载端电压及变压器效率为

$$U_2 = I_2 R_L = 0.122 \times 100\ \text{V} = 12.2\ \text{V}$$

$$\eta = \frac{I_2^2 R_L}{I_1^2 R_1 + I_2^2 (R_2 + R_L)} = 58.8\%$$

6.5　理　想　变　压　器

6.5.1　理想变压器的定义

在研究和分析问题时为了突出主要矛盾，使问题的分析研究简单化和理想化，经常根据实际情况加以修改或补充。所谓的理想变压器，就是将实际的铁芯变压器忽略了漏磁通的一种无损耗、全耦合的变压器。理想变压器应满足以下三个条件：（1）耦合系数 $k = 1$，即无漏磁通，全耦合；（2）自感系数 L_1、L_2 为无穷大且 L_1/L_2 等于常数；（3）无损耗，既不消耗能量，也不储存能量。这三个条件在工程实际中永远不可能达到，但为了实际变压器的性能接近理想变压器，通常采用两种措施：一是应用高磁导率的铁磁材料做理想变压器的铁芯；二是变压器的一次侧、二次侧绕组尽量紧密耦合，使耦合系数接近 1。理想变压器的电路符号如图 6-17 所示，描述它的参数只有一个称之为变比的常数 n，而不再是 L 和 M 等参数了。

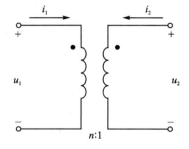

图 6-17　理想变压器

6.5.2　理想变压器的作用

理想变压器的主要作用有变换电压、变换电流、变换阻抗的作用。现在就一一分析。

1. 电压变换

图 6-18 所示为一铁芯变压器，N_1、N_2 分别表示理想变压器的一次侧、二次侧绕组的匝数。线圈电阻忽略不计，且由于理想变压器铁芯的导磁性能很高，可以忽略漏磁的影响，因而

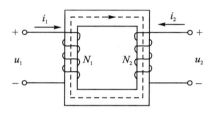

图 6-18　铁芯变压器

可以认为电流所产生的磁通全部集中在铁芯中，与所有线圈相交链。6.4 节应用互感 M 分析了二次侧对一次侧的影响，现在用变压器一次侧、二次侧绕组匝数 N_1、N_2 之间的关系来研究二次侧对一次侧的影响。若铁芯内磁通为 Φ，同时全部穿过了二次侧绕组，根据电磁感应定律，对应于图示参考方向下，在两个绕组中由于磁通变化都感应出了电压，分别为

$$u_1 = N_1 \frac{\mathrm{d}\phi}{\mathrm{d}t}$$

$$u_2 = N_2 \frac{\mathrm{d}\phi}{\mathrm{d}t}$$

于是可得出理想变压器的由压关系为

$$\frac{u_1}{u_2} = \frac{N_1}{N_2} = n$$

若磁通按正弦规律变化，就可得

$$\dot{U}_1 = \mathrm{j}\omega\phi N_1$$

$$\dot{U}_2 = \mathrm{j}\omega\phi N_2$$

则

$$\frac{\dot{U}_1}{\dot{U}_2} = \frac{N_1}{N_2} = n \qquad \text{或} \qquad U_1 = nU_2 \text{（有效值）} \tag{6-12}$$

式中，n 为变压器的变比，也称为电压比，它等于一次侧绕组匝数与二次侧绕组匝数之比，是一个常数。

根据式（6-12）可知，当 $n>1$，则 $N_1>N_2$，$U_1>U_2$，这样的变压器为降压变压器；反之，当 $n<1$，则 $N_1<N_2$，$U_1<U_2$，这样的变压器为升压变压器；在实际应用中，变压器的二次侧输出电压可在小范围内调节，二次侧绕组留有抽头，换接不同的抽头，可获得不同数值的输出电压。

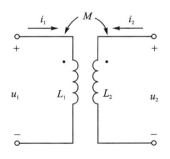

图 6-19　理想变压器的互感电路模型

2. 电流变换

根据理想变压器满足的三个条件，由图 6-19 所示互感电路模型，可得

$$\dot{U}_1 = j\omega L_1 \dot{I}_1 + j\omega M \dot{I}_2$$

$$\dot{U}_2 = j\omega L_2 \dot{I}_2 + j\omega M \dot{I}_1$$

因为全耦合，$k=1$，所以 $M=\sqrt{L_1 L_2}$，代入上式联立求解可得

$$\frac{\dot{U}_1}{\dot{U}_2} = \sqrt{\frac{L_1}{L_2}} = n$$

可得

$$\dot{I}_1 = \frac{\dot{U}_1}{j\omega L_1} - \sqrt{\frac{L_2}{L_1}}\dot{I}_2$$

因为 $L_1 \to \infty$，$L_2 \to \infty$ 故

$$\frac{\dot{I}_1}{\dot{I}_2} = -\sqrt{\frac{L_2}{L_1}} = \frac{1}{n} \quad 或 \quad \dot{I}_2 = -n\dot{I}_1 \qquad (6-13)$$

即 $I_2 = nI_1$（有效值）

$$\frac{I_1}{I_2} = \frac{U_2}{U_1} = \frac{N_2}{N_1} = \frac{1}{n}$$

式(6-12)、式(6-13)是根据电压、电流的参考方向确定的，当两端口电压参考方向对同名端一致时，关系式为正，否则为负号；当两端口电流参考方向对同名端一致时，关系式为负，否则为正号。

变压器负载工作时，一次侧、二次侧的电流有效值 I_1 和 I_2 与它们的匝数成反比。变压器有变换电流的作用，它在变换电压的同时也变换电流。

由于理想变压器是对互感线圈的一种理想化抽象，所以理想变压器的电路符号与互感线圈的电路符号相同，但是电路分析时可以从参数的标注来判断为何种元件。理想变压器不消耗能量，仅起参数变换的作用。理想变压器的瞬时功率恒等于零，即

$$p = u_1 i_1 + u_2 i_2 = u_1 i_1 + n u_1 \left(-\frac{1}{n}i_1\right) = 0$$

3. 阻抗变换

理想变压器负载运行时具有变流作用。而负载阻抗 Z_L 又决定电流 I_2 的大小，电流 I_2 的大小又决定一次侧电流 I_1 的大小。可设想一次侧电路存在一个等效阻抗 Z_1，它的作用是将二次侧阻抗折合到一次侧电路中去。在如图 6-20 所示的理想变压器电路中，若在二次侧接一负载 Z_L，从二次侧电路来看，有

$$\frac{U_2}{I_2} = Z_L$$

把变压和变流作用推出的公式 $U_2 = \frac{1}{n}U_1$ 和 $I_2 = nI_1$ 代入上式可得

$$\frac{U_2}{I_2} = \frac{\frac{1}{n}U_1}{nI_1} = \frac{1}{n^2}\frac{U_1}{I_1} = Z_L \quad 或 \quad \frac{U_1}{I_1} = n^2 Z_L$$

而 U_1/I_1 为一次侧电路的阻抗 Z_1，这样上式可写成

$$Z_1 = \frac{U_1}{I_1} = n^2 Z_L \quad 或 \quad n = \sqrt{\frac{Z_1}{Z_L}} \qquad (6-14)$$

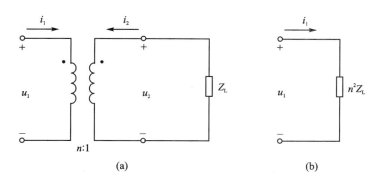

图 6 - 20　理想变压器的阻抗变换

由此可见,理想变压器二次侧负载,对一次侧而言,相当于在一次侧端接一负载 $n^2 Z_{\mathrm{L}}$,即理想变压器具有阻抗变换作用。这说明二次侧的阻抗变换到一次侧乘以 n^2;或者说二次侧的阻抗乘以 n^2 后,可以从变压器的二次侧转换到一次侧上来。其中 $n^2 Z_{\mathrm{L}}$ 称为二次侧对一次侧的折合阻抗。应特别注意,理想变压器的折合阻抗和互感电路的反射阻抗是有区别的。互感电路的反射阻抗改变了阻抗的性质;而理想变压器的阻抗变换只改变阻抗的大小,不改变阻抗的性质。

利用理想变压器阻抗变换的作用,也可以使一次侧回路的阻抗折合为二次侧回路的阻抗。还可以利用阻抗变换使某些含有理想变压器的电路简化。在电子技术中可以利用阻抗变换来实现阻抗匹配,使负载获得最大功率。只要满足负载电阻和电源内阻相等这一匹配条件,负载就能获得最大功率。但在一般情况下是不匹配的,为了达到匹配,可以将理想变压器接在电源与负载之间,使变换后的负载电阻数值与电源内阻或阻抗相等。这只要使理想变压器的匝数比满足 $n = \sqrt{\dfrac{Z_1}{Z_{\mathrm{L}}}}$ 即可。

例 6 - 6　有一个 220 V 的电源直接经 30 m 长的线路输送电能给 $R = 5\ \Omega$ 的负载。另一个是采用变压器在甲地将 220 V 的电压升高为 3 300 V 电压后再送电,而在负载端接一降压变压器又将 3 300 V 电压还原回 220 V 电压后再供给负载电阻,如果用于传输的电线每 10 km 电阻为 3 Ω,求上述两种情况下,传输线上消耗的功率和负载所得到的功率各是多少?

解　(1) $I_1 = \dfrac{U_1}{R_1 + R} = \dfrac{220}{3 \times 3 \times 2 + 5}\ \mathrm{A} \approx 9.6\ \mathrm{A}$

线路上消耗的功率为

$$P_1 = I_1^2 R_1 = 9.6^2 \times 3 \times 3 \times 2\ \mathrm{W} \approx 1\ 659\ \mathrm{W}$$

负载上得到的功率为

$$P_1' = I_1^2 R = 9.6^2 \times 5\ \mathrm{W} \approx 461\ \mathrm{W}$$

此时负载 R 上的电压为

$$U_2 = I_1 R = 9.6 \times 5\ \mathrm{V} = 48\ \mathrm{V}$$

(2) 升压变压器的变比为

$$n_1 = \frac{U_1}{U_2} = \frac{220}{3\ 300} = \frac{1}{15}$$

降压变压器的变比为

$$n_2 = \frac{U_1'}{U_2'} = \frac{3\ 300}{220} = 15$$

由于接入了变压器,变换的阻抗为

$$R' = n_2^2 R = 15^2 \times 5\ \Omega = 1\ 125\ \Omega$$

这时线路的电流为

$$I_2 = \frac{3\ 300}{3 \times 3 \times 2 + 1\ 125}\ \text{A} \approx 2.9\ \text{A}$$

线路上消耗的功率为

$$P_2 = I_2^2 R_2 = 2.9^2 \times 3 \times 3 \times 2\ \text{W} \approx 151\ \text{W}$$

负载上得到的功率为

$$P'_1 = I_2^2 R' = 2.9^2 \times 1\ 125\ \text{W} \approx 9\ 461\ \text{W}$$

例 6 - 7　有一内阻为 6 400 Ω 的信号源,它的电动势为 128 V。有一个负载电阻,阻值为 16 Ω。欲使负载获得最大功率,必须在负载和电源之间接一匹配变压器,求变压器的变比及一次侧、二次侧电流各为多少?

解　根据已知条件可知

$$Z_1 = 6\ 400\ \Omega, \quad Z_L = 16\ \Omega$$

则

$$n = \sqrt{\frac{Z_1}{Z_L}} = \sqrt{\frac{6\ 400}{16}} = 20$$

这样,负载和电源之间接一个变比为 20 的理想变压器就可以达到阻抗匹配的目的。

阻抗折合后一次侧相当于又多了个与电源内阻一样的负载折合阻抗,这样,变压器的一次侧电流为

$$I_1 = \frac{E}{Z_1 + n^2 Z_L} = \frac{E}{2Z_1} = \frac{128}{2 \times 6\ 400}\ \text{A} = 0.01\ \text{A}$$

变压器的二次侧电流为

$$I_2 = nI_1 = 20 \times 0.01\ \text{A} = 0.2\ \text{A}$$

本章小结

1. 现象和互感电压

互感现象和自感现象是电磁感应的两种现象,要对照理解,在互感电压和电流的参考方向一致时有

$$u_{12} = M \frac{\mathrm{d}i_2}{\mathrm{d}t}$$

$$u_{21} = M \frac{\mathrm{d}i_1}{\mathrm{d}t}$$

对于正弦交流电路

$$\dot{U}_{21} = \mathrm{j}\omega M \dot{I}_1$$

$$\dot{U}_{12} = \mathrm{j}\omega M \dot{I}_2$$

2. 互感线圈的同名端

电流分别从同名端流入时,耦合线圈中的自感磁通和互感磁通的方向一致。有同名端就不需要知道线圈的实际绕向了。用同名端就可以表示。

3．互感系数和耦合系数

$$M_{12} = \frac{\Psi_{12}}{I_2} = M_{21} = \frac{\Psi_{21}}{I_1} = M$$

$$k = \frac{M}{\sqrt{L_1 L_2}} \quad 并且 \quad 0 \leqslant k \leqslant 1, \quad 0 \leqslant M \leqslant \sqrt{L_1 L_2}$$

4．互感线圈的连接

互感线圈有顺串、反串，顺并和反并等连接方式。其等效电感为

顺串时等效电感为

$$L_\text{S} = L_1 + L_2 + 2M$$

反串时等效电感为

$$L_\text{F} = L_1 + L_2 - 2M$$

互感为

$$M = \frac{L_\text{S} - L_\text{F}}{4}$$

顺并时等效电感为

$$L = \frac{L_1 L_2 - M^2}{L_1 + L_2 - 2M}$$

反并时等效电感为

$$L = \frac{L_1 L_2 - M^2}{L_1 + L_2 + 2M}$$

5．互感电路的计算

与一般的正弦交流电路相同，运用的定律也是基尔霍夫定律，但在列方程时要考虑互感电压。正负号要符合同名端原则。

6．理想变压器

是对实际的变压器的理想化的电路模型，无漏磁、全耦合、无损耗。它具有变换电压、变换电流、变换阻抗的作用，即

$$\frac{U_1}{U_2} = \frac{N_1}{N_2} = n$$

$$\frac{I_1}{I_2} = \frac{N_2}{N_1} = \frac{1}{n}$$

$$Z_1 = n^2 Z_\text{L}$$

7．空心变压器

是两互感线圈绕在非铁磁材料做成的线框架上制成的。它的等效电路经常用反射阻抗来替代二次侧回路的影响。

习　题

6－1　什么是自感现象和互感现象，它们有何异同？

6－2　什么是同名端？如何判别同名端？

6－3　互感系数和互感耦合系数有什么关系？它们与哪些因素有关？

6－4　反射阻抗和折合阻抗有什么区别？

6－5　如图 6－21 所示，L_1、L_2 为半导体收音机的磁性天线线圈，L_2 为再生线圈，标出图中线

圈的同名端。

6-6 在图 6-6 中,已知同名端,开关已经闭合,若突然切断开关,电压表指针如何偏转?为什么?

6-7 如图 6-22 中所示两线圈的串联情况,设两线圈的电感分别为 L_1 和 L_2,互感为 M,试求其等效电感。

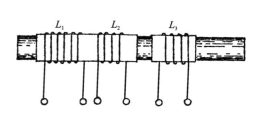

图 6-21 习题 6-5 图

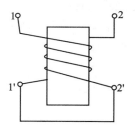

图 6-22 习题 6-7 图

6-8 图 6-23 所示为有两个互感线圈 L_1 和 L_2 串联的两种电路,今测得其等效电感:图(a)为 300 mH,图(b)为 200 mH,标出两图中线圈的同名端,并求出 M。

6-9 通过测量具有互感的两个线圈的电流和功率能够确定两个线圈的互感。用 $U=220$ V, $f=50$ Hz 的正弦交流电源进行测量,当顺接时测得 $I_S=2.5$ A, $P_S=62.5$ W;当反接时测得 $I_F=5$ A, $P_F=250$ W。求互感 M。

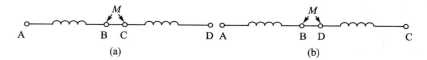

图 6-23 习题 6-8 图

6-10 两线圈的自感分别为 $L_1=8$ H 和 $L_2=7$ H,互感为 $M=5$ H,电阻忽略不计,试求当电源电压一定时,两线圈反向串联时的电流与顺向串联时的电流之比。

6-11 已知两互感线圈的电感分别为 $L_1=5$ mH, $L_2=4$ mH,(1)当 $M=3$ mH 时,求耦合系数 k;(2)当 $k=0.5$ 时,求互感 M;(3)若两线圈全耦合,求 M。

6-12 如图 6-24 所示电路,已知 $R_1=3$ Ω, $R_2=5$ Ω, $\omega L_1=7.5$ Ω, $\omega L_2=12.5$ Ω, $\omega M=6$ Ω, $\dot{U}=50\underline{/0°}$ V,求 S 闭合与断开时 $\dot{I}_1$ 和 $\dot{I}_2$ 各为多少?

6-13 两线圈如图 6-25 所示连接,已知 $R_1=5$ Ω, $L_1=0.01$ H, $R_2=10$ Ω, $L_2=0.02$ H, $M=0.01$ H, $C=20$ μF,求当两个线圈顺串和反串时电路的谐振角频率 ω_0。

6-14 如图 6-26 所示,已知 $L_1=0.1$ H, $L_2=0.2$ H, $M=0.1$ H, $U=31.4$ V, $f=50$ Hz,试求两种不同接法时的等效阻抗和各支路电流?

6-15 求图 6-27 所示的 A、B 两点间的开路电压 $\dot{U}_{20}$。已知 $R_1=R_2=6$ Ω, $\dot{U}_1=10\underline{/0°}$ V, $\omega L_1=\omega L_2=\omega L_3=10$ Ω, $\omega M_{12}=\omega M_{13}=\omega M_{23}=6$ Ω。

6-16 如图 6-28 所示为测量线圈互感的电路,在 L_1 中通入频率为 50 Hz 的正弦交流电压,测得电流表读数为 $I_1=2$ A,在线圈 L_2 两端测得开路电压为 $U_2=220$ V。求两线圈的互感系数 M。

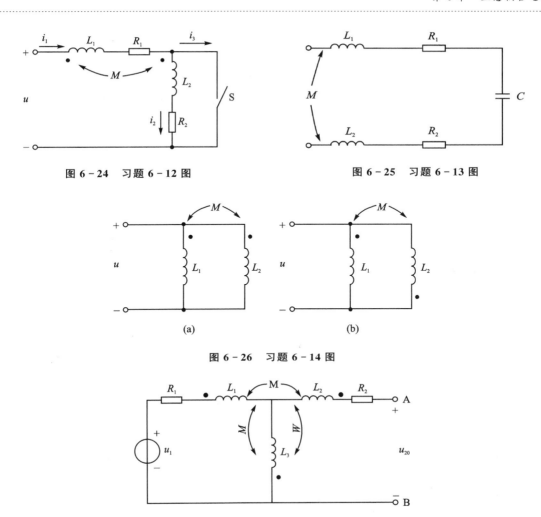

图 6 - 24　习题 6 - 12 图

图 6 - 25　习题 6 - 13 图

(a)

(b)

图 6 - 26　习题 6 - 14 图

图 6 - 27　习题 6 - 15 图

6 - 17　如图 6 - 29 所示电路,求输入端的等效阻抗。

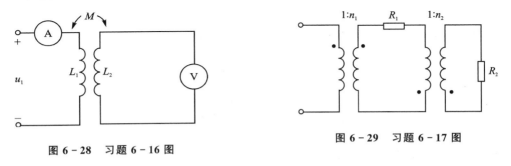

图 6 - 28　习题 6 - 16 图

图 6 - 29　习题 6 - 17 图

6 - 18　如图 6 - 30 所示,已知 $\dot{U}_S = 6.4\underline{/0°}\text{V}$, $R_S = 6.4\ \text{k}\Omega$, $R_L = 4\ \Omega$。求(1)负载 R_L 吸收的功率;(2)在电源与负载之间接入一个 $n = 40$ 的理想变压器,求负载 R_L 吸收的功率。

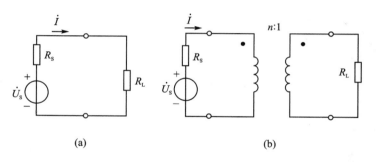

图 6-30　习题 6-18 图

测试题

6-1　填空题(共 46 分)

(1) 常见电磁感应的两种现象是_____和_____。

(2) 互感耦合系数 k 的范围为_____,当 k 接近零时为_____;当 k 近似 1 时为_____。

(3) 同名端的判定方法常用_____、_____和_____。

(4) 具有互感的两个线圈串联的电路有_____和_____两种接法;其等效电感的表达式为_____和_____。

(5) 具有互感的两个线圈并联的电路有_____和_____两种接法;其等效电感的表达式为_____和_____。

(6) 理想变压器具有变换_____、_____和_____的作用。

(7) 当变压器的一、二次侧匝数之比大于1,这样的变压器为_____变压器;当变压器的一、二次侧匝数之比小于1,这样的变压器为_____变压器。

(8) 理想变压器,一二次电压之比与其匝数之比成_____,一二次电流之比与其匝数之比成_____。

6-2　判断题(共 10 分)

(1) 电流从同名端流入时,自感磁通和互感磁通的方向一致。(　　)

(2) 互感系数和耦合系数成正比。(　　)

(3) 两互感线圈也可以串联和并联连接。(　　)

(4) 两互感线圈顺串时等效电感小于反串时的等效电感。(　　)

(5) 两互感线圈顺并时等效电感大于反并时的等效电感。(　　)

(6) 互感电路的计算与一般的正弦电路相同,运用的定律也是基尔霍夫定律,在列方程时不考虑互感电压。(　　)

(7) 理想变压器是有漏磁通的。(　　)

(8) 理想变压器能把一次侧的阻抗折合到二次侧。(　　)

(9) 要使负载获得最大功率,必须满足负载电阻和电源内阻相等这一匹配条件。(　　)

(10) 空心变压器是两个互感线圈绕在铁磁材料做成的框架上制成的。(　　)

6-3　问答题(共 10 分)

 (1) 人们制造出无感线圈的依据是什么? 为了消除电感,应该怎么办?

 (2) 反射阻抗和折合阻抗有什么区别?

6-4　计算题(共 34 分)

 (1) 如图 6-31 所示电路,$R=50\ \Omega$,$M=25\ \text{mH}$,$L_1=70\ \text{mH}$,$L_2=25\ \text{mH}$,$C=1\ \mu\text{F}$,电源电压 $U=500\ \text{V}$,$\omega=10^3\ \text{rad/s}$。求 $\dot{I}$、$\dot{I}_1$、$\dot{I}_2$。

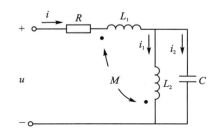

图 6-31　测试题 6-4-(1)图

 (2) 某晶体管收音机的输出变压器原边匝数 $N_1=230$ 匝,副边匝数 $N_2=80$ 匝,原配接有音圈阻抗为 8 Ω 的电动扬声器,现在要将其改装成 4 Ω 的扬声器,问副边匝数应如何变动?

第7章 非正弦周期性电路

在前几章讨论、研究了正弦交流电路的性质和分析方法,在实际的工程应用中,还经常会遇到电流、电压不按正弦规律变化的非正弦交流电量。非正弦周期信号来自于电源、负载两方面。例如发电机、变压器受磁场分布与结构等因素的影响,输出为不理想的正弦量,几个不同频率正弦激励同时作用于电路上,电路中的电压、电流响应也不是正弦波。在电信工程、自动控制和电子技术中,都存在非正弦的电压与电流。因此,分析非正弦交流电路是非常必要的。

本章主要介绍非正弦周期电路的一种方法——谐波分析法。它是正弦电路分析方法的进一步推广。主要内容有:非正弦周期量的合成与分解,非正弦周期量的有效值、平均值,非正弦周期电路的计算,滤波器的概念等。

7.1 非正弦周期量的合成与分解

7.1.1 非正弦周期量的合成

非正弦信号可分为周期性和非周期性两种。在电路分析中遇到周期性的电量较多,但本章只讨论非正弦周期电路。

由第4章可知,几个同频率的正弦量之和还是一个同频率的正弦量。但是几个不同频率的正弦波相加的结果是什么波形呢?下面来看一个波形合成的例子。

图7-1(a)所示的方波是一种常见的非正弦周期信号,图中虚线表示一个与方波同频率

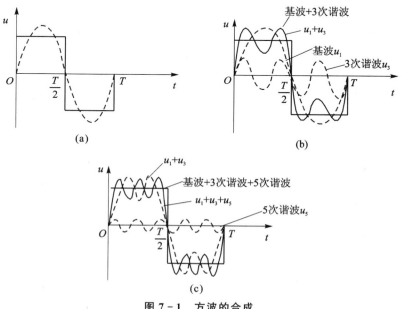

图 7-1 方波的合成

的正弦波 u_1，显然，二者波形差别很大。如果在这个正弦波上叠加一个三倍频率的正弦波 u_3（u_3 的幅值为 u_1 幅值的 1/3），则它们的合成波形就比较接近于方波，如图 7 - 1(b)所示。如果再叠加一个五倍频率的正弦波 u_5（u_5 的幅值为 u_1 幅值的 1/5），则它们的合成波形就与方波波形相差不多了，如图 7 - 1(c)所示。依此下去，把七倍、九倍等更高频率的正弦波再叠加上去，直至无限多个，那么，最后的合成波形就与图 7 - 1(a)所示的方波逐渐逼近了。

7.1.2　非正弦周期量的分解

既然许多不同频率正弦波的合成是非正弦波，那么，在电气电子工程中，遇到的非正弦周期波能不能分解为多个不同频率的正弦波呢？理论分析表明，可以应用傅里叶级数进行分解。

从高等数学中可知，凡是满足狄利克雷条件的周期函数，都可分解为傅里叶级数（即傅里叶级数展开），在电工电子技术中所遇到的非正弦周期函数，通常都可以满足这个条件。

设周期函数 $f(t)$ 的周期为 T，角频率 $\omega = 2\pi/T$，则其分解为傅里叶级数是

$$f(t) = A_0 + A_{1m}\sin(\omega t + \Psi_1) + A_{2m}\sin(2\omega t + \Psi_2) + \cdots +$$
$$A_{km}\sin(k\omega t + \Psi_k) + \cdots =$$
$$A_0 + \sum_{k=1}^{\infty} A_{km}\sin(k\omega t + \Psi_k) \tag{7-1}$$

用三角公式展开，式(7-1)还可以写成另外一种形式：

$$f(t) = A_0 + \sum_{k=1}^{\infty}(A_{km}\sin\Psi_k\cos k\omega t + A_{km}\cos\Psi_k\sin k\omega t) =$$
$$a_0 + \sum_{k=1}^{\infty}(a_k\cos k\omega t + b_k\sin k\omega t) \tag{7-2}$$

上述两式应满足下列关系：

$$a_0 = A_0$$
$$a_k = A_{km}\sin\Psi_k$$
$$b_k = A_{km}\cos\Psi_k$$
$$A_{km} = \sqrt{a_k^2 + b_k^2}$$
$$\tan\Psi_k = \frac{a_k}{b_k}$$

式中，a_0、a_k、b_k 为傅里叶系数，可按下列各式求得

$$a_0 = \frac{1}{T}\int_0^T f(t)\mathrm{d}t = \frac{1}{2\pi}\int_0^{2\pi} f(t)\mathrm{d}(\omega t)$$
$$a_k = \frac{2}{T}\int_0^T f(t)\cos k\omega t\,\mathrm{d}t = \frac{1}{\pi}\int_0^{2\pi} f(t)\cos k\omega t\,\mathrm{d}(\omega t)$$
$$b_k = \frac{2}{T}\int_0^T f(t)\sin k\omega t\,\mathrm{d}t = \frac{1}{\pi}\int_0^{2\pi} f(t)\sin k\omega t\,\mathrm{d}(\omega t)$$

可见周期函数分解为傅里叶级数，实质上就是计算傅里叶系数 a_0、a_k、b_k。

式(7-1)中 A_0 是不随时间变化的常数,称为 $f(t)$ 的直流分量或恒定分量,它就是 $f(t)$ 在一个周期内的平均值;第二项 $A_{1m}\sin(\omega t + \Psi_1)$,周期或频率与原周期函数 $f(t)$ 的周期或频率相同,称为基波或一次谐波;其余各项的频率为基波频率的整数倍,分别为二次、三次……k 次谐波,统称为高次谐波。k 为奇数的谐波称为奇次谐波;k 为偶数的谐波称为偶次谐波。

例 7-1 求图 7-2 所示矩形波的傅里叶级数。

解 图示周期函数在一个周期内的表达式为

$$f(t)\begin{cases} f(t) = U_m, & 0 \leqslant t \leqslant \dfrac{T}{2} \\[2mm] f(t) = -U_m, & \dfrac{T}{2} \leqslant t \leqslant T \end{cases}$$

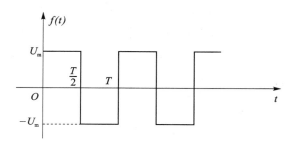

图 7-2 例 7-1 图

根据前述有关知识得

$$a_0 = \frac{1}{2\pi}\int_0^\pi U_m \mathrm{d}(\omega t) + \frac{1}{2\pi}\int_\pi^{2\pi}(-U_m)\mathrm{d}(\omega t) = 0$$

$$a_k = \frac{1}{\pi}\int_0^\pi U_m\cos k\omega t \,\mathrm{d}(\omega t) + \frac{1}{\pi}\int_\pi^{2\pi}(-U_m)\cos k\omega t \,\mathrm{d}(\omega t) = 0$$

$$b_k = \frac{1}{\pi}\int_0^\pi U_m\sin k\omega t \,\mathrm{d}(\omega t) + \frac{1}{\pi}\int_\pi^{2\pi}(-U_m)\sin k\omega t \,\mathrm{d}(\omega t) = \frac{2U_m}{k\pi}(1-\cos k\pi)$$

当 k 为奇数时,有

$$\cos k\pi = -1, \quad b_k = \frac{4U_m}{k\pi}$$

当 k 为偶数时,有

$$\cos k\pi = 1, \quad b_k = 0$$

由此可知该函数的傅里叶级数表达式为

$$f(t) = \frac{4U_m}{\pi}\left(\sin \omega t + \frac{1}{3}\sin 3\omega t + \frac{1}{5}\sin 5\omega t + \cdots\right)$$

以上介绍了用数学分析的方法,把非正弦周期函数进行分解,即分解成正弦周期和的傅里叶级数。电工技术中常见的几种非正弦周期波形及相对应的傅里叶级数展开式如表 7-1 所列,可采用查表的方法获得分解后非正弦周期函数的傅里叶级数。

表 7 - 1　几种典型周期函数的傅里叶级数

名　称	波　形	傅里叶级数	有效值	平均值
正弦波		$f(t)=A_m \sin \omega t$	$\dfrac{A_m}{\sqrt{2}}$	$\dfrac{2A_m}{\pi}$
梯形波		$f(t)=\dfrac{4A_m}{\alpha\pi}\left(\sin \alpha \sin \omega t+\dfrac{1}{9}\sin 3\alpha \sin 3\omega t+\right.$ $\dfrac{1}{25}\sin 5\alpha \sin 5\omega t+\cdots+$ $\left.\dfrac{1}{k^2}\sin k\alpha \sin k\omega t+\cdots\right)$ $\left(k\ \text{为奇数},\alpha=\dfrac{2\pi}{T}t_0\right)$	$A_m\sqrt{1-\dfrac{4\alpha}{3\pi}}$	$A_m\left(1-\dfrac{\alpha}{\pi}\right)$
三角波		$f(t)=\dfrac{8A_m}{\pi^2}\left(\sin \omega t-\dfrac{1}{9}\sin 3\omega t\right)+$ $\dfrac{1}{25}\sin 5\omega t+\cdots+$ $\dfrac{(-1)^{\frac{k-1}{2}}}{k^2}\sin k\omega t+\cdots$ $(k\ \text{为奇数})$	$\dfrac{A_m}{\sqrt{3}}$	$\dfrac{A_m}{2}$
矩形波		$f(t)=\dfrac{4A_m}{\pi}\left(\sin \omega t+\dfrac{1}{3}\sin 3\omega t+\right.$ $\left.\dfrac{1}{5}\sin 5\omega t+\cdots+\dfrac{1}{k}\sin k\omega t+\cdots\right)$ $(k\ \text{为奇数})$	A_m	A_m
半波整流波		$f(t)=\dfrac{2A_m}{\pi}\left(\dfrac{1}{2}+\dfrac{\pi}{4}\cos \omega t+\dfrac{1}{1\times 3}\cos 2\omega t-\right.$ $\dfrac{1}{3\times 5}\cos 4\omega t+\dfrac{1}{5\times 7}\cos 6\omega t-\cdots+\cdots-$ $\left.\dfrac{\cos \frac{k\pi}{2}}{k^2-1}\cos k\omega t+\cdots\right)$ $(k=2,4,6\cdots)$	$\dfrac{A_m}{2}$	$\dfrac{A_m}{\pi}$
全波整流波		$f(t)=\dfrac{4A_m}{\pi}\left(\dfrac{1}{2}+\dfrac{1}{1\times 3}\cos 2\omega t-\right.$ $\dfrac{1}{3\times 5}\cos 4\omega t+\cdots-$ $\left.\dfrac{\cos \frac{k\pi}{2}}{k^2-1}\cos k\omega t+\cdots\right)$ $(k=2,4,6,\cdots)$	$\dfrac{A_m}{\sqrt{2}}$	$\dfrac{2A_m}{\pi}$
锯齿波		$f(t)=\dfrac{A_m}{2}-\dfrac{A_m}{\pi}\left(\sin \omega t+\dfrac{1}{2}\sin 2\omega t+\right.$ $\left.\dfrac{1}{3}\sin 3\omega t+\cdots+\dfrac{1}{k}\sin k\omega t+\cdots\right)$ $(k=1,2,3,4,\cdots)$	$\dfrac{A_m}{\sqrt{3}}$	$\dfrac{A_m}{2}$

7.1.3 非正弦周期性函数的傅里叶级数的简化

傅里叶级数是一个无穷级数,理论上要取无限项才能准确表示原周期函数;但实际应用时,由于其收敛很快,较高次谐波的振幅很小,因此只须取级数的前几项进行计算就足够准确了。

电工技术中常见的周期函数具有某种对称性时,其傅里叶级数中就不含某些谐波。它们有一定的规律可循,可使分解傅里叶级数的计算得以简化。

1. 周期函数为奇函数

奇函数是 $f(t)=-f(-t)$ 的函数,其波形对称于原点,如表 7-1 中的三角波、梯形波、矩形波都是奇函数。可以证明奇函数的 $a_0=0,a_k=0$,所以奇函数的傅里叶级数中只含有正弦项,不含直流分量和余弦项。可表示为

$$f(t) = \sum_{k=1}^{\infty} b_k \sin k\omega t$$

2. 周期函数为偶函数

偶函数是 $f(t)=f(-t)$ 的函数,其波形对称于纵轴,如表 7-1 中半波整流波、全波整流波均是偶函数。偶函数的傅里叶级数中 $b_k=0$,所以偶函数的傅里叶级数中不含正弦项。

$$f(t) = a_0 + \sum_{k=1}^{\infty} a_k \cos k\omega t$$

3. 奇谐波函数

奇谐波函数是指函数 $f(t)$ 满足 $f(t)=$ $-f(t+T/2)$ 的函数。也就是说,将波形移动半个周期后便与原波形对称于横轴,所以也称镜像函数。如图 7-3 所示,图中虚线表示移动后的波形。表 7-1 中,三角波、梯形波都是奇谐波函数。交流发电机所产生的电压实际为非正弦周期性的电压(一般为平顶波),也属于奇谐波函数。

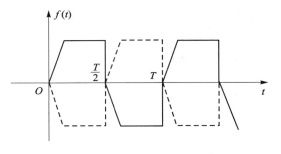

图 7-3 奇谐波函数

可以证明,奇谐波函数的傅里叶展开式中只含有奇次谐波,而不含直流分量和偶次谐波。可表示为

$$f(t) = \sum_{k=1}^{\infty} (a_k \cos k\omega t + b_k \sin k\omega t) \quad (k \text{ 为奇数})$$

函数对称于坐标原点或纵轴,除与函数自身有关外,与计时起点也有关。而函数对称于横轴,只与函数本身有关,与计时起点的选择无关。因此,对某些奇谐波函数,合理地选择计时起点,可使它又是奇函数或又是偶函数,从而使函数的分解简化。如表 7-1 中的三角波、矩形波、梯形波,它们本身为奇谐波函数,其傅里叶级数中只含奇次谐波,如表中选择的计时起点,使它们又为奇函数,不含余弦项,所以,这些函数的傅里叶级数中只含有奇次正弦项了。

顺便指出,切不要将奇次谐波与奇函数,偶次谐波与偶函数混淆起来。

有些函数,从表面来看,该函数既非奇函数又非偶函数,如图 7-4(a)所示电压 $u(t)$。但如果对该函数做适当的变化,就可能很容易地得到该函数的傅里叶级数展开式。如将图 7-4(a)

所示电压可分解为图 7-4(b)、(c)所示电压之和,即 $u(t)=u_1(t)+u_2(t)$。根据例 7-1 的结果或查表 7-1 可得该函数的傅里叶级数为

$$u_t = U_\mathrm{m} + \frac{4U_\mathrm{m}}{\pi}\left(\sin \omega t + \frac{1}{3}\sin 3\omega t + \frac{1}{5}\sin 5\omega t + \cdots\right)$$

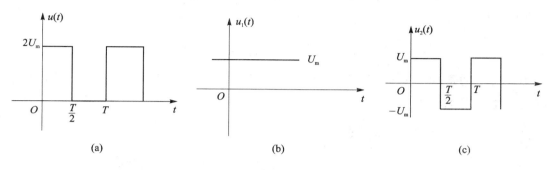

图 7-4　波形的分解

7.2　非正弦周期量的有效值、平均值和平均功率

7.2.1　非正弦周期量的有效值

在第 4 章中已经定义过,任何周期量的有效值等于它的方均根值。如周期电流 $i(t)$ 的有效值 I 为

$$I = \sqrt{\frac{1}{T}\int_0^T i^2(t)\,\mathrm{d}t}$$

设某一非正弦周期电流分解为傅里叶级数为

$$i(t) = I_0 + \sum_{k=1}^{\infty} I_{km}\sin(k\omega t + \Psi_k)$$

将 $i(t)$ 代入有效值定义式,得

$$I = \sqrt{\frac{1}{T}\int_0^T \left[I_0 + \sum_{k=1}^{\infty} I_{km}\sin(k\omega t + \Psi_k)\right]^2 \mathrm{d}t}$$

将上式根号内的平方项展开,展开后的各项可分为两种类型,一类为各次谐波的平方,其值为

$$\frac{1}{T}\int_0^T \left[I_0^2 + \sum_{k=1}^{\infty} I_{km}^2\sin^2(k\omega t + \Psi_k)\right]\mathrm{d}t = I_0^2 + \sum_{k=1}^{\infty} I_k^2$$

另一类为两个不同次谐波乘积的两倍,即

$$\frac{1}{T}\int_0^T 2I_0 I_{km}\sin(k\omega t + \Psi_k)\,\mathrm{d}t$$

$$\frac{1}{T}\int_0^T 2I_{km}\sin(k\omega t + \Psi_k)I_{qm}\sin(q\omega t + \Psi_q)\,\mathrm{d}t, \quad (k \neq q)$$

根据三角函数的正交性,上述函数在一个周期内的平均值为零。

这样可以求得非正弦周期电流 $i(t)$ 的有效值为

$$I = \sqrt{I_0^2 + \sum_{k=1}^{\infty} I_k^2} = \sqrt{I_0^2 + I_1^2 + \cdots + I_k^2 + \cdots} \qquad (7-3)$$

即非正弦周期电流的有效值等于恒定分量的平方与各次谐波有效值的平方之和的平方根。此结论可推广用于其他非正弦周期量。

同理,非正弦周期电压 $u(t)$ 的有效值为

$$U = \sqrt{U_0^2 + \sum_{k=1}^{\infty} U_k^2} = \sqrt{U_0^2 + U_1^2 + \cdots + U_k^2 + \cdots} \qquad (7-4)$$

应当注意的是,零次谐波的有效值为恒定分量的值,其他各次谐波的有效值与最大值的关系是 $I_k = I_{km}/\sqrt{2}$,$U_k = U_{km}/\sqrt{2}$。

7.2.2 非正弦周期量的平均值

除有效值外,非正弦周期量有时还引用平均值。对于非正弦周期量的傅里叶级数展开式中直流分量为零的交变量,平均值总为零。但为了便于测量和分析,一般定义周期量的平均值为它的绝对值在一个周期的平均值。设周期电流为 $i(t)$,则

$$I_{av} = \frac{1}{T} \int_0^T |i(t)| \, dt \qquad (7-5)$$

应当注意的是,一个周期内其值有正、有负的周期量的平均值 I_{av} 与其直流分量 I 是不同的,只有一个周期内其值均为正值的周期量,平均值才等于其直流分量。

例如,当 $i(t) = I_m \sin \omega t$ 时,其平均值为

$$I_{av} = \frac{1}{2\pi} \int_0^{2\pi} |I_m \sin \omega t| \, d\omega t =$$

$$\frac{1}{\pi} \int_0^{\pi} I_m \sin \omega t \, d\omega t = \frac{2I_m}{\pi} =$$

$$0.637 I_m = 0.9 I$$

或

$$I = 1.11 I_{av}$$

同样,周期电压的平均值为

$$U_{av} = \frac{1}{T} \int_0^T |u(t)| \, dt$$

$$U_{av} = 0.637 U_m = 0.9 U$$

$$U = 1.11 U_{av}$$

常见典型周期函数的平均值与幅值的关系查其 7-1 得到。

对于同一非正弦周期电流,当用不同类型的仪表进行测量时,往往会有不同的结果。如用磁电式仪表测量,所得结果为电流的恒定分量;用电磁系或电动系仪表测量时,所得结果将是电流的有效值;用全波整流磁电系仪表测量时,所得结果将是电流的平均值,但标尺是按正弦量的有效值与整流平均值的关系换算成有效值刻度的,只有在测量正弦量时读数为其实际有效值,而测量非正弦量时会有误差。由此可见,测量非正弦周期电流或电压时,要注意选择合适的仪表,并注意各种不同类型仪表测量结果所代表的意义。

7.2.3 非正弦周期量的平均功率

非正弦周期电路的平均功率即有功功率仍可与正弦周期电路定义相同,即瞬时功率在一

个周期内的平均值。

$$P = \frac{1}{T}\int_0^T p(t)\,\mathrm{d}t$$

设某二端网络端口电压 $u(t)$、电流 $i(t)$ 各为

$$u(t) = U_0 + \sum_{k=1}^{\infty} U_{km}\sin\left(k\omega t + \Psi_{uk}\right)$$

$$i(t) = I_0 + \sum_{k=1}^{\infty} I_{km}\sin\left(k\omega t + \Psi_{ik}\right)$$

$$p = u(t)i(t) = \left[U_0 + \sum_{k=1}^{\infty} U_{km}\sin\left(k\omega t + \Psi_{uk}\right)\right]\left[I_0 + \sum_{k=1}^{\infty} I_{km}\sin\left(k\omega t + \Psi_{ik}\right)\right]$$

式中，Ψ_{uk}、Ψ_{ik} 为 k 次谐波电压、电流的初相。并设 $\varphi_k = \Psi_{uk} - \Psi_{ik}$ 为 k 次谐波电压超前于 k 次谐波电流的相位，此多项式乘积展开式中可分为两种类型，一种是同次谐波电压、电流的乘积 $U_0 I_0$，$U_{km}\sin\left(k\omega t + \Psi_{uk}\right)I_{km}\sin\left(k\omega t + \Psi_{ik}\right)$，它们在一个周期内的平均值分别为

$$P_0 = \frac{1}{T}\int_0^T U_0 I_0\,\mathrm{d}t = U_0 I_0$$

$$P_k = \frac{1}{T}\int_0^T U_{km}\sin\left(k\omega t + \Psi_{uk}\right)I_{km}\sin\left(k\omega t + \Psi_{ik}\right)\mathrm{d}t =$$

$$\frac{1}{2}U_{km}I_{km}\cos\left(\Psi_{uk} - \Psi_{ik}\right) =$$

$$U_k I_k \cos\varphi_k$$

另一种类型是不同次谐波电压、电流的乘积，根据三角函数的正交性，不同次谐波电压、电流的乘积它们各项在一周期内的平均值均为零。因而平均功率为

$$P = P_0 + \sum_{k=1}^{\infty} U_k I_k \cos\varphi_k \tag{7-6}$$

式(7-6)说明，只有同频率的电压和电流相互作用才产生平均功率，不同频率的电压和电流相互作用只产生瞬时功率而不产生平均功率。总的平均功率等于各次同频率谐波平均功率之和。

非正弦周期电路的无功功率则定义为各次同频率谐波无功功率之和，即

$$Q = \sum_{k=1}^{\infty} U_k I_k \sin\varphi_k \tag{7-7}$$

而非正弦周期电路的视在功率定义为

$$S = UI = \sqrt{U_0^2 + \sum_{k=1}^{\infty} U_k^2} \times \sqrt{I_0^2 + \sum_{k=1}^{\infty} I_k^2} \tag{7-8}$$

应当注意：视在功率不等于各次谐波视在功率之和。

在工程计算中，为了计算简便，往往采用等效正弦波替代原来的非正弦波。等效的条件是：等效正弦量的有效值为非正弦量的有效值，等效正弦量的频率为基波的频率，平均功率不变。由此可得

$$\cos\varphi = \frac{P}{UI} = \frac{P}{S} \tag{7-9}$$

$\cos\varphi$ 也称为非正弦电路的功率因数，φ 为等效正弦电压与电流的相位差。

例 7-2　已知某电路的电压、电流分别为下列表达式，求该电路的平均功率、无功功率和

视在功率。

$$u(t) = \left[5 + 10\sin\left(100\pi t + 60°\right) + 6\sin\left(300\pi t + 30°\right) \right] \text{V}$$

$$i(t) = \left[4 + 6\sin\left(100\pi t - 30°\right) + 4\sin 300\pi t + \sin\left(500\pi t - 15°\right) \right] \text{A}$$

解 同频波形有:常量、基波、三次谐波。

平均功率为

$$P = \left[5 \times 4 + \frac{10}{\sqrt{2}} \times \frac{6}{\sqrt{2}} \times \cos 90° + \frac{6}{\sqrt{2}} \times \frac{4}{\sqrt{2}} \times \cos\left(30° - 0°\right) \right] \text{W} =$$

$$\left[20 + 0 + 6\sqrt{3} \right] \text{W} = 30.4 \text{ W}$$

无功功率为

$$Q = \left(\frac{10}{\sqrt{2}} \times \frac{6}{\sqrt{2}} \times \sin 90° + \frac{6}{\sqrt{2}} \times \frac{4}{\sqrt{2}} \times \sin 30° \right) \text{var} =$$

$$\left(\frac{10}{\sqrt{2}} \times \frac{6}{\sqrt{2}} + \frac{6}{\sqrt{2}} \times \frac{4}{\sqrt{2}} \times \frac{1}{2} \right) \text{var} = 36 \text{ var}$$

视在功率为

$$S = \left[\sqrt{5^2 + \left(\frac{10}{\sqrt{2}}\right)^2 + \left(\frac{6}{\sqrt{2}}\right)^2} \times \sqrt{4^2 + \left(\frac{6}{\sqrt{2}}\right)^2 + \left(\frac{4}{\sqrt{2}}\right)^2 + \left(\frac{1}{\sqrt{2}}\right)^2} \right] \text{V} \cdot \text{A} =$$

$$\sqrt{93} \times \sqrt{42.5} \text{ V} \cdot \text{A} = 62.9 \text{ V} \cdot \text{A}$$

7.3 非正弦周期性电路的计算

非正弦周期性电流电路的分析计算方法主要是利用傅里叶级数将激励信号分解成恒定分量和不同频率的正弦量之和,然后分别计算恒定分量和各频率正弦量单独作用下电路的响应,最后利用电路的叠加原理,就可以得到电路的实际响应。这种分析电路的方法称为谐波分析法。其分析电路的一般步骤如下:

(1) 将给定的非正弦激励信号分解为傅里叶级数,并根据计算精度求取有限项高次谐波。

(2) 分别计算各次谐波单独作用下电路的响应,计算方法与直流电路及正弦交流电路的计算方法完全相同。对直流分量,电感元件等于短路,电容元件相当于开路。对各次谐波,电路成为正弦交流电路,但应当注意,电感元件、电容元件对不同频率的谐波有不同的电抗。如基波,感抗为 $X_{L1} = \omega L$,容抗为 $X_{C1} = 1/\omega C$;而对 k 次谐波,感抗为 $X_{Lk} = k\omega L = kX_{L1}$,容抗为 $X_{Ck} = 1/(k\omega C) = (1/k)X_{C1}$,所以谐波次数越高,感抗越大,容抗越小。

(3) 应用叠加原理,将各次谐波作用下的响应解析式进行叠加。需要注意的是,必须先将各次谐波分量响应写成瞬时表达式后才可以叠加,而不能把表示不同频率的谐波的正弦量的相量进行加减。最后所求响应的解析式是用时间函数表示的。

例 7 - 3 图 7 - 5(a)所求电路中,$u(t) = [10 + 100\sqrt{2}\sin\omega t + 50\sqrt{2}\sin(3\omega t + 30°)]$ V,并且已知 $\omega L = 2\ \Omega$,$1/\omega C = 15\ \Omega$,$R_1 = 5\ \Omega$,$R_2 = 10\ \Omega$,求各支路电流及 R_1 支路吸收的平均功率。

解 因电源电压的傅里叶级数已知,因而可直接计算各次谐波作用下的电路响应。

(1) 在直流分量 $U_0 = 10$ V 单独作用时的等效电路如图 7 - 5(b)所示,这时电感相当于短路,而电容相当于开路。各支路电流分别为

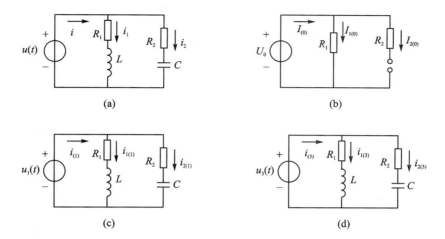

图 7 - 5　例 7 - 3 图

$$I_{1(0)} = \frac{U_0}{R} = \frac{10}{5} \text{ A} = 2 \text{ A}$$

$$I_{2(0)} = 0$$

$$I_{(0)} = I_{1(0)} = 2 \text{ A}$$

（2）在基波分量 $u_1(t) = 100\sqrt{2}\sin \omega t$ V 单独作用下，等效电路如图 7 - 5(c) 所示，用相量法计算如下：

$$\dot{U}_1 = 100\underline{/0^\circ} \text{ V}$$

$$\dot{I}_{1(1)} = \frac{\dot{I}_1}{R_1 + j\omega L} = \frac{100\underline{/0^\circ}}{5 + j2} \text{ A} = 18.6\underline{/-21.8^\circ} \text{ A}$$

$$\dot{I}_{2(1)} = \frac{\dot{U}_1}{R_2 - j\omega L} = \frac{100\underline{/0^\circ}}{10 - j15} \text{ A} = 5.55\underline{/56.3^\circ} \text{ A}$$

$$\dot{I}_{(1)} = \dot{I}_{1(1)} + \dot{I}_{2(1)} = (18.6\underline{/-21.8^\circ} + 5.55\underline{/56.3^\circ}) \text{ A} = 20.5\underline{/-6.38^\circ} \text{ A}$$

（3）在三次谐波分量 $u_3 = 50\sqrt{2}\sin(3\omega t + 30^\circ)$ V 伏单独作用下，等效电路如图 7 - 5(d) 所示，感抗 $X_{L(3)} = 3\omega L = 6$ Ω，容抗 $X_{C(3)} = 1/(3\omega C) = 5$ Ω。

$$\dot{U}_3 = 50\underline{/30^\circ} \text{ V}$$

$$\dot{I}_{1(3)} = \frac{\dot{U}_3}{R_1 + jX_{L(3)}} = \frac{50\underline{/30^\circ}}{5 + j6} \text{ A} = 6.4\underline{/-20.19^\circ} \text{ A}$$

$$\dot{I}_{2(3)} = \frac{\dot{U}_3}{R_2 - jX_{C(3)}} = \frac{50\underline{/30^\circ}}{10 - j5} \text{ A} = 4.47\underline{/56.57^\circ} \text{ A}$$

$$\dot{I}_{(3)} = \dot{I}_{1(3)} + \dot{I}_{2(3)} = 8.62\underline{/10.17^\circ} \text{ A}$$

把以上求得的基波分量、三次谐波分量化成瞬时值，属于同一支路的进行相加，可得各支路电流为

$$i(t) = I_{(0)} + i_{(1)} + i_{(3)} = \left[2 + 20.5\sqrt{2}\sin(\omega t - 6.38^\circ) + 8.62\sqrt{2}\sin(3\omega t + 10.7^\circ)\right] \text{ A}$$

$$i_1(t) = I_{1(0)} + i_{1(1)} + i_{1(3)} = \left[2 + 18.6\sqrt{2}\sin(\omega t - 21.8^\circ) + 6.4\sqrt{2}\sin(3\omega t - 20.19^\circ)\right] \text{ A}$$

$$i_2(t) = I_{2(0)} + i_{2(1)} + i_{2(3)} = \left[5.55\sqrt{2}\sin(\omega t + 56.3^\circ) + 4.47\sqrt{2}\sin(3\omega t + 56.57^\circ)\right] \text{ A}$$

各支路电流有效值分别为

$$I = \sqrt{2^2 + 20.5^2 + 8.62^2} \ \text{A} = 22.26 \ \text{A}$$

$$I_1 = \sqrt{2^2 + 18.6^2 + 6.4^2} \ \text{A} = 19.72 \ \text{A}$$

$$I_2 = \sqrt{5.55^2 + 4.47^2} \ \text{A} = 7.12 \ \text{A}$$

R_1 支路吸收的平均功率为

$$P_1 = I_{1(0)}U_0 + I_{1(1)}U_1 \cos \varphi_1 + I_{1(3)}U_3 \cos \varphi_3 =$$
$$[2 \times 10 + 18.6 \times 100 \cos(-21.8°) + 6.4 \times 50 \cos 50.19°] \ \text{W} =$$
$$[20 + 1\ 727 + 204.8] \ \text{W} = 1\ 951.8 \ \text{W}$$

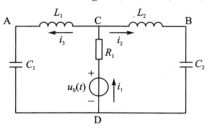

图 7-6 例 7-4 图

例 7-4 图 7-6 所示电路中,$u_s(t) = [40\sqrt{2}\sin \omega t + 20\sqrt{2}\sin(3\omega t - 60°)] \ \text{V}, R_1 = 20 \ \Omega, \omega L_1 = 20 \ \Omega, \dfrac{1}{\omega C_1} = 180 \ \Omega, \omega L_2 = \dfrac{1}{\omega C_2} = 30 \ \Omega$。试求(1)$u_{AB}(t)$、$i_1(t)$;(2)$U_{AB}$、$I_1$;(3)电路消耗的有功功率。

解 (1)基波单独作用于电路时,有

$\omega L_2 = \dfrac{1}{\omega C_2}$,CBD 支路发生串联谐振

$$\dot{I}_{1(1)} = \dot{I}_{2(1)} = \frac{\dot{U}_1}{R_1} = \frac{40}{20} \ \text{A} = 2 \ \text{A}$$

$$\dot{I}_{3(1)} = 0 \ \text{A}$$

$$\dot{U}_{AB(1)} = \dot{U}_{CB(1)} = j\omega L_2 \dot{I}_{2(1)} = (j30 \times 2) \ \text{V} = 60\underline{/90°} \ \text{V}$$

(2)三次谐波作用于电路时,有

$$3\omega L_1 = 3 \times 20 \ \Omega = 60 \ \Omega, \qquad \frac{1}{3\omega C_1} = \frac{1}{3} \times 180 \ \Omega = 60 \ \Omega$$

因此 CAD 支路在三次谐波作用下发生串联谐振

$$\dot{I}_{1(3)} = \dot{I}_{3(3)} = \frac{20\underline{/-60°}}{20} \ \text{A} = 1\underline{/-60°} \ \text{A}$$

$$\dot{I}_{2(3)} = 0 \ \text{A}$$

$$\dot{U}_{AB(3)} = \dot{U}_{AC(3)} = -\dot{U}_{CA(3)} = -j3\omega L_1 \times \dot{I}_{3(3)} = (-j60 \times 1\underline{/-60°}) \ \text{V} = 60\underline{/-150°} \ \text{V}$$

电压 $u_{AB}(t)$、电流 $i_1(t)$ 的表达式为

$$u_{AB}(t) = [60\sqrt{2}\sin(\omega t + 90°) + 60\sqrt{2}\sin(3\omega t - 150°)] \ \text{V}$$

$$i_1(t) = [2\sqrt{2}\sin \omega t + \sqrt{2}\sin(3\omega t - 60°)] \ \text{A}$$

有效值为

$$U_{AB} = \sqrt{60^2 + 60^2} \ \text{V} = 60\sqrt{2} \ \text{V}$$

$$I_1 = \sqrt{2^2 + 1^2} \ \text{A} = \sqrt{5} \ \text{A}$$

电路吸收的平均功率

$$P = U_{s(1)}I_{1(1)}\cos \varphi_1 + U_{s(3)}I_{1(3)}\cos \varphi_3 = (40 \times 2 \times \cos 0° + 20 \times 1 \times \cos 0°) \ \text{W} = 100 \ \text{W}$$

在前述的章节中,读者应该注意到在频率不同的谐波作用下,电路的阻抗是不同的,电感元件对高次谐波电流有较强的抑制作用,而电容元件对高次谐波电流有畅通的作用。同时,要

特别注意电路中所隐含的谐振现象。

　　感抗和容抗对谐波作用不同这种特性在工程实际中有着广泛的应用。例如,利用电感和电容的电抗随频率变化的特点可以组合成各种形式的电路,将这种电路连接在输入和输出之间时,可以让某些所需要的频率分量顺利地通过而抑制某些不需要的分量。这种电路称为滤波器,如图 7－7 所示。滤波器在电信工程中应用很广,一般按照它的功用可以分为低通滤波器、高通滤波器、带通滤波器、带阻滤波器等。

　　图 7－7(a)所示为一个简单的低通滤波器,图中电感元件对高频电流有很强的抑制作用,而电容元件对高频电流的分流作用很强,这样输出信号中的高频成分小,而低频成分大。图 7－7(b) 所示是最简单的高通滤波器,其作用原理可做类似分析。不过实际的滤波器的电路结构要复杂得多,像图 7－7 所示的滤波器很难满足更高的要求。实际中的滤波器将在后续课程中阐述。

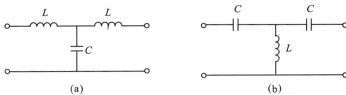

图 7－7　简单滤波器

本章小结

1．电工技术中的非正弦周期函数分解为傅里叶级数

$$f(t) = A_0 + \sum_{k=1}^{\infty} A_{km} \sin(k\omega t + \Psi_k) \text{ 或 } f(t) = a_0 + \sum_{k=1}^{\infty}(a_k \cos k\omega t + b_k \sin k\omega t)$$

根据波形的对称性,可以确定它的傅里叶级数展开式中不含有哪些谐波分量。

2．非正弦周期函数简化

$$f(t) = \sum_{k=1}^{\infty} b_k \sin k\omega t \qquad\qquad f(t) = -f(-t) \text{(奇函数,原点对称)}$$

$$f(t) = a_0 + \sum_{k=1}^{\infty} a_k \cos k\omega t \qquad\qquad f(t) = f(-t) \text{(偶函数,纵轴对称)}$$

$$f(t) = \sum_{k=1}^{\infty}(a_k \cos k\omega t + b_k \sin k\omega t)(k \text{ 为奇数}) \quad f(t) = f\left(t + \frac{T}{2}\right) \text{(奇谐波函数,镜对称)}$$

3．非正弦周期性电流、电压的有效值为

$$I = \sqrt{I_0^2 + \sum_{k=1}^{\infty} I_k^2} = \sqrt{I_0^2 + I_1^2 + \cdots + I_k^2 + \cdots}$$

$$U = \sqrt{U_0^2 + \sum_{k=1}^{\infty} U_k^2} = \sqrt{U_0^2 + U_1^2 + \cdots + U_k^2 + \cdots}$$

平均值为　　　　$I_{av} = \dfrac{1}{T}\int_0^T |i(t)| \, dt \qquad U_{av} = \dfrac{1}{T}\int_0^T |u(t)| \, dt$

平均功率为　　　　　　　　　$P = P_0 + \sum_{k=1}^{\infty} U_k I_k \cos \varphi_k$

无功功率为
$$Q = \sum_{k=1}^{\infty} U_k I_k \sin \varphi_k$$

视在功率为
$$S = UI = \sqrt{U_0^2 + \sum_{k=1}^{\infty} U_k^2} \times \sqrt{I_0^2 + \sum_{k=1}^{\infty} I_k^2}$$

4. 非正弦周期性电路的分析计算——谐波分析法

分析计算的步骤:将激励信号分解为傅里叶级数,分别计算激励信号的各次谐波单独作用下的响应,最后把各次谐波响应的解析式相加。

习　题

7-1　若非正弦周期电流已经分解为傅里叶级数,$i(t) = I_0 + I_{m1}\sin(\omega t + \Psi_1) + \cdots$,试判断下面各式的正误:

(1) 有效值 $I = I_0 + I_1 + I_2 + \cdots + I_k + \cdots$　　　　　　　　(　)

(2) 有效值相量 $I = I_1 + I_2 + I_3 + \cdots + I_k + \cdots$　　　　　　(　)

(3) 振幅 $I_m = I_0 + I_{1m} + I_{2m} + \cdots + I_{km} + \cdots$　　　　　　(　)

(4) $I = \sqrt{\left(\dfrac{I_0}{\sqrt{2}}\right)^2 + \left(\dfrac{I_{1m}}{\sqrt{2}}\right)^2 + \cdots}$　　　　　　　　(　)

(5) $I = \sqrt{I_0^2 + I_1^2 + I_2^2 + \cdots + I_k^2 + \cdots}$　　　　　　(　)

(6) 平均功率 $P = \sqrt{P_0^2 + P_1^2 + \cdots + P_k^2 + \cdots}$　　　　(　)

(7) $P = P_0 + P_1 + P_2 + \cdots + P_k + \cdots$　　　　　　　(　)

7-2　已知一个半波整流后的电流幅值 $I_m = 5$ A,$f = 50$ Hz,查表 7-1 将它分解成傅里叶级数(精确到四次谐波)。

7-3　试求周期电压 $u(t) = [10 + 4\sin(\omega t - 15°) + \sin(2\omega t + 30°)]$V 的有效值。

7-4　一个电压源的电压为 $u_S(t) = (100\sin100\pi t + 5\sin300\pi t)$V,分别把(1)$R = 100\ \Omega$ 的电阻元件;(2)$L = (1/\pi)$H 的电感元件:(3)$C = (100/\pi)\mu$F 的电容元件接到该电压源上。试分别求出它们的电流的解析式。

7-5　在 RLC 串联电路中,已知 $R = 100\ \Omega$,$L = 2.26$ mH,$C = 10\ \mu$F,基波角频率为 $\omega_1 = 100\pi$ rad/s,试求对应于基波、三次谐波、五次谐波时的谐波阻抗。

7-6　已知锯齿波的幅值为 $U_m = 10\sqrt{3}$ V,查表 7-1 计算它的有效值和平均值。

7-7　已知图 7-8 所示,二端口网络的电流 $i = [0.8\sin(314t - 85°) + 0.25\sin(942t - 105°)]$A,电压 $u = 311\sin314t$ V,求该网络吸收的平均功率。

7-8　图 7-9 所示电流通过一个 $R = 20\ \Omega$,$\omega L = 30\ \Omega$ 的串联电路,求出路的平均功率、无功功率及视在功率。

7-9　图 7-10 所示的电路中,$L = 5$ H,$C = 10\ \mu$F,$R = 2$ kΩ,加在该电路中的电压为全波整流波形,其幅值为 $U_m = 157$ V,$\omega = 314$ rad/s,求 R 两端的电压(取傅里叶级数前三项)。

7-10　已知 RLC 串联电路的端口电压和电流为
$$u(t) = [100\sin100\pi t + 50\sin(3 \times 100\pi t - 30°)]\text{V}$$
$$i(t) = [10\sin100\pi t + 1.755\sin(300\pi t + \Psi)]\text{A}$$

试求：(1)电路中的 L、C；(2)Ψ；(3)电路的功率。

7-11　图 7-11 所示电路,已知 $u_1(t)=(U_{1m}\sin\omega t+U_{3m}\sin3\omega t)$V,如 $L=0.12$ H,$\omega=314$ rad/s,若 $u_2=U_{1m}\sin\omega t$ V,试确定 C_1、C_2 的值。

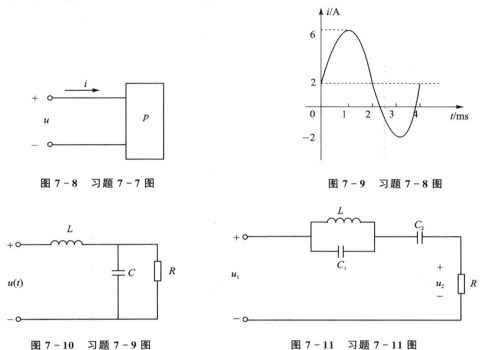

图 7-8　习题 7-7 图　　　　　　　　图 7-9　习题 7-8 图

图 7-10　习题 7-9 图　　　　　　　　图 7-11　习题 7-11 图

7-12　设二端口网络在关联参考方向下,有

$$u=\left[50+20\sqrt{2}\sin(\omega t+20°)+6\sqrt{2}\sin(2\omega t+80°)\right]\text{ V}$$

$$i=\left[20+10\sqrt{2}\sin(\omega t-10°)+5\sqrt{2}\sin(2\omega t+20°)\right]\text{ A}$$

求电压和电流的有效值以及该二端口网络吸收的平均功率。

测试题

7-1　判断题(12 分)

(1) 两个同频率正弦交流电压之和不是正弦交流电压。(　　)

(2) 若电路中存在非线性元件,即使电源是正弦的,也会产生非正弦周期电流。(　　)

(3) 非正弦周期电流或电压的有效值与各次谐波的初相有关。(　　)

(4) 非正弦周期电路中,不同频率的电压和电流只产生瞬时功率,而不产生平均功率。(　　)

(5) 非正弦周期电路的平均功率等于直流分量和各正弦谐波分量产生的平均功率之和。(　　)

(6) 偶函数的傅里叶级数中不含余弦项。(　　)

7-2　选择题(20 分)

(1) 对非正弦进行谐波分析时,与非正弦周期波频率相同的分量叫做(　　)。

　　A. 谐波　　　　B. 直流分量　　　　C. 基波　　　　D. 二次谐波

(2) 非正弦周期电流和电压的有效值等于各次谐波分量(　　)平方和的平方根。

A. 有效值　　　　B. 最大值　　　　C. 平均值　　　　D. 瞬时值

（3）某一电压 $u=(20\sqrt{2}+10\sqrt{2}\sin\omega t+9\sin 3\omega t)$ V,则它的有效值为（　　）。

A. $\sqrt{20^2+10^2+9^2}$ V　　　　B. $\sqrt{(20\sqrt{2})^2+10\sqrt{2}^2+9^2}$ V

C. $\sqrt{20^2+10^2+(9\sqrt{2})^2}$ V　　　D. $\sqrt{(20\sqrt{2})^2+10^2+(9\sqrt{2})^2}$ V

（4）已知电路端电压 $u=(10+8\sin\omega t)$ V,电路中电流 $i=[6+4\sin(\omega t-60°)]$ A,则电路消耗的功率为（　　）。

A. 68 W　　　　B. 60 W　　　　C. 76 W　　　　D. 92 W

（5）某电阻为 10 Ω,其上电压为 $u=[80\sin\omega t+60\sin(3\omega t+60°)]$ V,则此电阻消耗的功率为（　　）。

A. 1 400 W　　　B. 500 W　　　　C. 220 W　　　D. 400 W

（6）下列电流表达式的波形中（　　）属于非正弦波。

A. $i=(4\sin\omega t+7\sin\omega t)$ A　　　B. $i=(6\sin\omega t+3\cos\omega t)$ A

C. $i=(14\sin\omega t+3\sin 3\omega t)$ A　　D. $i=(6\sin\omega t-7\cos\omega t)$ A

（7）感抗 $\omega L=3$ Ω,端电压 $u=[6\sin(\omega t+20°)+9\sin(3\omega t+80°)]$ V 时,其中电流为（　　）A。

A. $2\sin(\omega t+20°)+3\sin(3\omega t+80°)$　　B. $2\sin(\omega t-70°)+3\sin(3\omega t-10°)$

C. $2\sin(\omega t-70°)+\sin(\omega t-70°)$　　D. $2\sin(\omega t-70°)+\sin(3\omega t-10°)$

（8）感抗为 $\omega L=3$ Ω 与容抗 $1/(\omega C)=27$ Ω 串联后,接到电流源 $(3\sin\omega t-2\cos 3\omega t)$ A 上,其端电压为（　　）V。

A. $72\sin\omega t-48\cos 3\omega t$　B. $-72\cos\omega t$　C. $-72\sin\omega t$　D. $-72\sin\omega t-48\cos 3\omega t$

（9）测量电流有效值用（　　）电表,测量整流平均值用（　　）电表,测量直流分量用（　　）电表。

A. 整流式　　　　B. 磁电式　　　　C. 电磁式

（10）若电压 $u=[3\sqrt{2}\sin(\omega t-65°)+4\sqrt{2}\sin(3\omega t+60°)]$ V,则电压 u 的有效值为（　　）V。

A. 11　　　　B. 10　　　　C. 5　　　　D. 7

7-3　填空题（34 分）

（1）不按正弦规律做_____变化的电流或电压叫做非正弦周期电流或电压。

（2）一个非正弦波可以分解成为_____的正弦分量,这些正弦分量叫做_____,它们的频率是非正弦周期波频率的_____倍。

（3）有一个电压 $u=[50+120\sin\omega t+60\sin 3\omega t+30\sin(5\sin\omega t+60°)+\cdots]$ V,直流分量为_____,基波为_____,高次谐波为_____。

（4）流过 5Ω 电阻的电流为 $i=(10+14.14\sin 314t+7.07\sin 628t)$ A,用电流表测量该电流,电流表的读数为_____,该电阻消耗的功率为_____。

（5）有一单相变压器,一次绕组为 1 000 匝,二次绕组为 500 匝,该变压器的变压比为_____,若在一次绕组上加电压 $u=(10+20\sqrt{2}\sin 314t)$ V,则一次绕组上电压的有效值为_____,二次绕组上电压的有效值为_____。

（6）下列函数的波形具有的特征为:

① $f_1(t)=6+4\cos\omega t-7\cos 3\omega t$ _____。

② $f_2(t)=6+5\cos2\omega t-7\cos43\omega t$ ＿＿＿＿＿＿。

③ $f_3(t)=9\sin\omega t-7\sin5\omega t$ ＿＿＿＿＿＿。

④ $f_4(t)=\sin\omega t-7\sin2\omega t+6\sin3\omega t$ ＿＿＿＿＿＿。

（7）容抗 $1/(\omega C)=5\Omega$ 中电流 $i=[4\sin(\omega t+20°)-3\sin(3\omega t-90°)]$ A 时，其端电压为 ＿＿＿＿＿＿。

7－4　问答和计算题（34 分）

（1）什么叫做非正弦周期量的谐波分析法？

（2）非正弦周期电流的有效值是怎样规定的？写出非正弦周期电流、电压有效值的计算公式。电路消耗的平均功率是怎样计算的？

（3）图 7－12 所示电路输入电压 u 中含有三次和五次谐波分量，基波角频率为 1 000 rad/s。若要求电阻 R 上的电压中没有三次谐波分量，R 两端电压与 u 的五次谐波分量完全相同，试求 L_1、L_2 的大小。

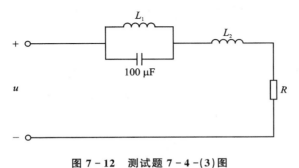

图 7－12　测试题 7－4－(3)图

第8章 线性动态电路的分析

前面几章内容无论是直流还是交流,都是在电路中的电流和电压达到某一稳定状态下进行分析的,这种稳定状态简称稳态。电路从一种稳定状态变化到另一新的稳定状态往往不能跃变,而是需要有一个变化过程,这个过程称为过渡过程,又称为暂态过程、动态过程。过渡过程虽然时间短,但在实际中非常重要。

8.1 换路定律与初始值的计算

含有动态元件 L 和 C 的电路称为动态电路。

8.1.1 电路的动态过程

含有动态元件 L 和 C 的电路有过渡过程,这是因为动态元件上能量的积累和释放需要一定的时间,即其上的能量不能跃变,需要有一个过渡过程;而由单一电阻元件构成的电路中由于没有能量的积累和释放,故没有过渡过程。

8.1.2 换路定律及初始值的计算

电路的接通、切断、短路、电源电压变化或元件参数改变等原因所引起的电路稳定状态的改变称为换路。

设 $t=0$ 为换路时刻,$t=0_-$ 表示换路前最后一瞬间,$t=0_+$ 表示换路后的初始瞬间。

在含有电容元件的电路中,电容元件上储存的电场能量为 $\frac{1}{2}Cu^2$。换路时,由于电场能不能跃变,所以电容元件上的电压不能跃变。在含有电感元件的电路中,电感元件上储存的磁场能量为 $\frac{1}{2}Li^2$。换路时,由于磁场能不能跃变,所以电感元件中的电流不能跃变。即换路瞬间电容元件上的电压和电感元件中的电流均不能跃变,这一规律称为换路定律。

用 $u_C(0_-)$ 和 $i_L(0_-)$ 分别表示换路前最后一瞬间电容电压和电感电流,用 $u_C(0_+)$ 和 $i_L(0_+)$ 分别表示换路后初始瞬间的电容电压和电感电流,则换路定律可以表示为

$$\begin{cases} u_C(0_+) = u_C(0_-) \\ i_L(0_+) = i_L(0_-) \end{cases} \qquad (8-1)$$

换路后初始瞬间,$t=0_+$ 时的电压和电流称为初始值。

根据换路定律可以确定 $t=0_+$ 时电路电容电压的初始值和电感电流的初始值,其他电压和电流的初始值,可以根据 $t=0_+$ 时刻的等效电路求解。

0_+ 时刻的等效电路画法:先由 $t=0_-$ 的电路求出 $u_C(0_-)$ 或 $i_L(0_-)$,再根据换路定律确定出 $u_C(0_+)$ 或 $i_L(0_+)$。若 $u_C(0_+)=0$,电容元件在 0_+ 时刻的等效电路中相当于短路;若 $u_C(0_+)\neq0$,电容元件在 0_+ 时刻的等效电路中用电压为 $u_C(0_+)$ 的电压源表示。若 $i_L(0_+)=$

0,电感元件在 0_+ 时刻的等效电路中相当于开路;$i_L(0_+)\neq0$,电感元件在 0_+ 时刻的等效电路中用电流为 $i_L(0_+)$ 的电流源表示。

在直流激励下,换路前电路处于稳态,电容元件可视作开路,电感元件可视作短路。

例 8 - 1 如图 8 - 1 所示电路,已知参数 $U_S=8$ V,$R=3$ Ω、$R_1=5$ Ω、$R_2=4$ Ω。确定电路中各电流和电压的初始值。开关闭合前电容元件和电感元件均未储能。

解 由换路前的电路得

$$u_C(0_-) = 0$$
$$i_L(0_-) = 0$$

根据换路定律有

$$u_C(0_+) = 0$$
$$i_L(0_+) = 0$$

0_+ 时刻的等效电路如图 8 - 2 所示。

$$i(0_+) = i_1(0_+) = \frac{U_S}{R+R_1} = \frac{8}{3+5} \text{ A} = 1 \text{ A}$$
$$u_L(0_+) = R_1 i_1(0_+) = 5\times1 \text{ V} = 5 \text{ V}$$

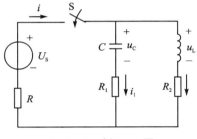

图 8 - 1 例 8 - 1 图

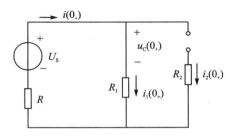

图 8 - 2 例 8 - 1 图的 0_+ 时刻的等效电路

例 8 - 2 确定图 8 - 3 所示电路中各电流的初始值。电路中参数为 $U_S=12$ V,$R=3$ Ω、$R_1=6$ Ω、$R_2=2$ Ω。

解 开关闭合前电路处于稳态,电容电压

$$u_C(0_-) = U_S = 12 \text{ V}$$

根据换路定律,有

$$u_C(0_+) = u_C(0_-) = 12 \text{ V}$$

0_+ 时刻的等效电路如图 8 - 4 所示,有

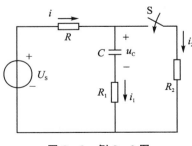

图 8 - 3 例 8 - 2 图

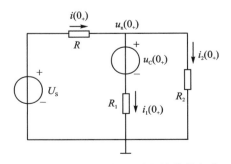

图 8 - 4 例 8 - 2 的 0_+ 时刻的等效电路

$$U_n(0_+) = \dfrac{\dfrac{U_s}{R} + \dfrac{u_C(0_+)}{R_1}}{\dfrac{1}{R} + \dfrac{1}{R_1} + \dfrac{1}{R_2}} = \dfrac{\dfrac{12}{3} + \dfrac{12}{6}}{\dfrac{1}{3} + \dfrac{1}{6} + \dfrac{1}{2}} \; V = 6 \; V$$

则各电流的初始值为

$$i(0_+) = 2 \; A, \quad i_1(0_+) = -1 \; A, \quad i_2(0_+) = 3 \; A$$

8.2 一阶电路的零输入响应

电路中只含有一个动态元件(电容或电感)的电路,称为一阶电路。

一阶电路的零输入响应是指无外激励,即输入信号为零条件下,由元件的初始储能(初始状态不为零)所引起的响应。

8.2.1 RC 电路的零输入响应

RC 电路的零输入响应,实际上就是电容的放电过程。

如图 8-5 所示的 RC 并联电路,换路前电容元件两端电压 $u_C(0_-) = U_0$。在 $t=0$ 时刻换路,电容电路脱离电源,输入信号为零。根据换路定律有 $u_C(0_+) = U_0$。

换路后的电路根据基尔霍夫电压定律,有

$$u_C - u_R = 0$$

电容元件上电压电流关系为

$$i = -C\dfrac{du_C}{dt}$$

则

$$u_C + RC\dfrac{du_C}{dt} = 0$$

上式是一阶线性齐次微分方程,方程的通解形式为 $u_C = Ae^{pt}$,其中 A 为待求系数,p 为特征方程的根。

将 $u_C = Ae^{pt}$ 代入一阶线性齐次微分方程,得特征方程为

$$RCp + 1 = 0$$

$$p = -\dfrac{1}{RC}$$

即

$$u_C = Ae^{-\frac{1}{RC}t}$$

将初始值 $u_C(0_+) = U_0$ 代入上式可得

$$A = U_0$$

所以

$$u_C = U_0 e^{-\frac{1}{RC}t} \tag{8-2}$$

令 $\tau = RC$,τ 的单位为秒(s),τ 称为电路的时间常数。

换路后电容电流为

$$i = -C\dfrac{du_C}{dt} = \dfrac{U_0}{R}e^{-\frac{t}{\tau}}$$

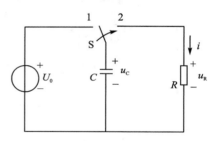

图 8-5 RC 电路的零输入响应

换路后电阻上的电压为
$$u_R = Ri = U_0 e^{-\frac{t}{\tau}}$$

电容电压和电流随时间变化的曲线如图 8-6 所示。

电容电压和电流都是随时间按指数规律衰减的,衰减的快慢取决于电路的时间常数。时间常数越大,电容电压和电流衰减的越慢。改变 R 或 C 的数值,就可以改变电路的时间常数,也就可以改变电容放电的快慢。

当 $t = \tau$ 时,有

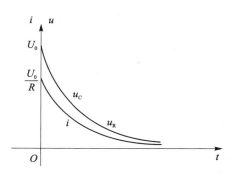

图 8-6　RC 电路的零输入响应曲线

$$u_C = U_0 e^{-1} = \frac{U_0}{2.718} = (36.8\%)U_0$$

即电压 u_C 衰减到初始值 U_0 的 36.8% 所需的时间为 τ。

表 8-1 为电容电压随时间变化的数值。

表 8-1　电容电压随时间变化的数值表

t	0	τ	2τ	3τ	4τ	5τ	$\cdots$	∞
$e^{-\frac{t}{\tau}}$	$e^0 = 1$	$e^{-1} = 0.368$	$e^{-2} = 0.135$	$e^{-3} = 0.050$	$e^{-4} = 0.018$	$e^{-5} = 0.007$	$\cdots$	$e^{-\infty} = 0$
u_C	U_0	$0.368U_0$	$0.135U_0$	$0.050U_0$	$0.018U_0$	$0.007U_0$	$\cdots$	0

从理论上讲,电路只有经过 $t = \infty$ 的时间才能达到稳定。但在工程计算时,一般认为换路后经过 $3\tau \sim 5\tau$ 的时间,过渡过程就已经结束。

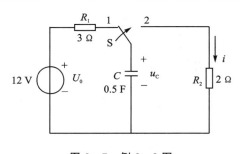

图 8-7　例 8-3 图

例 8-3　电路如图 8-7 所示,$t = 0$ 时,开关由 1 转至 2,求换路后,电容电压 u_C。

解　换路前
$$u_C(0_-) = U_0 = 12 \text{ V}$$

换路后电容电压初始值为
$$u_C(0_+) = u_C(0_-) = 12 \text{ V}$$

换路后电路时间常数为
$$\tau = R_2 C = 2 \times 0.5 \text{ s} = 1 \text{ s}$$

则电容电压为
$$u_C = 12e^{-t} \text{ V}, \quad t \geqslant 0$$

8.2.2　RL 电路的零输入响应

如图 8-8 所示电路。在换路前,电路处于稳定状态,电感元件中通过的电流 $i_L(0_-) = I_0$。在 $t = 0$ 换路,电感电路脱离电源。

换路后,根据基尔霍夫电压定律,有
$$u_L + u_R = 0$$

则

$$L\frac{di_L}{dt} + Ri_L = 0$$

上式也是一个一阶线性齐次微分方程,方程的通解为 $i_L = Ae^{pt}$,将通解代入一阶线性齐次微分方程,得特征方程为

$$Lp + R = 0$$
$$p = -\frac{R}{L}$$

则

$$i_L = Ae^{pt} = Ae^{-\frac{R}{L}t}$$

将初始值 $i_L(0_+) = I_0$ 代入上式,得

$$A = I_0$$

所以

$$i_L = I_0 e^{-\frac{R}{L}t} \qquad (8-3)$$

令 $\tau = \frac{L}{R}$,它是 RL 电路的时间常数。

换路后电感上的电压为

$$u_L = L\frac{di_L}{dt} = -RI_0 e^{-\frac{t}{\tau}}$$

换路后电阻上的电压为

$$u_R = Ri_L = RI_0 e^{-\frac{t}{\tau}}$$

换路后电感元件的电流、电压随时间变化曲线如图 8-9 所示。

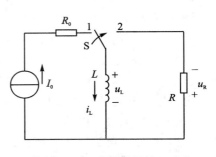

图 8-8　RL 电路的零输入响应

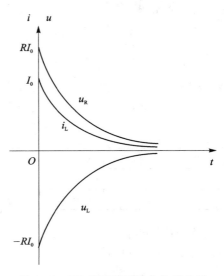

图 8-9　RL 电路的零输入响应曲线

8.3　一阶电路的零状态响应

一阶电路的零状态响应是指换路前电容和电感没有储能,换路后在电源激励下电路所产生的响应。

8.3.1　RC 电路的零状态响应

RC 电路的零状态响应,实际上是电容的充电过程。

图 8-10 是一 RC 串联电路。开关原来打开,$t=0$ 时开关合上。

换路后,根据基尔霍夫电压定律,有

$$u_C + iR = U_S$$

则

$$u_C + RC\frac{du_C}{dt} = U_S$$

上式是一阶线性非齐次微分方程。该方程的解由特解 u'_C 和通解 u''_C 两部分组成。即

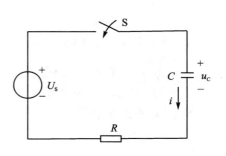

图 8-10　RC 电路的零状态响应

$$u_C = u'_C + u''_C$$

设 $u'_C = K$，得

$$U_s = RC \frac{dK}{dt} + K$$

故有

$$K = U_s$$

则特解为

$$u'_C = U_s$$

通解应满足

$$RC \frac{du''_C}{dt} + u''_C = 0$$

则

$$u''_C = A e^{pt}$$

将通解代入一阶线性齐次微分方程，得特征方程为

$$RCp + 1 = 0$$

$$p = -\frac{1}{RC}$$

于是有

$$u''_C = A e^{-\frac{1}{RC}t}$$

则

$$u_C = u'_C + u''_C = U_s + A e^{-\frac{1}{RC}t}$$

根据 $u_C(0_+) = 0$，得

$$A = -U_s$$

所以电容的电压为

$$u_C = U_s - U_s e^{-\frac{1}{RC}t} = U_s(1 - e^{-\frac{1}{RC}t}) = U_s(1 - e^{-\frac{t}{\tau}}) \quad (8-4)$$

换路后，电容电流为

$$i = C \frac{du_C}{dt} = \frac{U_s}{R} e^{-\frac{t}{\tau}}$$

电阻上的电压为

$$u_R = Ri = U_s e^{-\frac{t}{\tau}}$$

电压、电流的变化曲线如图 8-11 所示。

例 8-4　图 8-12 所示的电路，$U=18$ V，$R_1=3$ kΩ，$R_2=6$ kΩ，$R_3=2$ kΩ，$C=50$ μF，$t=0$ 时开关合上。换路前，电路处于稳态，求换路后，电容电压 u_C。

解
$$u_C(0_+) = u_C(0_-) = 0$$
换路后电容电压稳态值为

$$u_C(\infty) = \frac{R_2}{R_2 + R_1} U_s = 12 \text{ V}$$

换路后电路时间常数为

$$\tau = \left(\frac{R_1 R_2}{R_1 + R_2} + R_3 \right) C = 4 \times 10^3 \times 50 \times 10^{-6} \text{ s} = 0.2 \text{ s}$$

则电容电压为

$$u_C = 12(1 - e^{-5t}) \text{ V}, \qquad t \geqslant 0$$

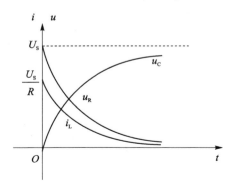

图 8 - 11　RC 电路的零状态响应曲线

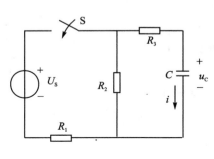

图 8 - 12　例 8 - 4 图

8.3.2　RL 电路的零状态响应

图 8 - 13 是 RL 串联电路,开关未闭合前电感元件中的电流为零。在 $t=0$ 时将开关合上,电路与电源接通。

换路前电感元件未储有能量,故 $i_L(0_+) = i_L(0_-) = 0$。

换路后,根据基尔霍夫电压定律,有

$$u_L + Ri_L = U_S$$

则

$$L \frac{\mathrm{d}i_L}{\mathrm{d}t} + Ri_L = U_S$$

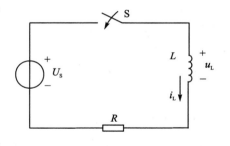

图 8 - 13　RL 电路的零状态响应

上式是一个一阶线性非齐次微分方程,它的解也由特解 i'_L 和通解 i''_L 两部分组成。即

$$i_L = i'_L + i''_L$$

设 $i'_L = K$,得

$$U_S = L \frac{\mathrm{d}K}{\mathrm{d}t} + RK$$

故有

$$K = \frac{U_S}{R}$$

则特解为

$$i'_L = \frac{U_S}{R}$$

通解应满足

$$L \frac{\mathrm{d}i''_L}{\mathrm{d}t} + Ri''_L = 0$$

则通解为

$$i''_L = Ae^{pt}$$

将通解代入一阶线性齐次微分方程,得特征方程为

$$Lp + R = 0$$

$$p = -\frac{R}{L}$$

则

$$i''_L = Ae^{pt} = Ae^{-\frac{R}{L}t}$$

有

$$i_L = i'_L + i''_L = \frac{U_S}{R} + Ae^{-\frac{R}{L}t}$$

根据 $i_L(0_+) = 0$,得

$$A = -\frac{U_S}{R}$$

则

$$i_L = \frac{U_S}{R} - \frac{U_S}{R}e^{-\frac{R}{L}t} = \frac{U_S}{R}(1 - e^{-\frac{t}{\tau}}) \qquad (8-5)$$

电感上的电压为

$$u_L = L\frac{di_L}{dt} = U_S e^{-\frac{t}{\tau}}$$

电阻上的电压为

$$u_R = Ri_L = U_S(1 - e^{-\frac{t}{\tau}})$$

例 8 - 5   图 8 - 14 所示的电路,$t=0$ 时开关合上。
换路前,电路处于稳态,求换路后,电感电流 i_L。

解 $i_L(0_+) = i_L(0_-) = 0$ V

换路后电感电流稳态值为

$$i_L(\infty) = \frac{R_1}{R_1 + R_2}I_S = 2 \text{ A}$$

换路后电路时间常数为

$$\tau = \frac{L}{R_1 + R_2} = 0.1 \text{ s}$$

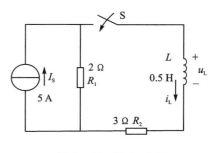

图 8 - 14   例 8 - 5 图

则电感电流为

$$i_L = 2(1 - e^{-10t}) \text{ V}, \qquad t \geqslant 0$$

8.4   全响应及三要素法

换路后,元件的初始状态不为零且有外激励作用时电路的响应,称为电路的全响应。

在图 8 - 10 所示的电路中,开关闭合前,电容有储能,$u_C(0_-) = U_0$,$t = 0$ 时开关合上,换路后,电路的方程为

$$u_R + u_C = U_S$$

则

$$RC\frac{du_c}{dt} + u_c = U_s$$

上式是一阶线性非齐次微分方程。该方程的解也是由其特解 u'_c 和通解 u''_c 组成。即

$$u_c = u'_c + u''_c$$

设 $u'_c = K$，得

$$RC\frac{dK}{dt} + K = U_s$$

故有

$$K = U_s$$

则特解为

$$u'_c = U_s$$

通解应满足

$$RC\frac{du''_c}{dt} + u''_c = 0$$

则通解为

$$u''_c = Ae^{pt}$$

将通解代入一阶线性齐次微分方程，得特征方程为

$$RCp + 1 = 0$$

$$p = -\frac{1}{RC}$$

于是有

$$u''_c = Ae^{-\frac{1}{RC}t}$$

则

$$u_c = u'_c + u''_c = U_s + Ae^{-\frac{1}{RC}t}$$

根据 $u_c(0_+) = U_0$，得

$$A = U_0 - U_s$$

电容元件的电压为

$$u_c = U_s + (U_0 - U_s)e^{-\frac{1}{RC}t} \qquad (8-6)$$

电容元件的电压由两个分量相加而得：U_s 称为稳态分量，也称强制分量，$(U_0 - U_s)e^{-\frac{1}{RC}t}$ 称为暂态分量，也称自由分量。所以有

$$全响应 = 稳态分量 + 暂态分量$$

电容元件的电压也可以写成

$$u_c = U_0e^{-\frac{t}{RC}} + U_s(1 - e^{-\frac{t}{RC}})$$

第一项 $U_0e^{-\frac{t}{RC}}$ 为零输入响应，第二项 $U_s(1 - e^{-\frac{t}{RC}})$ 为零状态响应。也就是说，电路的全响应可分解为零输入响应和零状态响应的叠加。于是全响应可表示为

$$全响应 = 零输入响应 + 零状态响应$$

RL 串联电路的全响应与 RC 串联电路的全响应类似。电感电流为

$$i_L = I_0e^{-\frac{R}{L}t} + \frac{U_s}{R}(1 - e^{-\frac{R}{L}t}) \qquad (8-7)$$

RC 电路和 RL 电路的全响应如写成一般式子,有

$$f(t) = f(\infty) + [f(0_+) - f(\infty)]e^{-\frac{t}{\tau}} \qquad (8-8)$$

$f(t)$ 表示任一电流或电压响应,$f(\infty)$ 为稳态值,$f(0_+)$ 为初始值,τ 为电路的时间常数。

只要求得 $f(0_+)$、$f(\infty)$ 和 τ 这三个要素,就能直接写出电路的响应,这就是一阶电路的三要素法。

例 8-6　图 8-15 所示的电路,$U_s = 20$ V,$R_1 = 3$ kΩ,$R_2 = 5$ kΩ,$R_3 = 2$ kΩ,$R_4 = 3$ kΩ,$C = 0.1$ μF,$t = 0$ 时开关打开。换路前,电路处于稳态,求换路后,电容电压 u_C。

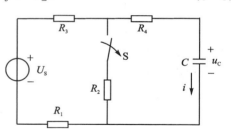

图 8-15　例 8-6 图

解

u_C 的初始值

$$u_C(0_+) = \frac{R_2}{R_1 + R_2 + R_3}U_s = \frac{5 \times 10^3}{(3+5+2) \times 10^3} \times 20 \text{ V} = 10 \text{ V}$$

u_C 的稳态值

$$u_C(\infty) = U_s = 20 \text{ V}$$

换路后电路时间常数为

$$\tau = (R_1 + R_3 + R_4)C = 8 \times 10^3 \times 0.1 \times 10^{-6} \text{ s} = 8 \times 10^{-4} \text{ s}$$

则电容电压为

$$u_C = \left[20 + (10-20)e^{-\frac{t}{8 \times 10^{-4}}}\right] \text{ V} = 20 - 10e^{-1\,250t} \text{ V}, \qquad t \geq 0$$

8.5　一阶电路的阶跃响应

8.5.1　单位阶跃函数

单位阶跃函数用 ε(t) 表示,其定义式为

$$\varepsilon(t) = \begin{cases} 0, & t \leq 0_- \\ 1, & t \geq 0_+ \end{cases} \qquad (8-9)$$

它的波形如图 8-16 所示,$t = 0$ 称为跳变点。单位阶跃函数可以用来描述图 8-17(a) 的开关动作,开关 S 的动作表示在 $t = 0$ 时电路接到 1 V 的直流电源上,并且持续下去,引入阶跃函数后,只要将激励改写为 ε(t) 就可以,如图 8-17(b) 所示。

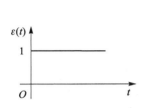
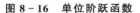

图 8-16　单位阶跃函数

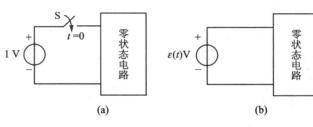

图 8-17　阶跃函数的开关作用

如果单位阶跃函数从 t_0 开始,可表示为

$$\varepsilon(t - t_0) = \begin{cases} 0, & t \leqslant 0_- \\ 1, & t \geqslant 0_+ \end{cases} \qquad (8-10)$$

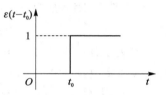

图 8 - 18　延迟的单位阶跃函数

式(8 - 10)也称为延迟的单位阶跃函数,它的波形如图 8 - 18 所示。

幅值为 1 的矩形脉冲信号如图 8 - 19(a)所示,可以把它看成是由图 8 - 19(b)、(c)两个阶跃函数合成的,其表达式为

$$f(t) = \varepsilon(t) - \varepsilon(t - t_0) \qquad (8-11)$$

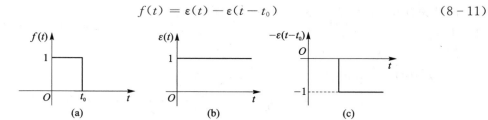

图 8 - 19　矩形波的合成

此外,单位阶跃函数还可以用来"起始"任意一个函数 $f(t)$。设 $f(t)$ 是对所有 t 都有定义的一个任意函数,如果在 t_0 时"起始"这个函数,其表达式为

$$f(t)\varepsilon(t - t_0) = \begin{cases} 0, & t \leqslant t_0 \\ f(t), & t \geqslant t_0 \end{cases} \qquad (8-12)$$

它的波形如图 8 - 20 所示。

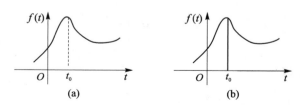

图 8 - 20　单位阶跃函数的"起始"作用

8.5.2　一阶电路的阶跃响应

零状态电路对阶跃信号产生的响应称为阶跃响应。将电路在直流激励下的零状态响应中激励量改为阶跃量,该电路将产生阶跃响应。RC 串联电路在电源电压 U_S 下的零状态响应为

$$u_C = U_S(1 - e^{-\frac{t}{RC}}, \quad t \geqslant 0 \qquad (8-13)$$

则 RC 串联电路在阶跃电压 $U_S\varepsilon(t)$ 作用下的阶跃响应为

$$u_C = U_S(1 - e^{-\frac{t}{RC}})\varepsilon(t) \qquad (8-14)$$

式(8 - 14)不用标注 $t \geqslant 0$,因式中包含 $\varepsilon(t)$。波形如图 8 - 21 所示。

如果阶跃激励在 t_0 时施加在电路上,则阶跃响应为

$$u_C = U_S(1 - e^{-\frac{t-t_0}{RC}})\varepsilon(t - t_0) \qquad (8-15)$$

图 8 - 22 所示 RL 电路的阶跃响应为

$$i_{\mathrm{L}} = I_{\mathrm{S}}(1 - \mathrm{e}^{-\frac{R_0}{L}t})\varepsilon(t) \qquad (8-16)$$

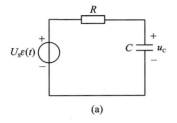

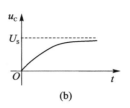

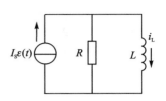

图 8 - 21　阶跃响应　　　　　　　　　图 8 - 22　RL 电路的阶跃响应

例 8 - 7　如图 8 - 23(a)所示电路,激励是图 8 - 23(b)脉冲电压,求电路中的响应 u_{C}。

解　解法一,在 $0 \leqslant t \leqslant t_0$ 时,u_{C} 是零状态响应,有

$$u_{\mathrm{C}} = U_{\mathrm{S}}(1 - \mathrm{e}^{-\frac{t}{\tau}})$$

当 $t = t_0$ 时,有

$$u_{\mathrm{C}} = U_{\mathrm{S}}(1 - \mathrm{e}^{-\frac{t_0}{\tau}})$$

当 $t \geqslant t_0$ 时,u_{C} 是零输入响应,有

$$u_{\mathrm{C}(t_{0+})} = u_{\mathrm{C}(t_{0-})} = U_{\mathrm{S}}(1 - \mathrm{e}^{-\frac{t_0}{\tau}})$$

$$u_{\mathrm{C}} = U_{\mathrm{S}}(1 - \mathrm{e}^{-\frac{t_0}{\tau}})\mathrm{e}^{-\frac{t-t_0}{\tau}}$$

u_{C} 的波形如图 8 - 3(c)所示。

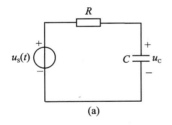

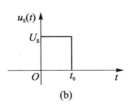

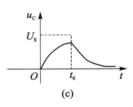

图 8 - 23　例 8 - 7 图

解法二,把脉冲信号分解为两个信号 $U_{\mathrm{S}}\varepsilon(t)$ 和 $-U_{\mathrm{S}}\varepsilon(t-t_0)$,如图 8 - 24(a)、(b)所示,利用叠加原理求解。

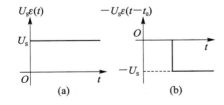

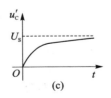

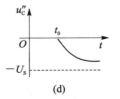

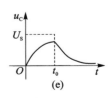

图 8 - 24　例 8 - 7 解法二图

$U_{\mathrm{S}}\varepsilon(t)$ 作用时

$$u'_{\mathrm{C}} = U_{\mathrm{S}}(1 - \mathrm{e}^{-\frac{t}{\tau}})\varepsilon(t)$$

$-U_{\mathrm{S}}\varepsilon(t-t_0)$ 作用时

$$u''_C = -U_S(1 - e^{-\frac{t-t_0}{\tau}})\varepsilon(t-t_0)$$

则有

$$u_C = U_S(1 - e^{-\frac{t}{\tau}})\varepsilon(t) - U_S(1 - e^{-\frac{t-t_0}{\tau}})\varepsilon(t-t_0) \tag{8-17}$$

波形如图 8-24(c)、(d)、(e)所示。

在式(8-17)中,当 $0 \leqslant t \leqslant t_0$ 时,$\varepsilon(t-t_0) = 0$,$\varepsilon(t) = 1$,故 $u_C = U_S(1 - e^{-\frac{t}{\tau}})$;当 $t \geqslant t_0$ 时,$\varepsilon(t-t_0) = 1$,$\varepsilon(t) = 1$,故

$$u_C = U_S(1 - e^{-\frac{t_0}{\tau}})e^{-\frac{t-t_0}{\tau}}$$

与解法一结果一致。

本章小结

1. 换路定律

$$u_C(0_+) = u_C(0_-)$$
$$i_L(0_+) = i_L(0_-)$$

2. 零输入响应与零状态响应

电路的零输入,是指无电源激励,输入信号为零。在此条件下,由元件的初始储能所产生的电路的响应,称为零输入响应。

电路的零状态,是指换路前元件未储有能量。在此条件下,由电源激励所产生的电路的响应,称为零状态响应。

3. 全响应及三要素法

全响应是指有电源激励且元件的初始储能不为零时电路的响应。

全响应=稳态分量+暂态分量　　全响应=零输入响应+零状态响应

一阶电路的三要素法

$$f(t) = f(\infty) + [f(0_+) - f(\infty)]e^{-\frac{t}{\tau}}$$

$f(0_+)$、$f(\infty)$ 和 τ 为一阶电路的三要素,知道三要素,就能直接写出电路的电流或电压响应。

4. 阶跃响应

单位阶跃函数为 $\varepsilon(t)$,延迟的单位阶跃函数为 $\varepsilon(t-t_0)$,零状态电路对阶跃信号产生的响应称为阶跃响应。

习　题

8-1　在图 8-25 所示的电路中,S 断开前电路已处于稳态,求开关 S 断开后电感电压和各电流的初始值。

8-2　电路如图 8-26 所示,在 $t=0$ 时开关 S 闭合。换路前,电路处于稳态,求换路后电容电压 u_C。

8-3　图 8-27 所示的电路,$t=0$ 时开关打开。换路前,电路处于稳态,求换路后电感电流 i_L 及电感电压 u_L。

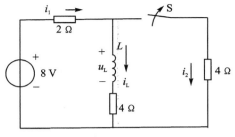

图 8 - 25　习题 8 - 1 图

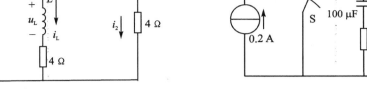

图 8 - 26　习题 8 - 2 图

8 - 4　一 RC 串联电路，$R=10\ \text{k}\Omega$，在 $t=0$ 时接通 20 V 直流电源。经过 1 s 电容充电到10 V。试问该电容为多大？

8 - 5　电路如图 8 - 28 所示，在 $t=0$ 时开关 S 闭合。换路前，电路处于稳态，求换路后电容电压 u_C 及电流 i。

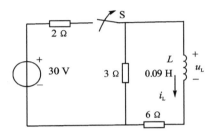

图 8 - 27　习题 8 - 3 图

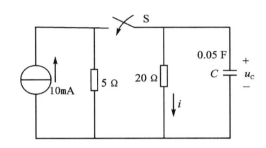

图 8 - 28　习题 8 - 5 图

8 - 6　图 8 - 29 所示的电路，$t=0$ 时开关闭合。换路前，电路处于稳态，求换路后电感电流达到 0.2 A 所需的时间？

8 - 7　在图 8 - 30 中，开关 S 闭合前电路已处于稳态，求开关 S 闭合后电感电流 i_L。

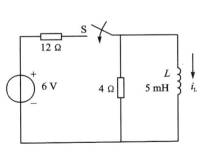

图 8 - 29　习题 8 - 6 图

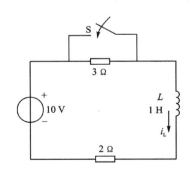

图 8 - 30　习题 8 - 7 图

8 - 8　在图 8 - 31 中，$t=0$ 时开关断开，换路前电路处于稳态，求换路后电路电压 u。

8 - 9　电路如图 8 - 32 所示，换路前电路已处于稳态，试求换路后的 u_C。

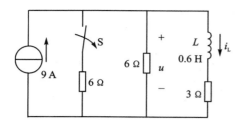

图 8-31 习题 8-8 图

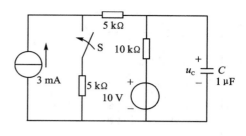

图 8-32 习题 8-9 图

测 试 题

8-1 填空题(25 分)

(1) 如图 8-33 所示电路,已知 $U=2$ V,$R_1=10\ \Omega$,$R_2=10\ \Omega$,$t=0$ 时开关闭合,则换路后电感电压的初始值 $u_L(0_+)$ 为_____。

(2) 电路如图 8-34 所示,$u_C(0_-)=10$ V,$t=0$ 时开关闭合,则换路后经过_____时间电容电压为 5 V。

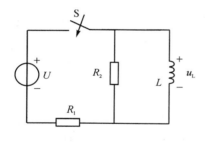

图 8-33 测试题 8-1-(1)图

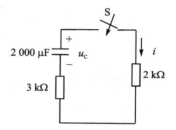

图 8-34 测试题 8-1-(2)图

(3) 如图 8-35 所示 RC 串联电路,$R=10$ kΩ,$C=100\ \mu$F,在 $t=0$ 时接通 12 V 电源,则换路后电容电压 u_C 为_____。

(4) 如图 8-36 所示电路,换路前,电路处于稳态,$t=0$ 时开关打开,则换路后电感电流 i_L 为_____。

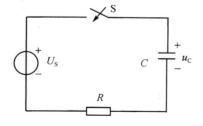

图 8-35 测试题 8-1-(3)图

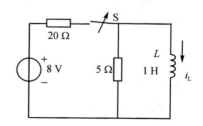

图 8-36 测试题 8-1-(4)图

(5) 一阶电路的全响应=零输入响应+_____=稳态分量+_____。

8-2　选择题(25分)

(1) 下列结论正确的是(　　)。

　　A. 任何电路只要换路就能产生过渡过程。

　　B. $u_L(0_+)=u_L(0_-)$

　　C. 电路换路时,只有电感上的电流和电容上的电压遵循换路定律的约束。

(2) 如图 8-37 所示电路,$t=0$ 时开关闭合,则电路中电流初始值 $i(0_+)$ 为(　　)。

　　A. 1 A　　　　　　　B. 1.5 A　　　　　　　C. 2.5 A

(3) 如图 8-38 所示电路,已知 $W_C=20$ J,$C=40$ μF,$t=0$ 时开关闭合,闭合时电流的初始值为 $i(0_+)=0.5$ A,则电阻为(　　)。

　　A. 500 Ω　　　　　　B. 1 000 Ω　　　　　　C. 2 000 Ω

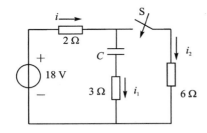

图 8-37　测试题 8-2-(2)图

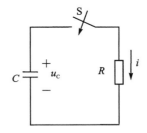

图 8-38　测试题 8-2-(3)图

(4) 图示 8-39 电路中,已知 $U_{S1}=15$ V,$U_{S2}=6$ V,$C=3$ μF,$R_1=1$ kΩ,$R_2=2$ kΩ。开关 S 原来处于 1 位置,电路处于稳态,$t=0$ 时开关 S 由 1 转至 2 位置,则换路后电容电压 u_C 为(　　)。

　　A. $u_C=10-14e^{-500t}$ V　　　B. $u_C=4-10e^{-1\,000t}$ V　　　C. $u_C=4-14e^{-500t}$ V

(5) 如图 8-40 所示电路,换路前电路处于稳态,$t=0$ 时开关闭合,则换路后,电感电流达到 0.25 A 时所需的时间为(　　)。

　　A. 0.245 s　　　　　　B. 0.118 s　　　　　　C. 0.052 s

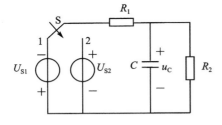

图 8-39　测试题 8-2-(4)图

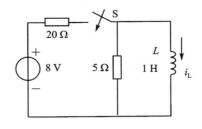

图 8-40　测试题 8-2-(5)图

8-3　简答题(20分)

(1) 什么是动态电路?

(2) 什么是过渡过程?产生过渡过程的原因是什么?

(3) 什么是换路定律?写出换路定律。

(4) 写出 RC 电路时间常数的关系式,其值大小有什么意义?

（5）RC 放电电路中，$C = 500\ \mu\text{F}$，若要求放电后 2 s 内放电结束，则放电电阻应为多少？

8-4　计算题（30 分）

（1）电路如图 8-41 所示，换路前电路已处于稳态，试求换路后的 u_C。

（2）图 8-42 所示电路，换路前电路处于稳态，$t = 0$ 时开关打开，求换路后电感电流 i_L。

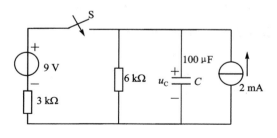

图 8-41　测试题 8-4-(1)图

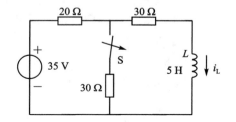

图 8-42　测试题 8-4-(2)图

第9章 双口网络

双口网络在工程中常见,如变压器、滤波器等。本章介绍双口网络常用的 Z、Y、T、H 四种参数方程及双口网络的等效电路。

9.1 双口网络的概述

如果一个网络无论内部结构如何,它只通过两个端钮与外部电路联接,那么对外部电路而言,该网络就是二端网络。这样的一对端钮称为一个端口,所以二端网络也称为一端口网络。

如果一个网络只需要研究输入和输出之间关系时,可以将网络看成是如图 9-1 所示的网络,端钮 1 和 1′ 构成一个端口,为输入端口,端钮 2 和 2′ 构成一个端口,为输出端口。任一时刻,任一端口,如果流入一个端钮的电流等于流出另一端钮的电流,即端钮 1 流入的电流与端钮 1′ 流出的电流相等,端钮 2

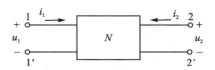

图 9-1 双口网络

流入的电流与端钮 2′ 流出的电流相等,满足这样的端口条件的四端网络称为双口网络,否则称为四端网络。

本章讨论的双口网络,其内部不含独立电源,网络内所有元件都是线性的、非时变的。从图 9-1 可见双口网络有四个变量 u_1、i_1 和 u_2、i_2,在四个变量中任选其中两个作为已知量,另外两个作为待求量,共有六种可能的取法,所以双口网络有六种不同的参数。常用的参数有四种。

9.2 双口网络的方程和参数

对于不含独立电源的双口网络,在分析时按正弦稳态电路来考虑,并应用相量法。如图 9-2 所示,1 和 1′ 端口为输入端口,2 和 2′ 端口为输出端口,四个变量为 $\dot{U}_1$、$\dot{I}_1$、$\dot{U}_2$、$\dot{I}_2$,参考方向如图所示。

9.2.1 短路导纳参数

如图 9-2 所示,把电压相量 $\dot{U}_1$、$\dot{U}_2$ 作为已知量,电流相量 $\dot{I}_1$、$\dot{I}_2$ 作为未知量,应用叠加原理,$\dot{I}_1$、$\dot{I}_2$ 分别是 $\dot{U}_1$、$\dot{U}_2$ 单独作用时产生的电流叠加。

当 $\dot{U}_1$ 单独作用时,$\dot{U}_2=0$,输出端短接,如图 9-3 (a)所示,有 $\dot{I}_1'=Y_{11}\dot{U}_1$,$\dot{I}_2'=Y_{21}\dot{U}_1$;当 $\dot{U}_2$ 单独作用

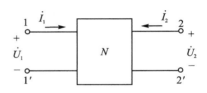

图 9-2 双口网络的变量

时,$\dot{U}_1=0$,输入端短接,如图 9-3(b)所示,有 $\dot{I}_1''=Y_{12}\dot{U}_2$,$\dot{I}_2''=Y_{22}\dot{U}_2$。$\dot{U}_1$、$\dot{U}_2$ 共同作用,得

$$\left.\begin{array}{l} \dot{I}_1 = \dot{I}_1'+\dot{I}_1'' = Y_{11}\dot{U}_1+Y_{12}\dot{U}_2 \\ \dot{I}_2 = \dot{I}_2'+\dot{I}_2'' = Y_{21}\dot{U}_1+Y_{22}\dot{U}_2 \end{array}\right\} \tag{9-1}$$

式(9-1)称为 Y 参数方程。Y_{11}、Y_{21}、Y_{12}、Y_{22} 只与网络内部元件参数及联接有关,具有导纳性质,称为导纳参数。

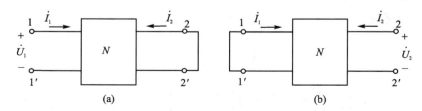

图 9-3 分析 Y 参数

导纳参数可定义为

$$Y_{11} = \frac{\dot{I}_1}{\dot{U}_1}\bigg|_{\dot{U}_2=0}, \qquad Y_{21} = \frac{\dot{I}_2}{\dot{U}_1}\bigg|_{\dot{U}_2=0}, \qquad Y_{12} = \frac{\dot{I}_1}{\dot{U}_2}\bigg|_{\dot{U}_1=0}, \qquad Y_{22} = \frac{\dot{I}_2}{\dot{U}_2}\bigg|_{\dot{U}_1=0}$$

由于导纳参数是在短路条件下计算或测量的,所以又称为短路导纳参数。

例 9-1 求图 9-4(a)所示双口网络的 Y 参数。

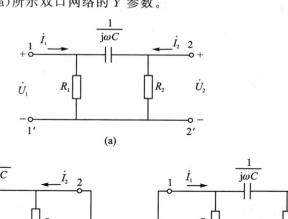

(a)

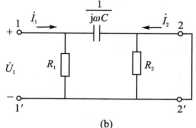

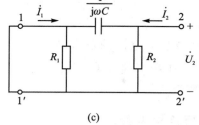

(b)   (c)

图 9-4 例 9-1 图

解 解法一,按定义计算,如图 9-4(b)所示,有

$$Y_{11} = \frac{\dot{I}_1}{\dot{U}_1}\bigg|_{\dot{U}_2=0} = \frac{\left(\frac{1}{R_1}+j\omega C\right)\dot{U}_1}{\dot{U}_1} = \frac{1}{R_1}+j\omega C$$

$$Y_{21} = \frac{\dot{I}_2}{\dot{U}_1}\bigg|_{\dot{U}_2=0} = \frac{-j\omega C\dot{U}_1}{\dot{U}_1} = -j\omega C$$

如图 9 - 4(c)所示,有

$$Y_{12} = \frac{\dot{I}_1}{\dot{U}_2}\bigg|_{\dot{U}_1=0} = \frac{-\mathrm{j}\omega C\dot{U}_2}{\dot{U}_2} = -\mathrm{j}\omega C$$

$$Y_{22} = \frac{\dot{I}_2}{\dot{U}_2}\bigg|_{\dot{U}_1=0} = \frac{\left(\frac{1}{R_2}+\mathrm{j}\omega C\right)\dot{U}_2}{\dot{U}_2} = \frac{1}{R_2} + \mathrm{j}\omega C$$

解法二,利用方程进行计算,如图 9 - 4(a)所示,有

$$\frac{\dot{U}_1}{R_1} + \frac{\dot{U}_1 - \dot{U}_2}{\frac{1}{\mathrm{j}\omega C}} = \dot{I}_1$$

$$\frac{\dot{U}_2}{R_2} + \frac{\dot{U}_2 - \dot{U}_1}{\frac{1}{\mathrm{j}\omega C}} = \dot{I}_2$$

将上式进行变换,有

$$\left(\frac{1}{R_1}+\mathrm{j}\omega C\right)\dot{U}_1 - \mathrm{j}\omega C\dot{U}_2 = \dot{I}_1$$

$$-\mathrm{j}\omega C\dot{U}_1 + \left(\frac{1}{R_2}+\mathrm{j}\omega C\right)\dot{U}_2 = \dot{I}_2$$

与式(9 - 1)比较,得

$$Y_{11} = \frac{1}{R_1} + \mathrm{j}\omega C, \qquad Y_{21} = Y_{12} = -\mathrm{j}\omega C, \qquad Y_{22} = \frac{1}{R_2} + \mathrm{j}\omega C$$

本题中,$Y_{21}=Y_{12}$ 虽然是一个特例,但由互易定理可以证明:若双口网络是互易的,则 $Y_{21}=Y_{12}$,此时双口网络有三个独立参数。

例 9 - 2　求图 9 - 5 所示双口网络的 Y 参数。

解　按图可列方程

$$\dot{U}_1 = R\dot{I}_1 - 3\dot{U}_2 + \dot{U}_2$$

整理后,得

$$\dot{I}_1 = \frac{1}{R}\dot{U}_1 + \frac{2}{R}\dot{U}_2$$

$$\dot{I}_2 = -\dot{I}_1 = -\frac{1}{R}\dot{U}_1 - \frac{2}{R}\dot{U}_2$$

与式(9 - 1)比较,得

$$Y_{11} = \frac{1}{R}, \qquad Y_{12} = \frac{2}{R}, \qquad Y_{21} = -\frac{1}{R}, \qquad Y_{22} = -\frac{2}{R}$$

本题中 $Y_{21}\neq Y_{12}$,由于网络中含有受控源,不是互易双口网络,非互易双口网络有四个独立参数。

9.2.2　开路阻抗参数

假设把图 9 - 2 所示双口网络中电流相量 $\dot{I}_1$、$\dot{I}_2$ 作为已知量,电压相量 $\dot{U}_1$、$\dot{U}_2$ 作为未知量,应用叠加原理,当 $\dot{I}_1$ 单独作用时,$\dot{I}_2=0$,输出端开路;当 $\dot{I}_2$ 单独作用时,$\dot{I}_1=0$,输入端开

路,则 $\dot{I}_1$、$\dot{I}_2$ 共同作用,可得

$$\left.\begin{array}{l} \dot{U}_1 = \dot{U}_1' + \dot{U}_1'' = Z_{11}\dot{I}_1 + Z_{12}\dot{I}_2 \\ \dot{U}_2 = \dot{U}_2' + \dot{U}_2'' = Z_{21}\dot{I}_1 + Z_{22}\dot{I}_2 \end{array}\right\} \tag{9-2}$$

式(9-2)中 Z_{11}、Z_{12}、Z_{21}、Z_{22} 具有阻抗性质,称为阻抗参数。式(9-2)称为 Z 参数方程。阻抗参数可定义为

$$Z_{11} = \left.\frac{\dot{U}_1}{\dot{I}_1}\right|_{I_2=0}, \qquad Z_{21} = \left.\frac{\dot{U}_2}{\dot{I}_1}\right|_{I_2=0}, \qquad Z_{12} = \left.\frac{\dot{U}_1}{\dot{I}_2}\right|_{I_1=0}, \qquad Z_{22} = \left.\frac{\dot{U}_2}{\dot{I}_2}\right|_{I_1=0}$$

由于阻抗参数是在开路条件下计算或测量的,所以又称为开路阻抗参数。

互易双口网络中 Z_{12}、Z_{21} 相同,因此只有三个独立参数。

例 9-3 求图 9-6 所示双口网络的 Z 参数。

解 按定义计算,有

$$Z_{11} = \left.\frac{\dot{U}_1}{\dot{I}_1}\right|_{I_2=0} = \frac{\left(R + \dfrac{1}{j\omega C}\right)\dot{I}_1}{\dot{I}_1} = R + \frac{1}{j\omega C}$$

$$Z_{21} = \left.\frac{\dot{U}_2}{\dot{I}_1}\right|_{I_2=0} = \frac{R\dot{I}_1}{\dot{I}_1} = R$$

$$Z_{12} = \left.\frac{\dot{U}_1}{\dot{I}_2}\right|_{I_1=0} = \frac{R\dot{I}_2}{\dot{I}_2} = R$$

$$Z_{22} = \left.\frac{\dot{U}_2}{\dot{I}_2}\right|_{I_1=0} = \frac{R\dot{I}_2}{\dot{I}_2} = R$$

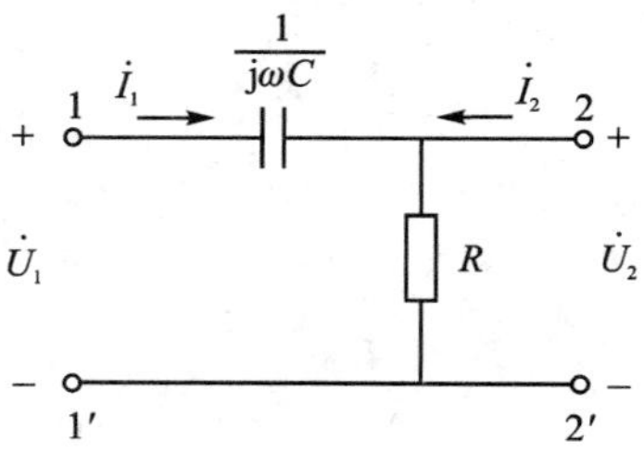

图 9-6 例 9-3 图

9.2.3 传输参数

工程上经常要求 $\dot{U}_1$、$\dot{I}_1$ 和 $\dot{U}_2$、$\dot{I}_2$ 的关系,假设图 9-2 所示双口网络中 $\dot{U}_2$、$\dot{I}_2$ 为已知量,$\dot{U}_1$、$\dot{I}_1$ 作为未知量,得到的网络传输方程为

$$\left.\begin{array}{l} \dot{U}_1 = A\dot{U}_2 + B(-\dot{I}_2) \\ \dot{I}_1 = C\dot{U}_2 + D(-\dot{I}_2) \end{array}\right\} \tag{9-3}$$

电流用 $-\dot{I}_2$ 表示,它与电压 $\dot{U}_2$ 对负载来说是关联参考方向。网络传输方程也称为 T 参数方程。

传输参数定义为

$$A = \left.\frac{\dot{U}_1}{\dot{U}_2}\right|_{I_2=0}, \qquad B = \left.\frac{\dot{U}_1}{-\dot{I}_2}\right|_{\dot{U}_2=0}, \qquad C = \left.\frac{\dot{I}_1}{\dot{U}_2}\right|_{I_2=0}, \qquad D = \left.\frac{\dot{I}_1}{-\dot{I}_2}\right|_{\dot{U}_2=0}$$

传输参数也可以通过 Y 参数求得。

由式(9-1)$\dot{I}_2 = Y_{21}\dot{U}_1 + Y_{22}\dot{U}_2$ 可得

$$\dot{U}_1 = \frac{1}{Y_{21}}(-Y_{22}\dot{U}_2 + \dot{I}_2) = \left(-\frac{Y_{22}}{Y_{21}}\right)\dot{U}_2 - \frac{1}{Y_{21}}(-\dot{I}_2)$$

由式(9-1)$\dot{I}_1 = Y_{11}\dot{U}_1 + Y_{12}\dot{U}_2$ 可得

$$\dot{I}_1 = Y_{11}\left(\left(-\frac{Y_{22}}{Y_{21}}\right)\dot{U}_2 - \frac{1}{Y_{21}}(-\dot{I}_2)\right) + Y_{12}\dot{U}_2 = \left(Y_{12} - \frac{Y_{11}Y_{22}}{Y_{21}}\right)\dot{U}_2 - \frac{Y_{11}}{Y_{21}}(-\dot{I}_2)$$

与式(9-3)比较,有

$$A = -\frac{Y_{22}}{Y_{21}}, \quad B = -\frac{1}{Y_{21}}, C = Y_{12} - \frac{Y_{11}Y_{22}}{Y_{21}}, \quad D = -\frac{Y_{11}}{Y_{21}}$$

互易网络中,由于 $Y_{12} = Y_{21}$,则有

$$AD - BC = \left(-\frac{Y_{22}}{Y_{21}}\right)\left(-\frac{Y_{11}}{Y_{21}}\right) - \left(-\frac{1}{Y_{21}}\right)\left(Y_{12} - \frac{Y_{11}Y_{22}}{Y_{21}}\right) = \frac{Y_{12}}{Y_{21}} = 1$$

可见互易网络中 A、B、C、D 四个参数中也只有三个是独立的。

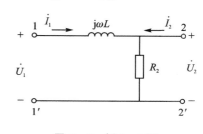

图 9-7　例 9-4 图

例 9-4　求图 9-7 所示双口网络的 T 参数。

解　由图 9-7 列方程,有

$$\dot{U}_1 = j\omega L \dot{I}_1 + \dot{U}_2$$

$$\dot{I}_1 = \frac{\dot{U}_2}{R_2} - \dot{I}_2$$

将 $\dot{I}_1 = \dfrac{\dot{U}_2}{R_2} - \dot{I}_2$ 代入 $\dot{U}_1 = j\omega L \dot{I}_1 + \dot{U}_2$ 得

$$\dot{U}_1 = j\omega L\left(\frac{\dot{U}_2}{R_2} - \dot{I}_2\right) + \dot{U}_2 = \left(\frac{j\omega L}{R_2} + 1\right)\dot{U}_2 - j\omega L \dot{I}_2$$

与式(9-3)比较,得

$$A = \frac{j\omega L}{R_2} + 1, \qquad B = j\omega L, \qquad C = \frac{1}{R_2}, \qquad D = 1$$

也可以通过定义求 A、B、C、D 四个参数。

9.2.4　混合参数

低频电子线路常将 $\dot{I}_1$、$\dot{U}_2$ 作为已知量,$\dot{I}_2$、$\dot{U}_1$ 作为未知量,得到的网络方程为

$$\left.\begin{aligned}\dot{U}_1 &= H_{11}\dot{I}_1 + H_{12}\dot{U}_2 \\ \dot{I}_2 &= H_{21}\dot{I}_1 + H_{22}\dot{U}_2\end{aligned}\right\} \tag{9-4}$$

式(9-4)称为 H 参数方程。

H 参数定义为

$$H_{11} = \left.\frac{\dot{U}_1}{\dot{I}_1}\right|_{\dot{U}_2=0}, \qquad H_{21} = \left.\frac{\dot{I}_2}{\dot{I}_1}\right|_{\dot{U}_2=0}, \qquad H_{12} = \left.\frac{\dot{U}_1}{\dot{U}_2}\right|_{\dot{I}_1=0}, \qquad H_{22} = \left.\frac{\dot{I}_2}{\dot{U}_2}\right|_{\dot{I}_1=0}$$

H 参数也称为混合参数,可以通过 Y 参数求得。

由式(9-1) $\dot{I}_1 = Y_{11}\dot{U}_1 + Y_{12}\dot{U}_2$ 可得

$$\dot{U}_1 = \frac{1}{Y_{11}}(\dot{I}_1 - Y_{12}\dot{U}_2) = \frac{1}{Y_{11}}\dot{I}_1 - \frac{Y_{12}}{Y_{11}}\dot{U}_2$$

由式(9-1) $\dot{I}_2 = Y_{21}\dot{U}_1 + Y_{22}\dot{U}_2$ 可得

$$\dot{I}_2 = Y_{21}\left(\frac{1}{Y_{11}}\dot{I}_1 - \frac{Y_{12}}{Y_{11}}\dot{U}_2\right) + Y_{22}\dot{U}_2 = \frac{Y_{21}}{Y_{11}}\dot{I}_1 + \left(Y_{22} - \frac{Y_{21}Y_{12}}{Y_{11}}\right)\dot{U}_2$$

与式(9-4)比较,有

$$H_{11} = \frac{1}{Y_{11}}, \qquad H_{12} = -\frac{Y_{12}}{Y_{11}}, \qquad H_{21} = \frac{Y_{21}}{Y_{11}}, \qquad H_{22} = Y_{22} - \frac{Y_{21}Y_{12}}{Y_{11}}$$

互易网络中,由于 $Y_{12} = Y_{21}$,则有 $H_{12} = -H_{21}$。可见互易网络 H 参数的四个参数中也只有三个是独立的。

例 9-5 求图 9-8 所示双口网络的 H 参数。

解 按定义计算,将 22′短路,可得

$$H_{11} = \frac{\dot{U}_1}{\dot{I}_1}\bigg|_{\dot{U}_2=0} = R_1 + \frac{R_2 \cdot \dfrac{1}{\mathrm{j}\omega C}}{R_2 + \dfrac{1}{\mathrm{j}\omega C}}$$

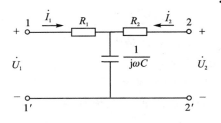

图 9-8 例 9-5 图

$$H_{21} = \frac{\dot{I}_2}{\dot{I}_1}\bigg|_{\dot{U}_2=0} = \frac{-\dfrac{\dfrac{1}{\mathrm{j}\omega C}}{R_2 + \dfrac{1}{\mathrm{j}\omega C}}\dot{I}_1}{\dot{I}_1} = -\frac{\dfrac{1}{\mathrm{j}\omega C}}{R_2 + \dfrac{1}{\mathrm{j}\omega C}}$$

11′开路,可得

$$H_{22} = \frac{\dot{I}_2}{\dot{U}_2}\bigg|_{\dot{I}_1=0} = \frac{\dot{I}_2}{\left(R_2 + \dfrac{1}{\mathrm{j}\omega C}\right)\dot{I}_2} = \frac{1}{R_2 + \dfrac{1}{\mathrm{j}\omega C}}$$

$$H_{12} = \frac{\dot{U}_1}{\dot{U}_2}\bigg|_{\dot{I}_1=0} = \frac{\dfrac{1}{\mathrm{j}\omega C}\dot{I}_2}{\left(R_2 + \dfrac{1}{\mathrm{j}\omega C}\right)\dot{I}_2} = \frac{\dfrac{1}{\mathrm{j}\omega C}}{R_2 + \dfrac{1}{\mathrm{j}\omega C}}$$

例 9-6 求图 9-9 所示双口网络的 H 参数。

解 按定义计算,将 22′短路,可得

$$H_{11} = \frac{\dot{U}_1}{\dot{I}_1}\bigg|_{\dot{U}_2=0} = R_1$$

$$H_{21} = \frac{\dot{I}_2}{\dot{I}_1}\bigg|_{\dot{U}_2=0} = \frac{\beta \dot{I}_1}{\dot{I}_1} = \beta$$

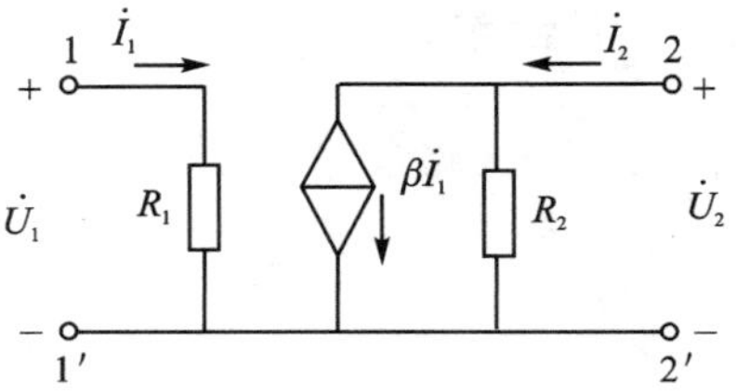

图 9-9 例 9-6 图

11′开路,可得

$$H_{12} = \frac{\dot{U}_1}{\dot{U}_2}\bigg|_{\dot{I}_1=0} = 0$$

$$H_{22} = \frac{\dot{I}_2}{\dot{U}_2}\bigg|_{\dot{I}_1=0} = \frac{1}{R_2}$$

该电路不是互易网络,$H_{12} \neq -H_{21}$。

9.3 双口网络的等效电路

按照等效网络的定义,任何一个不含独立源的线性二端网络,可以用一个等效阻抗(或导

纳)来表示。同理双口网络也可以用最简单的等效电路表征。由于互易双口网络有三个独立参数,最简单的互易双口网络等效电路要用三个元件构成。由三个元件组成的双口网络有两种结构,T型和Ⅱ型结构,如图 9-10 所示。

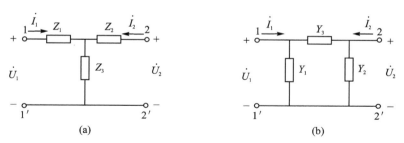

图 9-10　T型及Ⅱ型等效电路

9.3.1　T型等效电路

根据图 9-10(a),可列电路方程

$$\dot{U}_1 = Z_1 \dot{I}_1 + Z_3(\dot{I}_1 + \dot{I}_2) = (Z_1 + Z_3)\dot{I}_1 + Z_3 \dot{I}_2$$
$$\dot{U}_2 = Z_2 \dot{I}_2 + Z_3(\dot{I}_1 + \dot{I}_2) = Z_3 \dot{I}_1 + (Z_2 + Z_3)\dot{I}_2$$

与式(9-2)比较,得

$$Z_{11} = Z_1 + Z_3, \qquad Z_{12} = Z_{21} = Z_3, \qquad Z_{22} = Z_2 + Z_3$$

则

$$Z_1 = Z_{11} - Z_{12}, \qquad Z_2 = Z_{22} - Z_{21}, \qquad Z_3 = Z_{12} = Z_{21}$$

利用上式,可以根据给定的 Z 参数求 T 型等效电路。

9.3.2　Ⅱ型等效电路

根据图 9-10(b),可列电路方程

$$\dot{I}_1 = Y_1 \dot{U}_1 + Y_3(\dot{U}_1 - \dot{U}_2) = (Y_1 + Y_3)\dot{U}_1 - Y_3 \dot{U}_2$$
$$\dot{I}_2 = Y_2 \dot{U}_2 + Y_3(\dot{U}_2 - \dot{U}_1) = -Y_3 \dot{U}_1 + (Y_2 + Y_3)\dot{U}_2$$

与式(9-1)比较,得

$$Y_{11} = Y_1 + Y_3, \qquad Y_{12} = Y_{21} = -Y_3, \qquad Y_{22} = Y_2 + Y_3$$

则

$$Y_1 = Y_{11} + Y_{21}, \qquad Y_2 = Y_{22} + Y_{21}, \qquad Y_3 = -Y_{12} = -Y_{21}$$

利用上式,可以根据给定的 Y 参数,求 Ⅱ 型等效电路。

例 9-7　如图 9-11(a)所示电路,双口网络的 Z 参数为 $Z_{11}=5\ \Omega, Z_{12}=Z_{21}=2\ \Omega, Z_{22}=3\ \Omega, R_L=1\ \Omega$,求输入端口的输入阻抗。

解　将电路等效如图 9-11(b)所示。

$$Z_1 = Z_{11} - Z_{12} = 3\ \Omega$$
$$Z_2 = Z_{22} - Z_{21} = 1\ \Omega$$
$$Z_3 = Z_{12} = Z_{21} = 2\ \Omega$$

输入阻抗

$$Z_{in} = Z_1 + \frac{Z_3(Z_2 + R_L)}{Z_3 + Z_2 + R_L} = 4\ \Omega$$

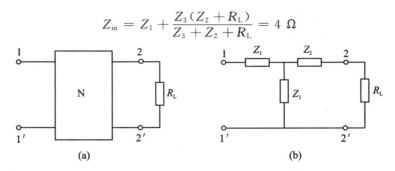

图 9-11　例 9-7 图

本章小结

1. 双口网络的参数和方程

Y 参数方程

$$\dot{I}_1 = Y_{11}\dot{U}_1 + Y_{12}\dot{U}_2$$
$$\dot{I}_2 = Y_{21}\dot{U}_1 + Y_{22}\dot{U}_2$$

Z 参数方程

$$\dot{U}_1 = Z_{11}\dot{I}_1 + Z_{12}\dot{I}_2$$
$$\dot{U}_2 = Z_{21}\dot{I}_1 + Z_{22}\dot{I}_2$$

T 参数方程

$$\dot{U}_1 = A\dot{U}_2 + B(-\dot{I}_2)$$
$$\dot{I}_1 = C\dot{U}_2 + D(-\dot{I}_2)$$

H 参数方程

$$\dot{U}_1 = H_{11}\dot{I}_1 + H_{12}\dot{U}_2$$
$$\dot{I}_2 = H_{21}\dot{I}_1 + H_{22}\dot{U}_2$$

每个双口网络方程中有四个参数,对于互易网络,四组参数有:$Y_{12}=Y_{21}$,$Z_{12}=Z_{21}$,$AD-BC=1$,$H_{12}=-H_{21}$。互易网络四个参数中只有三个是独立的。

2. 双口网络的等效电路

互易双口网络可以用三个阻抗组成的 T 型或 Π 型网络作为它的等效电路。

习　题

9-1　求图 9-12 所示双口网络的 Y、Z、T 参数。

9-2　求图 9-13 所示双口网络的 Y、Z 参数。

9-3　求图 9-14 所示双口网络的 T 参数。

9-4　求图 9-15 所示双口网络的 Z 参数。

9-5　求图 9-16 所示双口网络的 H 参数(已知 $\mu=1/60$)。

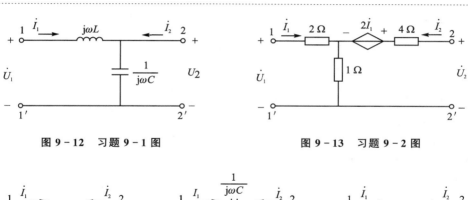

图 9-12 习题 9-1 图   图 9-13 习题 9-2 图

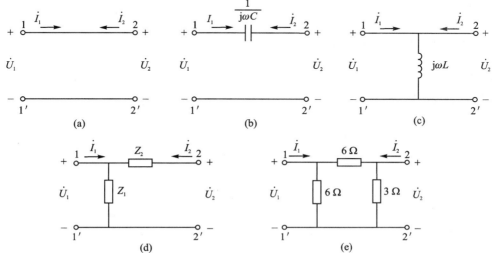

(a)   (b)   (c)

(d)   (e)

图 9-14 习题 9-3 图

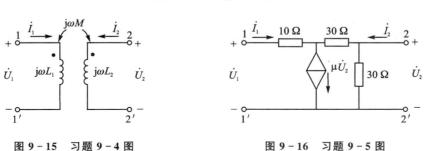

图 9-15 习题 9-4 图   图 9-16 习题 9-5 图

测试题

9-1 填空题(10 分)

(1) 双口网络的 Z 参数也称为_____。

(2) 互易的双口网络有_____个独立参数。

(3) H 参数表示互易网络的条件是_____。

(4) 互易双口网络的传输参数 A、B、C、D 满足_____。

(5) 双口网络的 Y 参数方程是以端口的 $\dot{U}_1$、$\dot{U}_2$ 作为已知量,以_____作为未知量的方程。

9-2　选择题(20 分)

(1) 图 9-17 所示双口网络的 Y_{11} 为(　　)。

A. $\dfrac{1}{5}$ S　　　　　B. $\dfrac{1}{10}$ S　　　　　C. $\dfrac{1}{15}$ S　　　　　D. $\dfrac{1}{50}$ S

(2) 已知双口网络的 Y 参数为 $Y_{11}=5$ S,$Y_{12}=Y_{21}=2$ S,$Y_{22}=4$ S,则其 Π 型等效电路的参数 Y_2 为(　　)。

A. 7 S　　　　　B. 6 S　　　　　C. -2 S　　　　　D. 9 S

(3) 图 9-18 所示双口网络传输参数的 A 为(　　)。

A. n　　　　　B. 1　　　　　C. 0　　　　　D. $\dfrac{1}{n}$

(4) 已知双口网络如图 9-19 所示,则 Z_{22} 为(　　)。

A. $\dfrac{1}{j\omega C}$　　　　　B. 1　　　　　C. 0　　　　　D. $-\dfrac{1}{j\omega C}$

9-3　计算题(70 分)

(1) 求图 9-20 所示双口网络的 Y、T 参数。

(2) 求图 9-21 所示双口网络的 Z 参数。

(3) 求图 9-22 所示双口网络的 T 型等效电路。

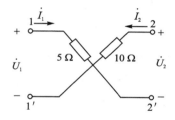

图 9-17　测试题 9-2-(1)图

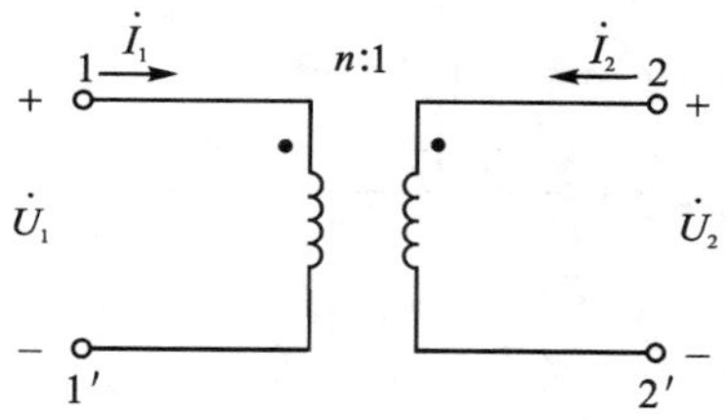

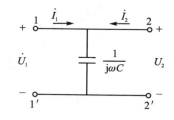

图 9-19　测试题 9-2-(4)图

图 9-18　测试题 9-2-(3)图

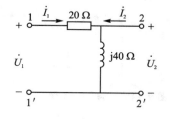

图 9-20　测试题 9-3-(1)图

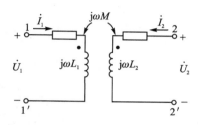

图 9-21　测试题 9-3-(2)图

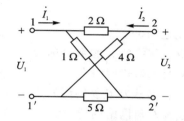

图 9-22　测试题 9-3-(3)图

第 10 章　磁路与铁芯线圈

在电机、变压器、电磁铁及一些铁磁元件中,不仅有电路的问题,同时还有磁路的问题。电与磁是相互联系的,只有同时掌握了电路和磁路的基本理论,才能对各种电器设备进行分析。

10.1　磁场的基本物理量与铁磁物质

10.1.1　磁场的基本物理量

1. 磁感应强度

表示磁场内某点的磁场强弱和方向的物理量为磁感应强度,用 B 表示。它的方向可用右手螺旋定则来确定。

如果磁场内各点的磁感应强度的大小相等,方向相同,这样的磁场则称为均匀磁场。

在国际单位制(SI)中,磁感应强度的单位是特[斯拉](T),常用单位还有高斯(Gs),两者的关系是

$$1T = 10^4 \ Gs$$

2. 磁　　通

磁感应强度(如果不是均匀磁场,则取 B 的平均值)与垂直于磁场方向的面积的乘积,称为通过该面积的磁通,用 Φ 表示,即

$$\Phi = BS \tag{10-1}$$

则 $B = \dfrac{\Phi}{S}$,即磁感应强度在数值上可以看成为与磁场方向相垂直的单位面积所通过的磁通,故又称为磁通密度。

在国际单位制中,磁通的单位是韦伯(Wb)。1T 也就是韦伯每平方米(Wb/m^2)。

3. 磁场强度

磁场强度这个物理量,用 H 表示,磁场强度仅由产生磁场的电流决定,与磁介质性质无关。

$$H = \frac{B}{\mu} \tag{10-2}$$

磁场强度 H 的国际单位制单位是安每米(A/m),工程上常用安每厘米(A/cm)为单位。

磁导率 μ 是用来衡量物质导磁性能的物理量,磁导率 μ 的国际单位制单位为亨/米(H/m)。

实验测得真空中的磁导率为

$$\mu_0 = 4\pi \times 10^{-7} \ H/m$$

任意一种物质的磁导率 μ 和真空磁导率 μ_0 的比值,称为该物质的相对磁导率 μ_r,即

$$\mu_r = \frac{\mu}{\mu_0} = \frac{\mu H}{\mu_0 H} = \frac{B}{B_0} \tag{10-3}$$

安培环路定律内容为在任何磁介质中,磁场强度 H 沿任意闭合曲线 l 的线积分等于穿过

该闭合回线所围面积的电流的代数和,表示式为

$$\oint H \mathrm{d}l = \sum I \qquad (10-4)$$

$\oint H \mathrm{d}l$ 是磁场强度 H 沿任意闭合曲线 l 的线积分;$\sum I$ 是穿过该闭合曲线所围面积的电流的代数和。求 $\sum I$ 时,电流方向与闭合曲线环绕方向之间符合右手螺旋定则的电流为正,反之为负。

如图 10-1 所示的环形线圈,取磁通作为闭合回线,其方向作为回线的环绕方向。有

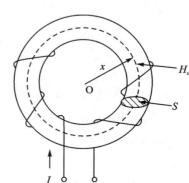

$$\oint H \mathrm{d}l = H_x l_x = H_x \times 2\pi x$$

$$\sum I = NI$$

则

$$H_x \times 2\pi x = NI$$

即

$$H_x = \frac{NI}{2\pi x} = \frac{NI}{l_x}$$

线圈内部半径为 x 处各点的磁感应强度为

图 10-1　环形线圈

$$B_x = \mu H_x = \mu \frac{NI}{l_x}$$

式中,N 是线圈的匝数,$l_x = 2\pi x$ 是半径为 x 的圆周长,H_x 是半径 x 处的磁场强度。式中线圈匝数与电流的乘积 NI 称为磁通势,用字母 F 代表,单位是安[培]A,则有

$$F = NI \qquad (10-5)$$

10.1.2　铁磁物质的磁化

自然界的所有物质按磁导率的大小,可分成磁性材料和非磁性材料两大类。非磁性材料,$\mu \approx \mu_0$,$\mu_r \approx 1$,基本不具有磁化的特性,而且每一种非磁性材料的磁导率都是常数。磁性材料的磁导率很高,$\mu_r \gg 1$,具有被强烈磁化的特性。

磁性物质具有被磁化的特性是因为磁性物质其内部的特殊性。在磁性物质内部有许多小区域,由于磁性物质的分子间的作用力使每一区域显示磁性;这些小区域称为磁畴。在没有外磁场的作用时,各个磁畴排列混乱,磁场互相抵消,对外就不显示磁性,在外磁场作用下磁畴顺外磁场方向转向,显示出磁性。随着外磁场的增强,磁畴逐渐转到与外磁场相同的方向上,产生一个很强的与外磁场同方向的磁化磁场,从而使磁性物质内的磁感应强度大大增加,磁性物质被强烈磁化了。

磁性物质磁性能被广泛地应用于电工设备中,如电机、变压器及各种铁磁元件的线圈中都放有铁芯。在这种具有铁芯的线圈中通入很小的励磁电流,便可产生足够大的磁通和磁感应强度。这就解决了既要磁通大,又要励磁电流小的矛盾。利用优质的磁性材料可使同一容量的电机的质量和体积大大减轻和减小。

1. 起始磁化曲线

磁性物质由于磁化所产生的磁化磁场不会随着外磁场的增强而无限地增强。当外磁场增

大到一定值时,全部磁畴的磁场方向都转向与外磁场的方向一致,这时磁化磁场的磁感应强度达到饱和值,即 B_m,如图 10-2 所示。

当有磁性物质存在时,B 与 H 不成正比,所以磁性物质的磁导率也不是常数,随 H 而变化。

2. 磁滞回线

当铁芯线圈中通有交变电流时,铁芯就受到交变磁化。在电流反复变化时,磁感应强度 B 随磁场强度 H 而变化的关系如图 10-3 所示。由图可见,当 H 已减到零值时,但 B 并未回到零值,这种磁感应强度滞后于磁场强度变化的性质称为磁性物质的磁滞性。

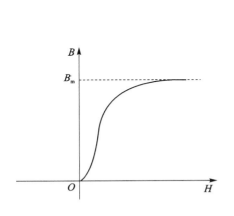

图 10-2　起始磁化曲线

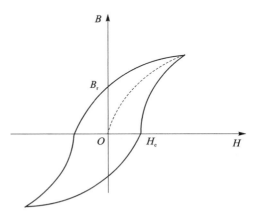

图 10-3　磁滞回线

当线圈中电流减到零值,即 $H=0$ 时,铁芯在磁化时所获得的磁性还未完全消失,这时铁芯中的磁感应强度称为剩磁感应强度 B_r(剩磁)。永久磁铁的磁性就是由剩磁产生的。自励直流发电机的磁极,为了使电压能够建立,也必须具有剩磁。但剩磁有时也是有害的。如工件在平面磨床上加工完毕后,由于电磁吸盘有剩磁,还将工件吸住。为此,要通入反向去磁电流去掉剩磁,才能将工件取下。

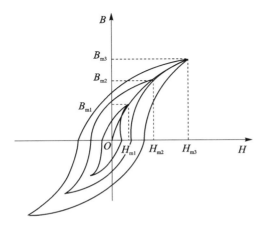

图 10-4　基本磁化曲线

如果要使铁芯的剩磁消失,通常改变线圈中励磁电流的方向,也就是改变磁场强度 H 的方向来进行反向磁化,H_c 称为矫顽磁力。

表示 B 与 H 变化关系的闭合曲线称为磁滞回线。

3. 基本磁化曲线

对于不同的 H 值,铁磁性物质有不同的磁滞回线,将各个不同 H 下的磁滞回线的正顶点连成的曲线称为基本磁化曲线。如图 10-4 所示,基本磁化曲线略低于起始磁化曲线,但相差很小。

综上所述,铁磁性材料具有高导磁性、磁饱和性、剩磁性和磁滞性。

按磁性物质的磁性能,磁性材料可以分成三种类型。

软磁材料:又称永磁材料,具有较小的矫顽磁力,磁滞回线较窄。一般用来制造电机、电器及变压器等的铁芯。常用的有铸铁、硅钢、坡莫合金及铁氧体等。铁氧体在电子技术中应用也很广泛,可做计算机的磁心、磁鼓以及录音机的磁带、磁头。

硬磁材料:具有较大的矫顽磁力,磁滞回线较宽。一般用来制造永久磁铁。常用的有碳钢及铁镍铝钴合金等。

矩磁材料:具有较小的矫顽磁力和较大的剩磁,磁滞回线接近矩形,稳定性也良好。在计算机和控制系统中可用作记忆元件、开关元件和逻辑元件。常用的有镁锰铁氧体及 1J51 型铁镍合金等。

10.2 磁路及磁路定律

10.2.1 磁路

电机、变压器及各种铁磁元件中常用磁性材料做成一定形状的铁芯,铁芯的磁导率比周围空气或其他物质的磁导率大得多,因此磁通的绝大部分经过铁芯而形成一个闭合通路,这部分磁通称为主磁通。经过铁芯而形成的闭合通路称为磁路。图 10-5 为交流接触器的磁路,磁通经过铁芯和空气隙闭合。

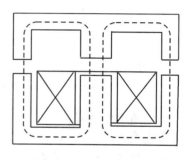

磁通有少量经磁路周围的物质而闭合,有些磁通不经过磁路而闭合,这些统称为漏磁通。漏磁通很小,通常在磁路分析过程中忽略不计。

图 10-5 交流接触器的磁路

10.2.2 磁路的基尔霍夫第一定律

磁路的基尔霍夫第一定律其内容:磁路的任一节点所连各支路磁通的代数和等于零。

表达式为

$$\sum \Phi = 0 \tag{10-6}$$

10.2.3 磁路的基尔霍夫第二定律

磁路的基尔霍夫第二定律内容是:在磁路的任一回路中,各段磁位差的代数和等于各磁通势的代数和。

表达式为

$$\sum U_m = \sum F \tag{10-7}$$

U_m 为磁位差。应用磁路的基尔霍夫第二定律时,要选一环绕方向,当某段磁场强度的参考方向与环绕方向一致时,该段磁位差取正号,反之取负号;若励磁电流的参考方向与环绕方向符合右手螺旋关系时,该磁通势取正号,反之取负号。

当选择中心线的方向与铁芯中磁场方向一致时,每段磁路中心线的磁位差 U_m 等于其磁场强度与长度的乘积,即 $U_{\mathrm{m}} = + Hl$,如选择中心线的方向与磁场方向相反,则 $U_{\mathrm{m}} = - Hl$ 。

则

$$\sum Hl = \sum NI \tag{10-8}$$

10.2.4　磁路的欧姆定律

设一段磁路的长为 l ,截面积为 S ,材料的磁导率为 μ ,磁通为 Φ ,则

$$H = \frac{B}{\mu}, \quad B = \frac{\Phi}{S}$$

有

$$U_{\mathrm{m}} = Hl = \frac{B}{\mu} \times l = \frac{l}{\mu S}\Phi$$

上式中,令

$$R_{\mathrm{m}} = \frac{l}{\mu S} \tag{10-9}$$

R_{m} 称为该段磁路的磁阻。引用了磁阻后,一段磁路的磁位差等于其磁阻与磁通的乘积,即

$$U_{\mathrm{m}} = R_{\mathrm{m}}\Phi \tag{10-10}$$

上式为磁路的欧姆定律。

磁阻的单位为 1/亨(1/H)。

空气的磁导率为常数,所以气隙的磁阻是常数。

10.3　恒定磁通、磁路的计算

磁路计算的问题可以分为两类,一类是已知磁路的磁通及结构、尺寸、材料,计算所需的磁通势,另一类是已知磁路的磁通势及结构、尺寸、材料,计算磁路中的磁通。

10.3.1　已知磁通求磁通势

图 10-6 所示的磁路是由三段串联而成的,如已知各段的材料及尺寸,则磁通势 F 可按以下方法求得。

(1) 按材料、截面积将磁路进行分段,把材料相同、截面积相等的部分作为一段。

(2) 作出磁路的中心线,计算各段磁路的截面积和平均长度。

(3) 计算各段的磁感应强度,可分别按下列各式计算。

$$B_1 = \frac{\Phi}{S_1}, \quad B_2 = \frac{\Phi}{S_2}$$

(4) 根据各段磁路材料的磁化曲线 $B = f(H)$,查出与 $B_1, B_2 \cdots$ 相对应的磁场强度 $H_1, H_2 \cdots$

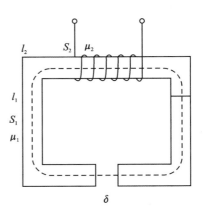

图 10-6　磁　路

空气隙磁场强度 H_0 为

$$H_0 = \frac{B_0}{\mu_0} = \frac{B_0}{4\pi \times 10^{-7}} \approx 0.8 \times 10^6 B_0 \ \text{A/m}$$

（5）由磁路的基尔霍夫第二定律确定所需要的磁通势,即

$$\sum F = \sum NI = \sum Hl$$

10.3.2　已知磁通势求磁通

已知磁通势求磁通时,如果对于无分支的均匀磁路,计算不复杂,若又有分支磁路又不均匀,计算就较复杂,详细计算可参考有关资料,这里不再叙述。

10.4　交流铁芯线圈

铁芯线圈分为直流铁芯线圈和交流铁芯线圈两种,直流铁芯线圈中通过直流电来励磁,因为励磁电流是直流,产生的磁通是恒定的,在线圈中不会感应出电动势来。在一定电压下,线圈中的电流,只和线圈本身的电阻 r 有关,功率损耗也只有 $I^2 r$。交流铁芯线圈中通入交流电来励磁,它在电磁关系、电压电流关系及功率损耗等几个方面和直流铁芯线圈是不同的。

10.4.1　交流铁芯线圈的电流、电压及磁通

交流铁芯线圈电路如图 10-7 所示,有

$$u + e + e_s = ri$$

则

$$u = ri + (-e_s) + (-e) = ri + L_s \frac{di}{dt} + (-e)$$

$$u = u_r + u_s - e$$

电源电压 u 可分线圈电阻上的电压 $u_r = ri$,漏磁通引起的漏磁感应电压 u_s 与线圈感应电动势 e。前两部分数值小,可忽略不计。

则　　　　　　　　$u = -e$

设　　　　　　　　$\phi = \phi_m \sin \omega t$

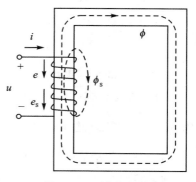

图 10-7　铁芯线圈

则

$$u = -e = N \frac{d\phi}{dt} = N \frac{d(\phi_m \sin \omega t)}{dt} = N\omega \phi_m \cos \omega t =$$

$$2\pi f N \phi_m \sin(\omega t + 90°) = U_m \sin(\omega t + 90°)$$

即

$$U_m = 2\pi f N \phi_m$$

有效值为

$$U = \frac{U_m}{\sqrt{2}} = \frac{2\pi f N \phi_m}{\sqrt{2}} = 4.44 f N \phi_m \tag{10-11}$$

式(10-11)表明,当电源频率与线圈匝数一定时,铁芯中的主磁通与线圈电压成正比。

10.4.2　磁滞损耗与涡流损耗

在交流铁芯线圈中,除线圈电阻上有功率损耗 $I^2 r$(铜损 ΔP_{cu})外,还有处于交变磁化下的铁芯中的功率损耗,即铁损 ΔP_{Fe}。铁损是由磁滞和涡流引起的。

由于磁滞所产生的铁损称为磁滞损耗 P_F。可以证明,交变磁化一周在铁芯的单位体积内所产生的磁滞损耗能量与磁滞回线所包围的面积成正比。磁滞损耗要引起铁芯发热,为了减小磁滞损耗,应选用磁滞回线狭小的软磁性材料制造铁芯。硅钢就是变压器和电机中常用的铁芯材料,其磁滞损耗较小。

由于涡流所产生的铁损称为涡流损耗 P_e。当线圈中通有交流时,铁芯所产生的磁通也是交变的。因此,不仅要在线圈中产生感应电动势,而且在铁芯内也要产生感应电动势和感应电流,这种感应电流称为涡流。涡流损耗也要引起铁芯发热,为了减小涡流损耗,在顺着磁场方向铁芯可由彼此绝缘的钢片叠成,这样就可以限制涡流只能在较小的截面内流通。此外,通常所用的硅钢片中含有少量的硅,因其电阻率较大,可以使涡流减小。

涡流也有有利的一面,如利用涡流的热效应来冶炼金属,利用涡流和磁场相互作用而产生电磁力的原理来制造感应式仪器、滑差电机及涡流测距器等。

生产实际中,铁芯的磁滞损耗和涡流损耗可由经验公式来计算。

铁芯线圈交流电路的有功功率为

$$P = UI\cos\varphi = I^2 r + \Delta P_{Fe} \tag{10-12}$$

10.4.3　交流铁芯线圈的等效电路

交流铁芯线圈的等效电路如图 10-8 所示。

R、X 为线圈的电阻和感抗,由于铁芯中有能量的损耗和能量的储存与释放,因此用电阻 R_0 和感抗 X_0 的串联来等效代替,其中电阻 R_0 是和铁芯中能量损耗(铁损)相应的等效电阻,为 $R_0 = \dfrac{\Delta P_{Fe}}{I^2}$,感抗 X_0 是和铁芯中能量储放(与电源发生能量互换)相应的等效感抗,其值为 $X_0 = \dfrac{Q_{Fe}}{I^2}$,式中 Q_{Fe} 表示铁芯的无功功率。

这段等效电路的复阻抗为

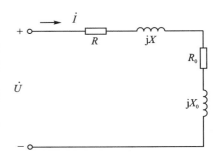

图 10-8　交流铁芯线圈串联等效电路

$$Z_0 = R_0 + jX_0 \tag{10-13}$$

本章小结

1. 磁场的基本物理量

磁感应强度、磁通、磁场强度、磁导率或 $B = \dfrac{\Phi}{S}$;安培环路定律 $\oint H\mathrm{d}l = \sum I$。

2. 铁磁性物质的磁化

磁性材料的磁导率很大,在外部磁场的作用下,由于其内部磁畴的存在,它可以产生远大于外部磁场的附加磁场。

磁滞回线、基本磁化曲线。铁磁材料的高导磁性、磁饱和性、剩磁性和磁滞性。

磁性材料可以分成三种类型：软磁材料、硬磁（永磁）材料、矩磁材料。

3. 磁路及磁路定律

磁路的基尔霍夫第一定律 $\sum \Phi = 0$。

磁路的基尔霍夫第二定律 $\sum U_m = \sum F$。

磁路欧姆定律 $U_m = R_m \Phi$。

4. 磁路计算

已知磁路的磁通及结构、尺寸、材料，计算所需的磁通势。

5. 交流铁芯线圈

交流铁芯线圈中，$U = 4.44 f N \Phi_m$。

交流铁芯线圈中存在铜损和铁损（磁滞损耗、涡流损耗）。

交流铁芯线圈可以用对应的等效电路来表示。

习　题

10 - 1　两种不同的铁磁材料，它们的磁滞回线如图 10 - 9 所示，哪一种是软磁材料，哪一种是硬磁材料，如用来制作交流铁芯，哪种磁滞损耗较小？

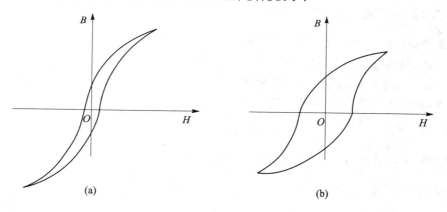

图 10 - 9　习题 10 - 1 图

10 - 2　有一线圈，其匝数 $N = 500$，绕在由铸钢制成的闭合铁芯上，铁芯的截面积 $S_{Fe} = 20\ cm^2$，铁芯的平均长度 $l_{Fe} = 40\ cm$。如要在铁芯中产生磁通 $\Phi = 0.002\ Wb$，试问线圈中应通入多大直流电流？

10 - 3　一有铁芯的线圈接于交流 220 V、50 Hz 的电源上，为了使铁芯不致饱和，规定铁芯的磁通最大值不能超过 $\Phi = 0.002\ Wb$，则铁芯上的线圈至少应绕多少匝？

10 - 4　有一交流铁芯线圈，接在 $f = 50$ Hz 的正弦电源上，铁芯中磁通的最大值为 $\Phi_m = 2.25 \times 10^{-3}\ Wb$，铁芯上绕有一个匝数为 200 匝的线圈，求当此线圈开路时，其端电压数值。

10 - 5　一铁芯线圈，将它接在直流电源上，测得线圈的电阻为 2 Ω，接在交流电源上，测得电压 $U = 100$ V，功率 $P = 80$ W，电流 $I = 2$ A，试求铁芯线圈的铁损和线圈的功率因数。

测试题

10 - 1　填空题(24 分)

(1) 表示磁场内某点的磁场强弱和方向的物理量为_____。

(2) _____是用来衡量物质导磁性能的物理量。

(3) 真空的磁导率为_____。

(4) 安培环路定律表示式为_____。

(5) 一般用来制造永久磁铁的材料为_____。

(6) 当电源频率与线圈匝数一定时,铁芯中的主磁通与线圈电压成_____。

(7) 在交流铁芯线圈中,除线圈电阻上有功损耗外,还有处于交变磁化下的铁芯中的功率损耗,即_____。

(8) 磁路基尔霍夫第二定律表达式为_____。

10 - 2　选择题(16 分)

(1) 某磁性材料具有较小的矫顽磁力,磁滞回线较窄,则该磁性材料为(　　)。

　　A. 软磁材料　　　　　　B. 硬磁材料　　　　　　C. 矩磁材料

(2) 穿过磁极极面的磁通为 4.4×10^{-3} Wb,磁极边长、宽分别为 8 cm 和 5 cm,磁极间的磁通密度为(　　)。

　　A. 1.1 T　　　　　　　B. 1.2 T　　　　　　　C. 1.5 T

(3) 一铁芯线圈,接到电压 220 V、频率 50 Hz 的正弦交流电源上,其电流为 5 A,功率因数为 0.3,忽略线圈电阻和漏磁通,则此线圈的铁芯损耗为_____。

　　A. 1 100 W　　　　　　B. 770 W　　　　　　C. 330 W

(4) 在交流铁芯中用叠片方法是为了(　　)。

　　A. 减少铜损　　　　　　B. 减少磁滞损耗　　　　　　C. 减少涡流损耗

10 - 3　简答题(30 分)

(1) 铁磁性材料具有哪些特点?

(2) 矩磁材料有什么特点?

(3) 什么是磁路的欧姆定律?

(4) 什么是磁滞损耗和涡流损耗,如何减小磁滞损耗和涡流损耗?

(5) 若不慎把一个 220 V 的交流接触器线圈接到 380 V 的交流电源上,会产生什么后果?

10 - 4　计算题(30 分)

(1) 一日光灯镇流器,其铁芯线圈匝数为 500 匝,工作电压为 160 V,电源频率为 50 Hz,忽略线圈电阻和漏磁通,则铁芯中产生磁通最大值为多少?

(2) 将匝数为 100 匝的铁芯线圈接到电压 220 V 的工频正弦电源上,测得线圈的电流为 4 A,功率 100 W,忽略线圈电阻和漏磁通,求铁芯线圈主磁通及串联电路模型参数。

第二部分　实验实训

实验实训基本要求

电工基础实验实训是电工基础教学过程中进行技能基本训练的实践性教学环节,其目的是通过实际操作,把实验实训中的感性认识与基本理论知识有机地结合起来,进一步掌握和巩固理论知识;学会常用仪表、仪器的正确使用;培养、提高分析和解决实际问题的能力;学会处理实验数据、分析实验结果、编写实验实训报告;培养严谨的、实事求是的科学作风;养成遵守操作规程、爱护公共财产的优良品德。

为了做好每次实验实训、安全用电,达到预期的目标,简述完成实验实训的基本要求:

1. 实验实训前的准备

每次实验前,必须仔细阅读实验教材,复习有关的理论知识,明确本次实验的目的和任务,看懂实验电路,熟悉实验步骤和需要测试、记录的实验数据,了解所用实验仪器设备的技术性能与使用方法,牢记实验中应注意的问题。

实验前要进行分组,每一小组的同学应有明确的分工和计划,轮流担任接线、查线、操作和记录工作、保证实验得以顺利进行。

2. 实验实训过程

实验工作是实验过程中最重要的环节,对实验效果影响很大,必须认真进行。

(1)实验开始时,应检查本组所需的仪器设备是否齐全、完好,规格是否符合要求。

(2)接线:接线前应将仪器设备合理布局,其原则是便于接线、操作和读数。接线时所选择的导线粗细、长短要适当,线路的连接要牢固、整齐,尽量避免在同一个接线柱上集中过多的导线。

(3)查线:线路连接完毕后,本组同学首先检查线路的连接是否正确;然后必须经指导老师检查无误后,方可通电操作。

(4)实验:按照实验步骤和内容有目的地调整参数和读取数据,操作仪器设备时应认真细致,注意人身与设备的安全。若实验过程中发现异常现象,应立即切断电源,并报告指导老师检查处理。数据测量、记录完毕后,自己首先判断是否正确,然后请指导老师审核,经同意后方可更改或拆除线路。

(5)实验结束后,应检查、清理所使用的仪器、设备,并复归原位,整理导线和清理实验桌面。如有仪器、设备损坏要及时报告指导老师进行处理,经指导老师同意后,方可离开。

3. 编写实验报告

实验结束后,每个学生应独立地写出实验报告,按时交给指导老师批阅。实验报告要简明扼要,字迹清楚,图表整洁,结论明确。实验报告内容包括:

(1) 实验名称、实验日期、班级、姓名、同组同学姓名。

(2) 实验目的和实验线路。

(3) 实验中使用的仪器和设备的名称、型号、规格、数量等。

(4) 实验中得到的数据表格,绘制的曲线、波形和计算数据等。

(5) 对实验结果进行分析、讨论,如是否达到实验目的和要求,有何收获? 实验中产生误差的原因,实验中还存在着哪些不足,能否改进? 回答实验提出的问题等。

实验中如有故障发生,还应写明故障现象,分析故障产生的原因,记录故障排除的过程、方法,有何教训等。

4. 安全用电常识

(1) 实验过程中,必须严格遵守安全用电制度和操作规程,防止触电事故的发生。

(2) 实验时必须了解电源的配置情况,导线、闸刀、开关等仪器的位置及连接过程。

(3) 在实验时应胆大心细,不可粗心大意;否则易造成短路事故或人为触电事故。

(4) 实验时同组人员必须配合默契,统一行动;不可各行其是,造成触电事故。

(5) 电源设备、供电系统要有安全保护装置。

(6) 进行安全用电教育,危险场所设有醒目的安全标志及保护措施。

(7) 实验开始接线时,应先把实验设备,仪表导线连接好,然后再接电源,不允许带电操作。

(8) 万一遇到触电事故时,首先迅速切断电源,使带电者脱离电源,再根据触电状况进行处理。

实验实训项目

实验实训 1　认识实验

一、实验目的

(1) 了解实验室的电源配置,学会使用直流稳压电源;

(2) 了解试电笔的构造和工作原理,学会使用试电笔;

(3) 初步学会使用万用表交直流电压挡。

二、实验要求

(1) 学生五人分一组,配备试电笔;

(2) 学习安全用电常识,实验室规章制度。

三、仪器与设备

试电笔一支,稳压电源每组一台,500 型万用表每组一只。

四、实验原理

1. 实验室电源配置

略。

2. 了解本实验室的交流电源配置情况、实验桌上的配电装置

略。

3. 试电笔的原理和使用

试电笔由钢质笔头、氖管、电阻、弹簧、触头组成。当笔头接触带电体,氖管起燃,形成辉光放电,电流通过人体构成回路。氖管辉光放电说明被测点与地有电位差,即物体带电。试电笔试电范围为 $100 \sim 500$ V,亮度越大说明电压越高。用试电笔接触零线则氖管不亮,故可区分电源的相线与零线。试电笔中的串联电阻很大($M\Omega$ 数量级),测试过程中通过人体电流为几微安,可保证人身安全。使用注意事项:

(1) 试电笔不能随意拆卸,以免损坏;

(2) 测试过程中,不能用手接触笔头,以免发生触电危险;

(3) 禁止将试电笔笔尖同时搭在两根导线上,以免发生短路;

(4) 试电笔测试电压不得高于 550 V。

4. 稳压电源的使用

(1) 了解稳压电源的型号、输入与输出端钮;

(2) 熟悉稳压电源面板上的端钮、指示表、指示灯、微调、开关等功用;

（3）了解输入、输出挡位的选用、过载保护及复位；

（4）万用表的交直流电压挡；

（5）了解 500 型万用表直流电压挡的五个挡位（2.5 V、10 V、50 V、250 V、500 V），交流电压挡的四个挡位（10 V、50 V、250 V、500 V）；

（6）熟悉挡位的选择与读数方法。

五、实验内容与步骤

（1）用试电笔测试配电板上的各接线柱、插座，判别相线与零线，记录测试结果。

（2）用万用表交流电压挡，测配电板及各接线柱之间的电压，记录测试结果。

（3）用万用表直流电压挡，测稳压电源输出电压。将直流稳压电源接在交流 220 V 电源上，各挡下调输出电压（粗调和细调），选择万用表合适的量程，测输出电压。应注意正负极的连接，测试结果填入实验表 1-1。

实验表 1-1

稳压电源输出电压面板读数				
万用表测量值				

六、分析与思考

（1）用试电笔测零线时，试电笔有时会发亮，分析是什么原因。

（2）用万用表测量电压，量程选择应注意什么？

（3）稳压电源的输出电压应如何进行粗调与细调？

实验实训 2　电阻的测量

一、实验目的

（1）学会识别常用电阻元件的类型；

（2）学会使用万用表测量常用电阻的阻值。

二、实验要求

（1）预习万用表的欧姆挡；

（2）预习欧姆定律、线性元件内容；

（3）复习串并联电路。

三、仪器与设备

电阻元件：线绕电阻、碳膜电阻、金属氧化膜电阻、电位器；500 型万用表一只；已焊好的串并联电阻网络。

四、实验原理

常用电阻元件分类识别：

(1) 电阻元件一般可分为固定电阻、可调电阻及敏感电阻(这里不作介绍)三大类。

固定电阻——使用过程中,其阻值基本固定不能调节的电阻。

可调电阻——使用过程中其阻值可以调节的电阻。

图形符号如实验图 2-1 所示。

电阻　　　　　　电位器　　　　　可调电阻　　　　预调电阻

实验图 2-1　电阻的图形符号

(2) 按电阻的材料分类：有合金型、薄膜型和合成型三大类。

合金型——线绕电阻、块金属膜电阻等。

薄膜型——热分解碳膜电阻、金属膜电阻、金属氧化膜电阻等。

合成型——合成碳膜电阻、合成实心电阻、金属玻璃釉电阻等。

五、实验内容与步骤

识别电阻元件,并用万用表测电阻值,填实验表 2-1。

实验表 2-1

电阻识别	线绕电阻	碳膜电阻	金属膜电阻	电位器
万用表量程				
测量阻值				

测量电阻网络的阻值,如实验图 2-2 所示。并填实验表 2-2、实验表 2-3。

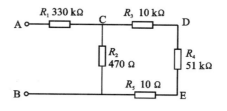

实验图 2-2　电阻网络

实验表 2-2

测量内容	R_1	R_2	R_3	R_4	R_5
电阻标称值					
万用表量程					
测量数据					

实验表 2 - 3

测量内容	R_{AB}	R_{AC}	R_{CD}	R_{DE}	R_{EB}	R_{CB}	R_{CE}	R_{DB}	R_{AD}	R_{AE}
计算数据										
万用表量程										
测量数据										

注意事项：使用万用表的欧姆挡时，每变换一次挡位，必须重新调零。

六、分析与思考

（1）如何识别电阻元件类型？

（2）测量过程中怎样选用万用表的量程？

（3）用两手接触表头去测电阻，对测量数据有何影响？为什么？

（4）用小刀把膜电阻轴向刮去一部分，阻值有何变化？若刮去一个圆环，阻值又有何影响？

实验实训 3　基尔霍夫定律

一、实验目的

（1）掌握电路中各点电位的测量方法；

（2）验证基尔霍夫电压、电流定律，加深对基尔霍夫定律的理解；

（3）熟悉万用表的使用。

二、实验要求

（1）复习基尔霍夫定律；

（2）预习测量仪表的使用方法；

（3）根据电路实验参数，计算各点电位。

三、仪器与设备

直流稳压电源两台、万用表一只及电阻若干。

四、实验原理

1. 电流的测量

如实验图 3 - 1 所示，电路中 $R_1 = 200 \ \Omega, R_2 = 1 \ k\Omega, R_3 = 500 \ \Omega, R_4 = 500 \ \Omega, R_5 = 300 \ \Omega$。图中标注了各支路电流的参考方向。测量某支路电流时，用万用表直流电流挡，并选择合适的量程，将电流表按参考方向串联在被测电路中，电流从红表笔流入，黑表笔流出。表针正偏，读数为正；若表针反偏，则应调换两个表笔使表针正偏，此时电流值为负。

2. 电位与电压的测量

电位是电路中某一点到参考点的电压，电位测量时用黑表笔接参考点，用红表笔接被测

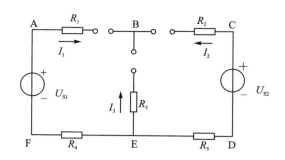

实验图 3-1　实验电路

点,若指针正偏,该点电位为正;若指针反偏,两个表笔调换,使指针正偏,此时该点电位为负。

电压的测量按参考方向进行。电压与电位测量时,图中断开点之间用导线接通。

3. 基尔霍夫定律

KVL 内容是:任一时刻,电路中的任一闭合回路内所有元件电压的代数和恒等于零。

KCL 内容是:任一时刻,流经电路中的任一节点的电流的代数和恒等于零。

五、实验内容与步骤

1. 电压测量

将两路稳压电源调出 $U_{S1}=14$ V,$U_{S2}=7$ V 接入电路,用万用表测 U_{AB}、U_{BC}、U_{CD}、U_{DE}、U_{EF}、U_{FA},并记录各电压数值。

2. 电位测量

分别以 B 点、E 点为参考点,测量电路中其余各点的电位,记录各数值,并计算 U_{AB}、U_{BC}、U_{CD}、U_{DE}、U_{EF}、U_{FA},与步骤 1 数据进行比较。

3. 电流测量

按实验图 3-1 所示的电流的参考方向,用万用表直流电流挡分别测量各支路电流,并记录数值。

六、分析与思考

(1) 根据测量结果,分析 $I_1+I_2+I_3=0$ 和 $U_{AB}+U_{BC}+U_{CA}+U_{DE}+U_{EF}+U_{FA}=0$ 是否成立? 若有误差,分析原因。

(2) 总结电位、电压特点。

实验实训 4　叠加原理

一、实验目的

(1) 验证线性电路中的叠加原理,加深对叠加原理和齐次性的理解;

(2) 进一步熟悉万用表的使用。

二、实验要求

(1) 复习 KCL 定理及叠加原理;

（2）根据给定的电路参数，电流、电压参考方向，分别计算两电源共同作用和两电源单独作用时各支路的电流电压。

三、仪器与设备

直流可调稳压电源两台、万用表一只及电阻若干。

四、实验原理

1. 实验电路

如实验图 4－1 所示电路，其中 $R_1 = 200\ \Omega$，$R_2 = 1\ \text{k}\Omega$，$R_3 = 500\ \Omega$，$R_4 = 500\ \Omega$，$R_5 = 300\ \Omega$。

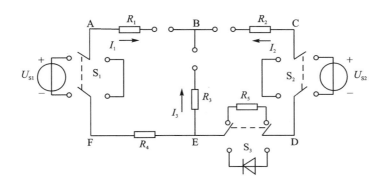

实验图 4－1　实验电路

2. 叠加原理

线性电路中，当几个电源同时作用时，任何一支路的电流或电压等于电路中每个独立源单独作用时在此支路产生的电流或电压的代数和。

叠加原理不适用于非线性电路。

3. 线性电路的齐次性

当电路中的激励信号增加或减小 K 倍时，电路中的各响应也将增加或减小 K 倍。

五、实验内容与步骤

（1）按实验图 4－1 接线。

$U_{S1} = 14\ \text{V}$，$U_{S2} = 7\ \text{V}$。

（2）U_{S1} 单独作用。

分别测量三条支路的电流及各电阻元件两端的电压值，将数据记入实验表 4－1 中。

（3）U_{S2} 单独作用。

重复步骤（2）的测量并记录。

（4）U_{S1}、U_{S2} 同时作用。

重复步骤（2）的测量并记录。

（5）将 U_{S1} 的数值调至 7 V，重复步骤（2）的测量并记录。

（6）将 R_5 换成一只二极管 IN4001 重复（1）～（5）的测量过程，并将数据记录下来。

实验表 4 - 1

U_{S1}、U_{S2} 同时作用		U_{S1} 单独作用		U_{S2} 单独作用叠加		叠　加		$U_{S1}/2$ 单独作用	
U_{AB}		U'_{AB}		U''_{AB}		$U'_{AB}+U''_{AB}$		U_{AB}	
U_{CD}		U'_{CD}		U''_{CD}		$U'_{CD}+U''_{CD}$		U_{CD}	
U_{DE}		U'_{DE}		U''_{DE}		$U'_{DE}+U''_{DE}$		U_{DE}	
U_{AD}		U'_{AD}		U''_{AD}		$U'_{AD}+U''_{AD}$		U_{AD}	
U_{FA}		U'_{FA}		U''_{FA}		$U'_{FA}+U''_{FA}$		U_{FA}	
I_1		I'_1		I''_1		$I'_1+I''_1$		I_1	
I_2		I'_2		I''_2		$I'_2+I''_2$		I_2	
I_3		I'_3		I''_3		$I'_3+I''_3$		I_3	
$\sum I$		$\sum I'$		$\sum I''$					

六、分析与思考

(1) 根据实验表 4 - 1 中数据,横向是否符合叠加原理? 如有误差,分析误差原因。

(2) 根据测量数据,分析电阻上的功率是否符合叠加原理?

(3) 根据实验步骤(6)的结果,得出结论。

实验实训 5　戴维南定理

一、实验目的

(1) 验证戴维南定理,加深对该定理的理解;

(2) 学会有源二端网络开路电压和输入端电阻的测定方法;

(3) 验证负载获得最大功率的条件,学会负载功率曲线的测绘。

二、实验要求

(1) 复习戴维南定理;

(2) 了解开路电压和等效电阻(输入端电阻)的测量方法。

三、仪器与设备

直流稳压电源一台、可调直流恒流源一台、万用表一只、电阻、电位器若干。

四、实验原理

1. 戴维南定理

任何一个有源线性二端网络,对其外部电路而言,都可以用电压源与电阻串联组合等效代替;该电压源的电压等于二端网络的开路电压,该电阻等于二端网络内部所有独立源作用为零时的等效电阻。

2. 有源二端网络等效参数的测量

开路电压的测量有直接测量法及零示法。

直接测量法：在测量精度要求不太高的情况下，可以忽略电压表内阻的影响，直接测出开路电压。

零示法：如实验图 5-1 所示，是用一低内阻的稳压电源与被测有源二端网络进行比较，当稳压电源与有源二端网络的开路电压相等时，电流表的读数将为"0"；然后将电路断开，测量此时稳压电源的输出电压，即为被测有源二端网络的开路电压。

等效电阻的测量有直接测量法、短路电流法、入端电阻法及伏安法。

直接测量法：将有源二端网络中所有独立源作用为零，用万用表直接测量二端网络等效电阻。

短路电流法：先测量有源二端网络的开路电压，再测量短路电流，然后计算出等效电阻。

入端电阻法：将有源二端网络中所有独立源作用为零，在网络输出端加一电压 U，测出端口电流 I，则等效电阻为 $\dfrac{U}{I}$。

伏安法：用电压表、电流表测出有源二端网络的外特性，如实验图 5-2 所示。根据外特性曲线求出斜率 $\tan\phi$，即为内阻。

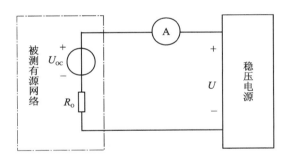

实验图 5-1 零示测量法

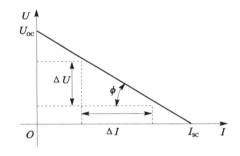

实验图 5-2 有源二端网络的外特性

五、实验内容与步骤

被测有源二端网络如实验图 5-3 所示。

（1）按实验图 5-3 线路接入稳压电源和恒流源及电位器 R_L。

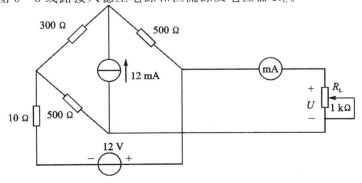

实验图 5-3 实验电路

测量该电路电位器 R_L 断开时的开路电压及等效电阻,并记录数据。

(2) 测该二端网络的外特性。

改变实验图 5-3 中 R_L 的值,测量该二端网络的外特性。记录数据填于实验表 5-1 中。

实验表 5-1

R_L/Ω						
I/mA						
U/V						

(3) 验证戴维南定理。

将一只 1 kΩ 的电位器阻值调整到等于步骤(1)所得的等效电阻的值,然后与直流稳压电源(调整到步骤(1)时所测得的开路电压)相串联,如实验图 5-4 所示,按步骤(2)测其外特性,记录数据,并与步骤(2)比较。

(4) 负载功率曲线的测绘。

按图 5-4 接线,电源电压为 12 V,电阻为 300 Ω,调节负载电阻,在 100~500 Ω 之间选取几个阻值,分别测量不同阻值时通过负载的电流,记录数据填于实验表 5-2 中。

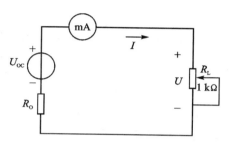

实验图 5-4 戴维南定理的验证

实验表 5-2

R/Ω							
I/A							
P/W							

六、分析与思考

(1) 说明测有源二端网络开路电压及等效内阻的几种方法,并比较其优缺点。

(2) 根据步骤(2)和(3),验证戴维南定理的正确性,如有误差,分析产生误差的原因。

(3) 根据步骤(4)和实验表 5-2 中数据绘出 P-R 曲线,找出负载功率的最大点,得出结论。

实验实训6 电容元件和电感元件

一、实验目的

(1) 验证电容元件电压和电流的关系;

(2) 验证电容元件是储能元件;

(3) 验证自感现象和互感现象;

(4) 验证电感元件是储能元件。

二、实验要求

（1）预习电容元件的约束以及电容元件的电场能；

（2）预习自感现象；

（3）预习电感元件的储能。

三、仪器与设备

晶体管稳压电源一台、直流电流表一只、直流电压表一只、刀开关一个、灯泡两个、定值电阻和可调电阻器各一只、电容器一只（100 μF/50 V）、空心电感线圈一只、铁芯线圈一只。

四、实验原理

1．电容元件的约束

流过电容元件的电流取决于加在电容元件两端的电压的变化率，电压变化越快，电流越大，并且与电压的方向有关；电压不变，则电流为零，即 $i=C\dfrac{\mathrm{d}u_C}{\mathrm{d}t}$。

2．电容元件的储能

当电容器接通电源时，电源做功，使电容两极板上可带等量异种电荷，外电源撤去后，极板上的电荷可长期保存，因而电容元件是储能元件。并且所储存的电能，只与所加电压有关。

3．自感现象

流过电感线圈的电流发生变化，电流所产生的磁通也发生变化，于是在线圈中因交链的磁通变化而产生感应电动势。这种由于流过线圈本身电流变化引起感应电动势的现象，称为自感现象。

4．电感元件的储能

电感线圈中有电流通过时，不仅在线圈周围产生磁场，而且还储存着磁场能量，说明电感元件是储能元件，它储存的能量只与流过的电流有关。

五、实验内容与步骤

1．电容元件的约束

（1）按照实验图 6 - 1 所示电路正确接线。

（2）闭合刀开关 S，在刀开关 S 合上的瞬间，观察电流表指针变化情况；然后调节稳压电源，改变电压大小（注意所加电压不能超过电容器的耐压值），看电压表注意变化方向，再观察电流表的指针变化情况；当电源电压稳定到某一值时，保持不变，再观察电流表。

（3）在刀开关断开瞬间，观察电流表的变化情况。

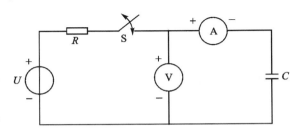

实验图 6 - 1　电容元件的约束

2. 电容元件的储能

（1）按照如实验图 6 - 2(a)所示电路，正确接线。

（2）合上刀开关，瞬间灯泡微亮，但马上恢复原样灯泡变暗。

（3）过一段时间，按照实验图 6 - 2(b)所示，把已充电的电容器两引线碰一下，可听到电容器发出响声，并看到有火花。

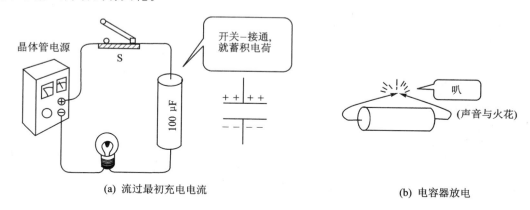

(a) 流过最初充电电流　　　　　　　　　(b) 电容器放电

实验图 6 - 2　电容器的储能

3. 自感现象

（1）按照实验图 6 - 3(a)所示电路，正确接线。

（2）调节可调电阻器 R，使它的阻值等于线圈的电阻。将开关 S 闭合瞬间，可以观察到与可调电阻器串联的灯泡 D_1 比与电感线圈串联的灯泡 D_2 先亮，过一段时间后两灯泡才达到同样亮度。

4. 电感元件的储能

（1）按照实验图 6 - 3(b)所示电路，正确接线。

（2）将刀开关 S 合上后，灯泡正常发光。将刀开关 S 断开的瞬间，灯泡不立即熄灭，而瞬间又发出更强的光，然后才熄灭，说明电感元件储存能量。

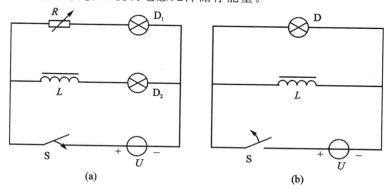

(a)　　　　　　　　　　　(b)

实验图 6 - 3　自感现象

六、分析与思考

（1）描述在电容元件约束实验中观察到的现象，写出结论。

（2）分析在自感现象和电感储能实验中看到的现象。

实验实训 7 交流电路等效参数的测量

一、实验目的

(1) 学会用交流电流表、交流电压表和功率表测量交流电路的电流、电压和功率;

(2) 学习使用单相调压器;

(3) 掌握用交流仪表测定交流电路参数的方法;

(4) 加深对电阻、电感、电容元件在交流电路中的基本特性的理解。

二、实验要求

(1) 预习附录中交流电流、电压、功率的测量;

(2) 预习交流功率表的接线方法;

(3) 结合教材,复习电阻、电感和电容电路的性质。

三、仪器与设备

交流电源、单相调压器(220/0~250 V)一台、交流电压表一只、交流电流表一只、单相功率表(220 V/2 A)一只、40 W/220 V 白炽灯一只、400 V/4.75 μF 的电容器一只、30 W 镇流器一只、导线若干。

四、实验原理

正弦交流信号激励下的元件值或阻抗值可以用交流电压表、交流电流表及功率表分别测量出元件两端的电压 U、流过该元件的电流 I 和它所消耗的功率 P,然后通过计算得到所求的各值,这种方法称为三表法,它是用来测量 50 Hz 交流电路参数的基本方法。

计算的基本公式为

电阻元件的电阻:$R = \dfrac{U_R}{I}$ 或 $R = \dfrac{P}{I^2}$

电感元件的感抗:$X_L = \dfrac{U_L}{I}$,电感 $L = \dfrac{X_L}{2\pi f}$

电容元件的容抗:$X_C = \dfrac{U_C}{I}$,电容 $C = \dfrac{1}{2\pi f X_C}$

对于具有内阻的电感线圈,复阻抗的模:$|Z| = \dfrac{U}{I}$、

其中,电感线圈的内阻:$r = \dfrac{P}{I^2}$,电感线圈的感抗:$X = \sqrt{|Z|^2 - r^2}$ 。

本次实验电阻元件用白炽灯(非线性电阻,考虑的是白炽状态下的电阻),镇流器是一个有铁芯的电感线圈,具有一定电阻,通过交流电时感抗值很大,相比之下它的电阻可以忽略不计。电容器一般可视为是理想的电容元件。

电路功率用功率表测量,功率表(又称瓦特表)是一种电动式仪表。其中,固定线圈与负载串联,流过固定线圈中的电流反映了电路中的电流,所以固定线圈又叫电流线圈。可动线圈串

联附加电阻后与负载并联,可动线圈的电流 $I=U/R$(式中电阻 R 包括附加电阻和可动线圈的电阻)反映了被测电路的电压,可动线圈也叫电压线圈。接线时,电流线圈和电压线圈的同名端(标有 * 号端)必须连在一起。

五、实验内容与步骤

1. 测量白炽灯的电阻 R

(1) 按实验图 7-1 接线,调压器归零。

(2) 接通电源,逐步调高调压器电压,同时观察各表读数(不要超出量程)。

(3) 调整调压器,使电压表读数为 220 V。

(4) 测量出电流表、功率表的读数,填入实验表 7-1 中。

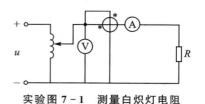

实验图 7-1　测量白炽灯电阻

实验表 7-1

元　件	测量数据			计算数据
	U/V	I/A	P/W	R/Ω
白炽灯	220			

2. 测量电容器的电容 C

(1) 调压器归零,断开电源,将白炽灯换为 4.75 μF 的电容器,如实验图 7-2 所示。

(2) 接通电源,逐步调高调压器电压,同时观察各表读数(不要超出量程)。

(3) 可取三种不同电压值下的三种状态来测量。通过调整调压器,测量出当电压表读数分别为 100 V、140 V、180 V 三种情况时的电流表和功率表的读数,填入实验表 7-2 中。

(4) 由三次测量数据,计算出三种情况下的参数 C 值,并取平均值作为最终结果。

实验表 7-2

项目 次数	测量数据			计算数据
	U/V	I/A	P/W	$C/\mu F$
1	100			
2	140			
3	180			
平均值				

3. 测量镇流器的电感 L 和内阻 r

(1) 调压器归零,断开电源,将电容器换为 30 W 镇流器,如实验图 7-3 所示。

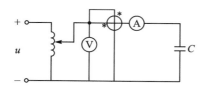

实验图 7-2　测量电容器的电容

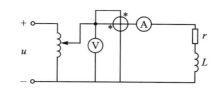

实验图 7-3　测量镇流器的电感 L 和内阻 r

（2）接通电源,逐步调高调压器电压,同时观察各表读数(不要超出量程)。

（3）可取三种不同电压值下的三种状态来测量。通过调整调压器,测量出当电压表读数分别为 100 V、140 V、180 V 三种情况时的电流表和功率表的读数,填入实验表 7-3 中。

（4）由三次测量数据,计算出三种情况下的参数 L 和 r 值,并取平均值作为最终结果。

实验表 7-3

项目 次数	测量数据			计算数据	
	U/V	I/A	P/W	L/H	r/Ω
1	100				
2	140				
3	180				
平均值					

六、分析与思考

（1）电动系功率表接线应遵循什么原则? 为什么?

（2）使用单相调压器应当注意什么?

（3）为什么实际电路元件中,一般情况下电阻、电容比较接近单一参数,而电感线圈却不能? 在什么情况下电感线圈比较接近单一参数?

（4）从实验表 7-1~表 7-3 中分别回答:电压和电流的乘积与功率表的读数是相差很大,还是基本相等? 为什么?

实验实训 8　RL 串联电路

一、实验目的

（1）进一步熟悉功率表的使用;

（2）研究 RL 串联电路的特性,加深对 RL 串联电路的理解;

（3）验证总电压等于两个分电压的相量和;

（4）测量电感线圈的参数 r、L。

二、实验要求

（1）预习 RL 串联电路电压、电流的数值关系与相位关系;

（2）预习单臂电桥的使用方法。

三、仪器与设备

电感线圈一个、灯箱一组、交流电压表一只、交流电流表一只、单相功率表一只、单相调压器一台、单臂电桥一台。

四、实验原理

1. 电路特点

一个电感线圈可以等效为电阻与电感串联电路(R 为电路串联电阻，r 为电感线圈的等效电阻)。电路中的电压关系、阻抗关系、功率关系分别由三个三角形来表示。如实验图 8 - 1 所示。

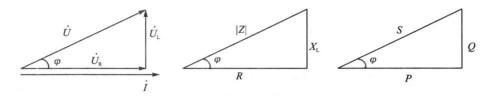

实验图 8 - 1　电压、阻抗、功率三角形

由电压三角形得

$$U = \sqrt{U_L^2 + (U_R + U_r)^2}$$

由阻抗三角形得

$$|Z| = \sqrt{(R+r)^2 + X_L^2}$$

由功率三角形得

$$S = \sqrt{(P_R + P_r)^2 + Q^2}$$

$$|Z| = \frac{U}{I}$$

$$\cos \varphi = \frac{P}{S} = \frac{I^2(R+r)}{IU} = \frac{I(R+r)}{U}$$

在电压 U 不变的情况下，电感 L 增大时，电流 I、功率因数 $\cos \varphi$ 减小。

2. 线圈电阻 r 的测量

实验图 8 - 2 是一个 RL 串联电路，功率表的指示值反映了该电路中总电阻($R+r$)损耗的功率。RL 串联电路中，有功功率 $P = I^2(R+r)$，所以总电阻值 $(R+r) = \dfrac{P}{I^2}$。由功率表和电流表的指示值可推出电路的总电阻。电路中 R 的阻值可根据其两端电压与电流的比值确定，即 $R = \dfrac{U_R}{I}$，所以线圈的电阻为

$$r = \frac{P}{I^2} - R$$

3. 电感线圈的电感 L 的测量

由实验图 8 - 1 可知电路的阻抗：

$$|Z| = \sqrt{(R+r)^2 + X_L^2}$$

$$|Z| = \frac{U}{I}$$

因此，根据电压表和电流表的指示值可以确定电路输入端阻抗 $|Z|$。如果电路的总电阻 $(R+r)$ 已知，则

$$L = \frac{\sqrt{\left(\dfrac{U}{I}\right)^2 - (R + r)^2}}{\omega}$$

实验中采用工频电源时，$\omega = 314\ \text{rad/s}$。

五、实验内容与步骤

（1）用直流单臂电桥测量灯箱电阻 R 以及电感线圈的电阻 r，测量结果填入实验表 8-1 中。

（2）按实验图 8-2 接线，将电感线圈和一组灯泡串联起来，注意功率表的正确接线。

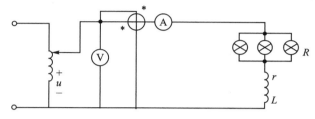

实验图 8-2　RL 串联电路

（3）在铁芯未插入线圈时，调节调压器使输入电压达到 220 V，观察电流表、电压表、功率表的读数，并将数据输入实验表 8-1 中。

（4）将铁芯插入线圈中，在电源电压不变的情况下，观察电流表、电压表、功率表的读数和灯泡的亮度的变化，并将数据填入实验表 8-1 中。

（5）计算 S、$\cos\varphi$、r、L 的值，将计算结果填入实验表 8-1 中。

实验表 8-1

项　　目	测量结果					计算结果			
	I/A	U/U	P/W	R/Ω	r/Ω	r/Ω	L/H	$S/\text{V}\cdot\text{A}$	$\cos\varphi$
无铁芯									
有铁芯									

六、分析与思考

（1）如果把直流单臂电桥所测得的电阻看做是实际值，将计算结果与实际值比较，分析产生误差的原因。

（2）分析电感线圈的电感 L 的大小对电路的影响。

（3）分析电感线圈中铁芯的有无对电感线圈的参数有什么影响？

（4）电路总电压是否等于灯泡电压和线圈电压的代数和？

实验实训 9　功率因数的测量与提高

一、实验目的

（1）学会日光灯接线，了解日光灯的工作原理；

（2）掌握提高感性负载电路功率因素的原理与方法；

（3）理解提高功率因素的意义；

（4）熟悉功率表、功率因数表的使用方法。

二、实验要求

（1）预习日光灯电路，了解日光灯的工作原理；

（2）了解提高功率因数的方法；

（3）复习有关功率因数的内容，熟悉 R、L 串联与 C 并联的正弦交流电路的特点。

三、仪器与设备

交流电源 220 V，单相调压器（220/0～250 V）一台，交流电压表一只，交流电流表一只，电流表插座板三个，单相功率表（220 V/5 A）一只，功率因数表一只，电容箱（1 μF，2 μF，3.5 μF，4.5 μF，6 μF）一组，日光灯（包括灯管、灯座、启辉器、镇流器）220 V、30 W 一组，单刀开关一个，导线若干。

四、实验原理

本次实验所用的负载是日光灯。日光灯由灯管、镇流器和启辉器组成，如实验图 9 - 1 所示。镇流器是一个铁芯线圈，因此日光灯是一个感性负载，功率因数较底，我们用并联电容的方法可以提高整个电路的功率因数，其电路如实验图 9 - 2 所示。并联电容后，原感性负载的电流不变，吸收的有功功率和无功功率都不变，即负载工作状态没有发生任何变化，但使流过电容器中的无功电流分量与感性负载中的无功电流分量互相补偿，使整个电路的总电流减小。选取适当的电容值，电路的功率因数将会接近于 1。提高负载的功率因数有很大的经济意义，一方面它可以充分发挥电源设备的利用率，另一方面又可以减少输电线路上的功率损耗，提高电能的传输效率。

1．日光灯的工作原理

日光灯管是一根玻璃管内壁上涂有荧光物质，管内抽成真空，并充有少量的水银蒸汽，管的两端各有一灯丝串联在电路中。灯管的启辉电压在 400～500 V 之间，启辉后管降压约为 100 V（30 W 日光灯的管压降），所以日光灯不能直接接在 220 V 的电压上使用。镇流器是一个铁芯线圈，它的作用是限制灯管的电流，产生足够的自感电动势，使灯管容易放电。启辉器有两个电极，它们靠得很近，其中一个电极是双金属片制成，使用电源时，两电极之间会产生放电，双金属片电极热膨胀后，使两电极接通。当两电极接通后，两电极放电现象消失，双金属片因降温后而收缩，使两极分开，启辉器相当于一个自动开关。

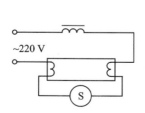

实验图 9 - 1　日光灯电路

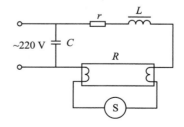

实验图 9 - 2　提高功率因数电路

当日光灯电路接通电源时,日光灯管尚未放电,启辉器两个电极是断开位置,电路中没有电流,电源电压全部加在启辉器上,使它产生辉光放电并发热,双金属片受热膨胀与固定片闭合,使电路接通。于是有电流通过日光灯管的灯丝和镇流器。此时启辉器两电极放电消失,双金属片冷却收缩,使两级分开。在两级断开瞬间镇流器两端产生很高的自感电压,该自感电压和电源电压一起加到灯管两端,产生紫外线,从而使涂在管壁上的荧光粉发出可见的光。当灯管启辉后,镇流器又起着降压限流的作用。

在日光灯电路中,灯管在工作时,可以认为是一个电阻负载;镇流器是一个铁芯线圈,可以认为是一个电感很大的感性负载,整个日光灯电路等效为一个 RL 串联电路。

2. 感性负载电路提高功率因数的原理

实验图 9-3(a)所示为 R、L 串联再与 C 并联的正弦交流电路,图(b)为相量图。各电流的关系为

$$I_{R1} = I_1 \cos \varphi_1$$
$$I_L = I_1 \sin \varphi_1$$
$$I = \sqrt{I_{R1}^2 + (I_L - I_C)^2} = \sqrt{(I_1 \cos\varphi_1)^2 + (I_1 \sin\varphi_1 - I_C)^2}$$

(a)   (b)

实验图 9-3　功率因数的提高

总电流 I 与总电压 U 之间的相位差 φ_2 为

$$\varphi_2 = \arctan \frac{I_L - I_C}{I_1 \cos \varphi_1}$$

由此可以看出,给感性支路 R、L 串联电路并入电容器后,可以减小总电流与总电压之间的相位差角 φ,从而提高整个电路的功率因数。

3. 补偿容量的确定

$$I_1 = \frac{P}{U \cos \varphi_1}, \qquad I = \frac{P}{U \cos \varphi_2}$$

$$I_C = I_1 \sin \varphi_1 - I \sin \varphi_2 = \frac{P}{U}(\tan \varphi_1 - \tan \varphi_2) = \omega C U$$

$$C = \frac{P}{\omega U^2}(\tan \varphi_1 - \tan \varphi_2)$$

$$Q_C = \frac{U^2}{X_C} = \omega C U^2 = P(\tan \varphi_1 - \tan \varphi_2)$$

五、实验内容与步骤

（1）按实验图 9－4 所示电路接线，功率因数表的接线与功率表相同。

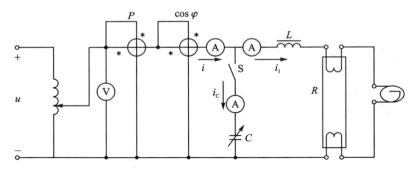

实验图 9－4　实验电路

（2）断开刀开关 S，将调压器的电压逐渐升高，观察日光灯的点燃电压和日光灯的启辉过程。

（3）将输入电压调至 220 V，日光灯正常发光，测量电路各个部分的电压、电流、功率表和功率因数表的指示值。所得结果记录在实验表 9－1 中。

实验表 9－1

项　　目		测量数据						计算数据	
		U/V	I/A	I_1/A	I_C/A	P/W	$\cos\varphi$	$S/V\cdot A$	$\cos\varphi$
并联电容器前									
并联电容器后	$C=1\ \mu F$								
	$C=2\ \mu F$								
	$C=3.5\ \mu F$								
	$C=4.5\ \mu F$								
	$C=6\ \mu F$								

（4）闭合刀开关 S，将电容器并入电路，在保持调压变压器输出电压为 220 V 的情况下，将 1 μF，2 μF，3.5 μF，4.5 μF，6 μF 的电容器分别并入电路，重复上述测量，将结果记于实验表 9－1 中。

（5）计算 S、$\cos\varphi$ 的值，将计算结果填入实验表 9－1 中。

（6）每次做完要将电容器进行放电。

六、分析与思考

（1）说明提高功率因数的原因和意义。

（2）为了改善电路的功率因数，常在感性负载上并联电容器，此时增加了一条电流支路。试问电路的总电流是增大还是减小，此时感性元件上的电流和功率是否改变？

（3）通过实验分析，随着所并联的电容器容量的变化，电路的功率因数如何变化？电路性质如何变化？

（4）本实验验证了并联电容器可以提高感性电路的功率因数,是不是电容 C 越大,功率因数越高？为什么？本测试电路最合适的电容器容量应为多少？

实验实训 10　串联谐振电路

一、实验目的

（1）加深对 RLC 串联谐振电路的谐振条件及谐振时的特点的理解；
（2）观察串联谐振电路的特征,学会串联谐振电路的谐振频率的测量；
（3）学会测定 RLC 串联电路的电流谐振曲线的方法；
（4）学会函数发生器和交流毫伏表的使用方法。

二、实验要求

（1）复习串联谐振电路的有关理论,了解谐振的特点；
（2）如何根据所给电路参数计算出谐振频率 f_0；
（3）了解函数发生器和交流毫伏表的使用方法。

三、仪器与设备

函数发生器一台、交流毫伏表一台、万用表一块、电容电感板一块、多值电阻器一个、导线若干。

四、实验原理

1. 谐振条件

在实验图 10-1 所示的正弦交流电路中,有

感抗　　　$X_L = 2\pi f L$

容抗　　　$X_C = \dfrac{1}{2\pi f C}$

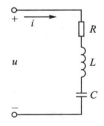

总阻抗　　$|Z| = \sqrt{R^2 + \left(2\pi f L - \dfrac{1}{2\pi f C}\right)^2}$

总电流　　$I = \dfrac{U}{|Z|} = \dfrac{U}{\sqrt{R^2 + \left(2\pi f L - \dfrac{1}{2\pi f C}\right)^2}}$

实验图 10-1　RLC 串联电路

由此可以看出,当频率 f 变化时,X_L、X_C、Z、I 都随着变化,当频率从零逐渐增大时,X_L 逐渐增大,X_C 逐渐减小,当频率达到某一数值($f = f_0$),$X_L = X_C$ 时,电路的总阻抗等于总电阻,端电压和电流同相,电路发生谐振。所以谐振条件为

$$X_L = X_C$$

即　　　　　　　　　　　$$2\pi f L = \dfrac{1}{2\pi f C}$$

为了满足谐振的这一条件,可以改变 L、C、f 三个参数的任一个,以达到谐振条件。

（1）当 L 和 C 固定时,可以改变 f 达到谐振,谐振频率为

$$f_0 = \frac{1}{2\pi\sqrt{LC}}$$

可见产生谐振时的频率是完全由电路本身有关的参数(L、C)决定的。每一个 R、L、C 串联电路,只有一个对应的谐振频率,它是电路本身的一种性质,所以又称电路的"固有频率"。因而,对 R、L、C 串联电路来说,并不是对外加电压的任意一种频率都能发生谐振。要想达到谐振,必须使外加电压的频率与电路的固有频率相等,即 $f=f_0$。

(2)当 L 和 f 固定时,可以改变 C 达到谐振,电容为

$$C = \frac{1}{(2\pi f)^2 L}$$

可见如果 L 和外加电压的频率 f 一定,只要把电容 C 调整到按上式计算出的电容值,就可以获得谐振状态。

(3)当 C 和 f 固定时,可以改变 L 达到谐振,电感为

$$L = \frac{1}{(2\pi f)^2 C}$$

2. 电路处于谐振状态时的特性

(1)由于回路总电抗 $X_0 = \omega_0 L - \frac{1}{\omega_0 C} = 0$,因此,回路阻抗 $|Z_0|$ 为最小值,整个回路相当于一个纯电阻电路,激励电源的电压与回路的响应电流同相位。

(2)由于感抗 $\omega_0 L$ 与容抗 $\frac{1}{\omega_0 C}$ 相等,所以电感上的电压 U_L 与电容上的电压 U_C 数值相等,相位相差 $180°$。电阻上的电压等于电源电压。

$$U = U_R$$

谐振时感抗(或容抗)与电阻 R 之比称为品质因数,即

$$Q = \frac{\omega_0 L}{R} = \frac{1}{\omega_0 RC} = \frac{1}{R}\sqrt{\frac{L}{C}}$$

(3)在激励电压(有效值)不变的情况下,回路中的电流达到最大值,即

$$I_0 = \frac{U}{R}$$

3. 串联谐振电路的频率特性

(1)回路的响应电流与激励电源的角频率的关系称为电流的幅频特性(表明其关系的图形为串联谐振曲线)。表达式为

$$I(\omega) = \frac{U_S}{\sqrt{R^2 + \left(\omega L - \frac{1}{\omega C}\right)^2}} = \frac{U_S}{R\sqrt{1 + Q^2\left(\frac{\omega}{\omega_0} - \frac{\omega_0}{\omega}\right)^2}}$$

当电路的 L 和 C 保持不变时,改变 R 的大小,可以得出不同 Q 值时电流的幅频特性曲线。为了反映一般情况,通常研究电流 I/I_0 与角频率之比 ω/ω_0 之间的函数关系:

$$\frac{I}{I_0} = \frac{1}{\sqrt{1 + Q^2\left(\frac{\omega}{\omega_0} - \frac{\omega_0}{\omega}\right)^2}}$$

对于 Q 值相同的任何 RLC 串联电路只有一条曲线与之对应,称为串联谐振电路的通用曲线。

五、实验内容与步骤

测量 $R = 20\ \Omega$ 时电路的谐振频率 f_0。

（1）按实验图 10-2 所示电路接线，电感元件取 100 mH，电容元件取 0.1 μF，电阻取 20 Ω。

（2）将函数信号发生器调为正弦输出信号，输出电压的有效值 $U_1 = 3$ V，频率选择 3K 挡。

（3）改变函数发生器的频率，用双通道交流毫伏表测量输出电压 U_2 的变化，找到使 U_2 达到最大值的频率，该频率就是使实验图 10-2 所示实验电路达到谐振的谐振频率 f_0。

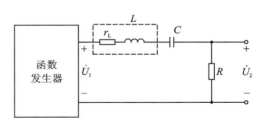

实验图 10-2　串联谐振电路

（4）用双通道交流毫伏表测量出此时的 U_L、U_C 和 U_2 填入实验表 10-1 的第 5 列，然后在大于或小于谐振频率的范围内分别选 4 个测量点，将选区的频率值和测量出的电压值填入实验表 10-1 中。根据所测数据和计算数据绘出电流谐振曲线。

（5）测量电感线圈内阻 r_L。

（6）频率一定，改变电容 C 使电流达到最大值（即 $U_R = U_1$），这时电路发生谐振，记下此时的电容值，数据记入自己设定的表格中。

（7）保持信号发生器的输出电压不变，且 L、C 也不变化，仅改变电阻 R 的阻值，重复实验步骤（4）的内容，数据记入自己设定的表格中。

实验表 10-1

项　目		顺　序								
		1	2	3	4	5	6	7	8	9
$f/\ kHz$						f_0				
测量数据	U_L/V									
	U_C/V									
	U_2/V									
计算数据	I/A									
	$\dfrac{I}{I_0}$									

六、分析与思考

（1）根据实验表中的数据，验证 RLC 串联电路各电压的关系。

（2）实验电路中，谐振时 U_L 与 U_C 是否相等，为什么？

（3）电路发生串联谐振时，为什么输入电压不能太大？

（4）改变电路的哪些参数可以使电路发生谐振？电路中 R 的数值是否影响谐振频率值？

（5）怎样利用测得的数据求得电路的品质因数 Q？

实验实训 11   三相负载的星形连接

一、实验目的

(1) 掌握三相负载作星形连接时的正确接线方法;

(2) 证负载的线电流、相电流、线电压、相电压之间的关系;

(3) 学会使用三相电源;

(4) 进一步学会熟悉交流电压表和交流电流表的使用;

(5) 通过实验理解中线的作用。

二、实验要求

(1) 预习三相电源和三相负载的星形连接;

(2) 预习三相三线制电路和三相四线制电路的连接方法和特点;

(3) 预习三相负载星形连接时线电流、相电流、线电压、相电压之间的关系;

(4) 预习中线在负载不对称时的作用。

三、仪器与设备

三相交流电源(380 V/220 V)和刀开关、交流电流表(0~5 A)和交流电压表(0~300 V、0~400 V)各一只、额定电压为 220 V 的灯泡和导线若干。

四、实验原理

在三相电路中,三相电源的线电压、相电压都是对称的。当负载的额定电压为电源线电压的 $\frac{1}{\sqrt{3}}$ 时,三相负载可作星形连接,这时有

1. 负载星形连接,无中线

负载对称: $U_L = \sqrt{3}U_P$, $I_L = I_P$, $\dot{I}_U + \dot{I}_V + \dot{I}_W = 0$。

负载不对称: $U_L = \sqrt{3}U_P$, $I_L = I_P$, $\dot{I}_U + \dot{I}_V + \dot{I}_W \neq 0$。

2. 负载星形连接,有中线

负载对称: $U_L = \sqrt{3}U_P$, $I_L = I_P$, $\dot{I}_U + \dot{I}_V + \dot{I}_W = 0$。

负载不对称: $U_L = \sqrt{3}U_P$, $I_L = I_P$, $\dot{I}_N = \dot{I}_U + \dot{I}_V + \dot{I}_W \neq 0$。

五、实验内容与步骤

(1) 按实验图 11-1 正确接线,每相负载由两个灯泡(220 V、100 W)并联而成。

(2) 闭合刀开关 S_1 和 S_2,每相负载对称(两个灯泡全亮),测量三相电路有中线、无中线情况下线电流、相电流、中线电流、线电压、相电压,将实验数据填入实验表 11-1 中。

(3) 将其中一相取走一个灯泡,负载不对称,测量三相电路有中线、无中线情况下线电流、相电流、线电压、相电压,将实验数据填入实验表 11-1 中。

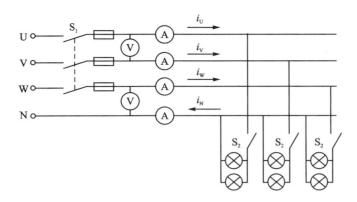

实验图 11-1　三相负载星形连接

(4) 使一相负载断开,且无中线,合上刀开关,测量线电流、相电流、线电压、相电压,将实验数据填入实验表 11-1 中。

(5) 使一相负载断开,接上中线,合上刀开关,测量线电流、相电流、中线电流、线电压、相电压,将实验数据填入实验表 11-1 中。

实验表 11-1

负载情况	中线	线电压/V			相电压/V			线电流/A			相电流/A			中线电流/A
		U_{UV}	U_{VW}	U_{WU}	U_U	U_V	U_W	I_U	I_V	I_W	I_{UV}	I_{VW}	I_{WU}	I_N
负载对称	有													
	无													
负载不对称	有													
	无													
一相开路	有													
	无													

六、分析与思考

(1) 负载在什么情况下要有中线?中线上是否能安装熔断器和开关?

(2) 画出负载对称时的电压、电流相量图。

实验实训 12　三相负载的三角形连接

一、实验目的

(1) 掌握三相负载作三角形连接时的正确接线方法;

(2) 验证负载的线电流、相电流、线电压、相电压之间的关系;

(3) 学会使用三相电源;

(4) 进一步学会熟悉交流电压表和交流电流表使用。

二、实验要求

（1）预习三相负载的三角形连接；

（2）预习三相负的三角形连接时线电流、相电流、线电压、相电压之间的关系。

三、仪器与设备

三相交流电源（线电压为 220 V）和刀闸开关、交流电流表（0～5 A）和交流电压表（0～300 V）各一只、额定电压为 220 V 的灯泡和导线若干。

四、实验原理

在三相电路中，三相电源的线电压、相电压都是对称的。当负载的额定电压为电源线电压时，三相负载可作三角形连接，这时有：

负载对称：$U_L = U_P$，$I_L = \sqrt{3} I_P$；

负载不对称：$U_L = U_P$，$I_L \neq \sqrt{3} I_P$。

五、实验内容与步骤

（1）按实验图 12-1 正确接线，每相负载由两个灯泡（220 V、100 W）并联而成。

（2）闭合刀开关 S_1 和 S_2，使三相电路每相负载对称（两个灯泡全亮），测量线电流、相电流、线电压、相电压，将实验数据填入实验表 12-1 中。

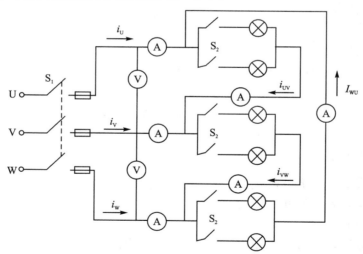

实验图 12-1 三相负载三角形连接

（3）将其中一相取走一个灯泡，合上刀开关，使三相电路负载不对称，测量线电流、相电流、线电压、相电压，将实验数据填入实验表 12-1 中。

（4）将 U 相相线断开，负载每相为两个灯泡对称，闭合刀开关，测量线电流、相电流、线电压、相电压，将实验数据填入实验表 12-1 中。

（5）使一相负载断开，合上刀开关，测量线电流、相电流、线电压、相电压，将实验数据填入实验表 12-1 中。

实验表 12－1

负载情况	线电压/V			相电压/V			线电流/A			相电流/A		
负载对称	U_{UV}	U_{VW}	U_{WU}	U_U	U_V	U_W	I_U	I_V	I_W	I_{UV}	I_{VW}	I_{WU}
负载不对称												
一相负载开路												
U 相相线断开												

六、分析与思考

（1）实验中负载对称与不对称时,灯泡的亮度一样吗？为什么？

（2）画出负载对称时的电压、电流相量图。

实验实训 13　三相电路的功率

一、实验目的

（1）掌握三相电路有功功率的测量方法；

（2）熟悉单相功率表的正确使用。

二、实验要求

（1）预习三相电路有功功率的计算方法和测量方法；

（2）预习使用三只、两只单相功率表测三相功率的原理。

三、仪器与设备

三相交流电源(线电压为 380 V/220 V)和刀开关、单相功率表(150 V/300 V/600 V,5 A/10 A)、交流电流表(0～5 A)和交流电压表(0～400 V)各一只、额定电压为 220 V 的灯泡和导线若干。

四、实验原理

三相电路有功功率为 $P＝P_U＋P_V＋P_W$,因此就能用三只单相功率表或两只单相功率表测三相有功功率,即有

（1）当负载对称时,用一表法测某一相负载功率,$P＝3P_1$。

（2）当负载不对称时可用一只单相功率表分别测三相功率,然后把测量结果相加。即为三表法,$P＝P_1＋P_2＋P_3$。接法同单相功率表一样。

（3）无论负载对称还是不对称,都可以用两只单相功率表测三相电路功率,即为两表法,$P＝P_1＋P_2$。其接法是两只功率表的电流线圈可以分别串联接入任意两相相线,使其通过的电流是三相线电流(注意：电流从电源端钮进入);两只功率表的电压线圈采用跨接第三相的办法。电压线圈的电源端钮接到各自的电流线圈的电源端钮同时接到电源的某一相,而电压线圈的另一端接到没有接电流线圈的第三相上。

五、实验内容与步骤

1．测量负载作星形连接时的有功功率

（1）按照实验图 13 - 1 所示电路图正确接线，闭合刀开关 S_1 和 S_2。

（2）在对称负载星形连接时，每相为两个 220 V、100 W 灯泡，在有中线和无中线情况下，分别用三表法和二表法测量三相电路的有功功率，将数据记入实验表 13 - 1 中。

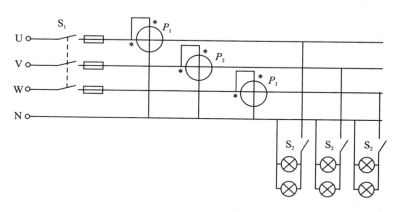

实验图 13 - 1　三表法测三相电路功率

实验表 13 - 1

负载情况		中　线	测量数据					计算数据	
			三表法			二表法		$P = P_1 + P_2 + P_3$	$P = P_1 + P_2$
			P_1	P_2	P_3	P_1	P_2		
星形连接	对称	有中线							
		无中线							
	不对称	有中线							
		无中线							
三角形连接	对称	无中线							
	不对称	无中线							

（3）负载不对称，即某一相取掉一个灯泡，在有中线和无中线的情况下，分别用三表法和二表法测量三相电路的有功功率，记入实验表 13 - 1 中。

2．测量负载作三角形连接时的有功功率

（1）按照实验图 13 - 2 所示电路原理图正确接线，其中负载接成三角形连接，闭合刀开关 S_1 和 S_2。

（2）在负载对称，每相为两个 220 V、100 W 灯泡，分别用三表法和二表法测量三相电路的有功功率，数据记入实验表 13 - 1 中。

（3）负载不对称，即某一相取掉一个灯泡，分别用三表法和二表法测量三相电路的有功功率，记入实验表 13 - 1 中。

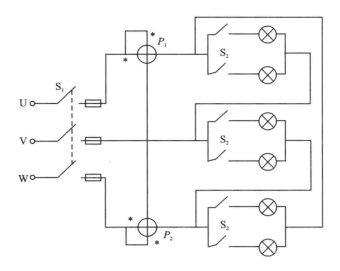

实验图 13－2　二表法测三相电路功率

六、分析与思考

（1）通过实验说明三表法和二表法各适用于什么场合？

（2）分析三表法和二表法测量三相有功功率的测量误差。

实验实训 14　互感耦合电路

一、实验目的

（1）通过实验观察互感现象，加深对互感电压的理解；

（2）掌握耦合系数的测量方法，熟悉互感线圈的连接方法，了解耦合系数对互感的影响；

（3）掌握同名端的判定方法，进一步理解同名端意义；

（4）通过实验熟悉交流电工仪表的使用的方法。

二、实验要求

（1）复习互感现象和互感电压的基本概念；

（2）复习耦合系数和同名端等基本概念；

（3）复习互感线圈的串、并联方法，熟悉等效电感的计算公式；

（4）预习自耦变压器的使用方法和注意事项；

（5）复习交流电压表、电流表、功率表、万用表的使用和注意事项。

三、仪器与设备

交流电流表（0～1 A）和交流电压表（150 V）各一只、万用表（MF500）一只、低功率因数功率表（150 V/1 A）一块、自耦变压器（2 kV·A，220 V/0～250 V）一台、线性电感线圈（0.35 H 和 0.3 H）各一个、铁芯和铁板各一个、指示灯（220，15 W）一只。

四、实验原理

1. 互感现象的观察

在如实验图 14－1 所示的互感耦合电路实验中，当一个线圈通上交流电后，另一个线圈两端所接指示灯发光。若改变两个线圈的相对位置，指示灯亮度也会改变。当两线圈耦合的最紧密时，指示灯最亮，说明互感系数在此时最大。当在两线圈中插入铁芯时，指示灯亮度增强；当两线圈用铁板隔开时，指示灯亮度变暗，甚至不亮。说明互感系数 M 的大小不仅与两线圈的相对位置有关，而且与它们的几何尺寸、线圈匝数及周围介质有关。

2. 互感系数的测量

（1）等效电感法。用交流电压表、电流表和功率表三只表分别测量和计算出两线圈顺向串联时的等效电感 $L_S＝L_1＋L_2＋2M$，反串时等效电感为 $L_F＝L_1＋L_2－2M$，就可求得 $M＝\dfrac{L_S－L_F}{4}$。

（2）开路电压法。具有互感的两线圈，在线圈 1 中通过的正弦交流电流为 I_1 时，在线圈 2 测得开路电压为 $U_{21}＝\omega M I_1$，则互感为 $M_{21}＝\dfrac{U_{21}}{\omega M I_1}＝\dfrac{U_{21}}{2\pi f I_1}$。

同样，当在线圈 2 中通过正弦电流 I_2 时，则线圈 1 两端的互感电压为 $U_{12}＝\omega M I_2$，则互感为 $M_{12}＝\dfrac{U_{12}}{\omega I_2}＝\dfrac{U_{12}}{2\pi f I_2}$。

若上述两次测量时两线圈的相对位置和周围介质未发生变化，则有 $M＝M_{21}＝M_{12}$。

五、实验内容与步骤

1. 互感现象的观察

按实验图 14－1 所示电路接线，将两线圈靠紧，调节自耦变压器手柄，使其输出电压为 80 V，此时指示灯亮度一定，按下列步骤，观察互感现象。

（1）改变两线圈的相对距离；

（2）改变两线圈的相对位置；

（3）将两线圈靠近后慢慢地插入铁芯和取出铁芯；

（4）在两线圈之间用铁板隔开。

2. 开路电压法测定互感

按实验图 14－1 所示，将图中的指示灯更换为交流电压表，按下列要求进行测量，并将测量结果记录于实验表 14－1 中。

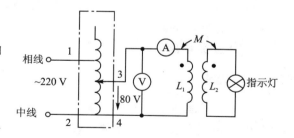

实验图 14－1　互感现象

实验表 14－1

第一次测量			第二次测量		
I_1/A	U_{21}/V	M_{21}/mH	I_2/A	U_{12}/V	M_{12}/mH

（1）将线圈 1 接到自耦变压器的输出端，测量 I_1、U_{21} 并计算出 M_{21}。

（2）将线圈 2 接到自耦变压器的输出端，测量 I_2、U_{12} 并计算出 M_{12}。

3. 用三表法测定互感并判断同名端

按实验图 14-2 所示电路接线，按下述要求进行测量，并将测量结果记录于实验表 14-2 中。

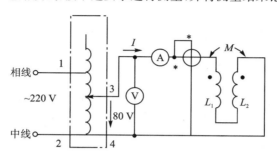

实验图 14-2　三表法测互感电路

（1）将两线圈随意串联在一起，测量电压 U，电流 I，功率 P，计算出等效电感 L_S（或 L_F）；然后将另一线圈的两端对调，重新测量上述各量，计算出等效电感 L_F（或 L_S）。注意：两次实验过程中，两线圈的相对位置和周围介质不能改变，否则两次测量的互感数值将不同。

（2）根据以上两次测量结果，可以判断出两线圈的同名端，因为 $L_S>L_F$，所以可以确定哪种接法是顺串，哪种是反串，同名端也就确定了。

实验表 14-2

顺 序	U/V	I/A	P/W	等效电感 L_S（或 L_F）/mH	串联方式	M/mH
180						
280						

六、分析与思考

（1）描述互感现象实验中观察到的现象，并得出结论。

（2）计算实验表 14-1 和实验表 14-2 中的数据，比较两种方法测定的互感的大小，分析误差产生的原因。

（3）总结测定两线圈同名端的方法还有哪些，比较各有什么特点。

（4）在实际应用中，为了消除两线圈互感的影响，应该怎么办？说明理由。

（5）对本实验存在的问题提出改进建议。

实验实训 15　非正弦周期性电路

一、实验目的

（1）加深对非正弦电路中的有效值关系式的理解；

（2）观察在非正弦电路中，电感和电容对电路中电流的影响。

二、实验要求

(1) 复习非正弦周期量的分解、非正弦周期量的有效值等基本知识;

(2) 理解电感元件、电容元件对不同频率的谐波有不同的电抗作用,如谐波次数越高,则感抗越大,容抗越小;

(3) 参考有关资料,了解三次谐波获得的方法。

三、仪器与设备

自耦调压器(2 kV·A,220 V/0～250 V)一台、频率三倍器(220 V/110 V)一个、电子示波器(ST－16)一台、交流电压表(125 V/250 V)一只、电感线圈(0.35 H)一只、电容器(4 μF)一只、电位器(112 Ω/2.1 A)一个。

四、实验原理

(1) 非正弦周期性电流电路的分析计算方法,主要是利用傅里叶级数将激励信号分解成恒定分量和不同频率的正弦量之和。如电压、电流可分解为

$$u(t) = U_0 + \sum_{k=1}^{\infty} U_{km} \sin(kwt + \varPsi_{uk})$$

$$i(t) = I_0 + \sum_{k=1}^{\infty} U_{km} \sin(kwt + \varPsi_{ik})$$

而非正弦周期电压 $u(t)$ 和非正弦周期电流 $i(t)$ 的有效值分别为

$$U = \sqrt{U_0^2 + U_1^2 + \cdots + U_k^2 + \cdots}$$

$$I = \sqrt{I_0^2 + I_1^2 + \cdots + I_k^2 + \cdots}$$

其中,U_0 和 I_0 分别为电压和电流的恒定分量,$U_1,U_2,\cdots,U_k,\cdots$ 和 $I_1,I_2,\cdots,I_k,\cdots$ 分别为电压和电流各次谐波的有效值。

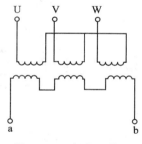

图 15－1　频率三倍器

(2) 本实验获得三次谐波的装置如实验图 15－1 所示。将三相变压器的一次侧作无中线的星形连接,而二次侧连接成开口三角形。当一次侧接入三相电源时,由于铁芯磁饱和等因素的影响,使得二次侧电压为非正弦周期量(一般为平顶波)。这样,由于二次侧连接成开口三角形,所以在其开口端得到的电压主要是三次谐波电压(同时含有与三次谐波成整数倍的其他次奇次谐波,因其影响很小,可忽略不计)。这种装置可作为频率三倍器来使用。

(3) 在非正弦电路中,当接入电感或电容时,由于谐波次数越高,感抗越大,容抗越小,所以电感对高次谐波有着较强的抑制作用,而电容对高次谐波有相对增强的作用。

五、实验内容与步骤

(1) 按实验图 15－2 所示电路,自耦变压器产生一次谐波,频率三倍器产生三次谐波。将自耦变压器的输出电压分别调为 50 V 和 100 V,用电压表分别测量 u_1、u_3 和 u,用示波器观察 u_1、u_3 和 u,并把观察和测量结果记录于实验表 15－1 中。

实验表 15 - 1

顺　序	u_1/V		u_3/V		u/V		
	测量值	波形	测量值	波形	测量值	波形	计算
1							
ab 对调							

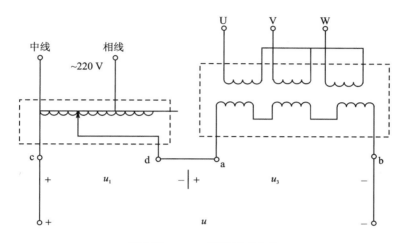

实验图 15 - 2　谐波形成电路

（2）将三相变压器二次侧开口 a、b 两端对调,重复上述步骤。

（3）把 RL 串联电路接入实验图 15 - 2 所示电路中的 c、b 端,可得如实验图 15 - 3 所示的等效电路。用电压表分别测量 u 和 u_R,即可确定电路中的电流（$I = u_R/R$）。用示波器观察 u 和 u_R 的波形,并将结果记录于实验表 15 - 2 中。

实验表 15 - 2

电路特征	u/V		u_R/V	
RL 串联	测量值	波形	测量值	波形
RC 串联				

（4）将实验图 15 - 3 所示电路中的电感线圈换成电容,重复步骤（3）。

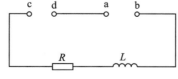

实验图 15 - 3　RL 串联电路

六、分析与思考

（1）根据实验结果,讨论 $U = \sqrt{U_1^2 + U_3^2}$ 这个关系式。

(2) 对实验中观察到的波形分析讨论。

(3) 分析计算值与测量值的误差因素。

实验实训 16　一阶电路的研究

一、实验目的

(1) 测定 RC 一阶电路的零输入响应,零状态响应;

(2) 学习电路时间常数的测量方法,了解参数 R 对响应的影响;

(3) 了解微分电路和积分电路的内容。

二、实验要求

(1) 复习 RC 电路零输入响应、零状态响应的变化规律及时间常数;

(2) 积分电路和微分电路;

(3) 万用表估测电容容量及质量的方法。

三、仪器与设备

脉冲信号发生器、双踪示波器及电阻电容若干。

四、实验原理

1. 动态电路

动态电路的过渡过程是十分短暂的,实验中利用信号发生器输出的方波来模拟阶跃激励信号,即方波输出的上升沿作为零状态响应的正阶跃激励信号,只要选择方波的重复周期远大于电路的时间常数 τ 就可以。

2. RC 一阶电路的零输入响应和零状态响应

RC 一阶电路的零输入响应和零状态响应分别随时间按指数规律衰减和增长,其变化的快慢决定于电路的时间常数。

零输入响应: $u_C = U\mathrm{e}^{-\frac{t}{\tau}}$, $i = -\dfrac{U}{R}\mathrm{e}^{-\frac{t}{\tau}}$ 。

零状态响应: $u_C = U(1 - \mathrm{e}^{-\frac{t}{\tau}})$, $i = \dfrac{U}{R}\mathrm{e}^{-\frac{t}{\tau}}$ 。

时间常数: $\tau = RC$ 。

3. 电路的时间常数 τ 的测定

用示波器测得零输入响应波形,当 $U_C = 0.368U$ 时,对应的时间就等于 τ 。

用示波器测得零状态响应波形,当 U_C 增长到 $0.632U$ 时所对应的时间为 τ 。

4. 微分电路和积分电路

一个简单的 RC 串联电路,在方波序列脉冲的重复激励下,当满足 $\tau = RC \ll \dfrac{T}{2}$ 时(T 为方波脉冲的周期),且由 R 端作为响应输出,这就是微分电路,如实验图 16 - 1 所示。

将图 16 - 1 中的 R 与 C 位置调换一下,即由 C 端作为响应输出,当满足 $\tau = RC \gg \dfrac{T}{2}$ 时,电路为积分电路,如实验图 16 - 2 所示。

实验图 16 - 1　微分电路　　　　　实验图 16 - 2　积分电路

五、实验内容与步骤

(1) 选择 R、C 元件,令 $R = 10\ k\Omega$,$C = 3\ 300\ pF$,组成如实验图 16 - 2 所示的 RC 充放电电路,脉冲信号发生器输出 $U_m = 3\ V$,$f = 1\ kHz$ 的方波电压信号,通过两根同轴电缆线,将激励和响应的信号分别连至示波器的两个输入口 Y_A 和 Y_B,这时可在示波器的屏幕上观察到激励与响应的变化规律,测出时间常数。

再令 $R = 10\ k\Omega$,$C = 0.1\ \mu F$,观察并绘出响应的波形,继续增大 C 之值,观察对响应的影响。

(2) 选择 R、C 元件,组成如图 16 - 2 所示的积分电路,令 $C = 0.01\ \mu F$,$R = 100\ \Omega$。在同样的方波激励信号($U_m = 3\ V$,$f = 1\ kHz$)作用下观测并描绘激励与响应的波形。改变 R 数值,观察对响应的影响,并作记录。

六、分析与思考

(1) 根据实验观测结果,绘出 RC 一阶电路充放电时 u_C 的变化曲线。并从曲线上求出时间常数值,将它与理论值 RC 比较。

(2) 已知 RC 一阶电路 $R = 10\ k\Omega$,$C = 0.1\ \mu F$,计算时间常数 τ,并拟定测量 τ 的方案。

(3) 改变 C 值,对电路的响应有何影响?

(4) R 保持不变,如果将电源电压提高或降低,则 u_C 达到稳定状态的时间如何变化?

第三部分　附　录

附录知识

附录 1　常用电工仪表的一般知识

一、指示类仪表分类和符号

(一) 基本分类方法

(1) 按仪表的工作原理分类:可分为磁电系、电磁系、电动系、感应系、静电系、整流系等;

(2) 按仪表的测量对象分类:可分为电流表、电压表、功率表、电能表、欧姆表等;

(3) 按仪表工作电流的性质分类:可分为直流仪表、交流仪表、交直流两用仪表;

(4) 按仪表准确度等级分类:可分为 0.1、0.2、0.5、1.0、1.5、2.5、5.0 共七个等级。

(二) 仪表的标志符号

电工指示仪表的表盘上有许多表示其基本技术特性的标志符号,如附录表 1-1 所列。

附录表 1-1　电气测量指示仪表的符号

(1) 测量单位的符号

名　称	符　号	名　称	符　号
千安	kA	太欧	$T\Omega$
安[培]	A	兆欧	$M\Omega$
毫安	mA	千欧	$k\Omega$
微安	μA	欧[姆]	Ω
千伏	kV	毫欧	$m\Omega$
伏[特]	V	相位角	φ
毫伏	mV	功率因数	$\cos \varphi$
微伏	μV	无功功率因数	$\sin \varphi$
兆瓦	MW	库[仑]	C
千瓦	kW	毫韦[伯]	mWb
瓦[特]	W	毫韦每平方米每毫特[斯拉]	$mWb/m^2 mT$
兆乏	Mvar	微法	μF
千乏	kvar	皮法	pF
乏	var	亨[利]	H
兆赫	MHz	毫亨	mH
千赫	kHz	微亨	μH
赫[兹]	Hz	摄氏度	℃

（2）仪表工作原理的符号

名　称	符　号	名　称	符　号
磁电系仪表		电动系比率表	
磁电系比率表		铁磁电动系仪表	
电磁系仪表		感应系仪表	
电磁系比率表	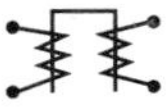	静电系仪表	
电动系仪表		整流系仪表	

（3）电流种类的符号

名　称	符　号	名　称	符　号
直流		具有单元件的三相平衡负载交流	
交流（单相）		具有两元件的三相不平衡负载交流	
直流和交流		具有三元件的三相四线不平衡负载交流	

（4）准确度等级的符号和标度尺工作位置的符号

名　称	符　号	名　称	符　号
以标度尺上量限百分数表示的准确度等级，例如1.5级	1.5	标度尺位置为垂直的	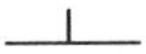
以标度尺长度百分数表示的准确度等级，例如1.5级	 1.5	标度尺位置为水平的	
以指示值的百分数表示的准确度等级，例如1.5级	 1.5	标度尺位置与水平面倾斜成一角度，例如60°	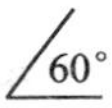 60°

（5）绝强度的符号

名　称	符　号	名　称	符　号
不进行绝缘强度试验	 0	绝缘强度试验电压为2 kV	 2
绝缘强度试验电压为500 V		危险（测量线路与外壳间的绝缘强度不符合标准规定，符号为红色）	

（6）端钮和调零器的符号

名　称	符　号	名　称	符　号
负端钮	—	接地用的端钮(螺钉或螺杆)	⏚
正端钮	+	与外壳相连接的端钮	
公共端钮(多量限仪表)	✕	与屏蔽相连接的端钮	
交流端钮	∿	与仪表可动线圈连接的端钮	
电源端钮(功率表、无功率表、相位表)	✕	调零器	

二、测量误差与量程的选择

（一）指示仪表的测量误差

电工仪表无论制造怎样精细,即使其性能质量很高,它的指示值与被测量实际值之间总会存在一定的偏差。这种偏差就称为仪表的测量误差。按仪表产生误差的原因不同,其误差可分为基本误差和附加误差两种。

1. 基本误差

基本误差是指仪表在规定的正常条件下进行测量时,所具有的误差。它是仪表本身固有的,是由于结构和制作工艺的不完善而产生的,是不可能完全消除的。正常工作条件下是指在规定的温度、放置方式、频率和波形下工作,且无外电场、磁场的影响。如仪表可动部分的摩擦、标度尺刻度不均匀等原因引起的误差,都属基本误差。

2. 附加误差

当仪表不是在正常工作条件下工作时,除了基本误差外,由于温度、频率、外磁场等因素的影响,还将产生附加误差。附加误差实际上就是由于工作条件,外界因素而造成的额外误差。

（二）误差的表示方法

1. 绝对误差

绝对误差是仪表的指示值 A_x 与被测量的实际值 A_0 之间的差值,称为绝对误差,即

$$\Delta = A_x - A_0 \qquad\qquad (附录 1-1)$$

计算 Δ 值时,通常把标准仪表所测的值当作被测量的实际值。

2. 相对误差

相对误差是绝对误差 Δ 与被测量的实际值 A_0 之间的比值,通常以百分数 r 表示,即

$$r = \frac{\Delta}{A_0} \times 100\% \qquad\qquad (附录 1-2)$$

在相对误差的实际计算中,有时难求得被测量的实际值,这时也可以用测量结果 A_x 代替

实际值 A_0，而近似求得，即

$$r = \frac{\Delta}{A_X} \times 100\%$$ （附录 1 - 3）

工程上通常采用相对误差来比较测量结果的准确度。

3. 引用误差

引用误差是仪表的绝对误差 Δ 与仪表量程的上限 A_m（即仪表的满刻度）比值的百分数。用 r_m 表示，即

$$r_m = \frac{\Delta}{A_m} \times 100\%$$ （附录 1 - 4）

由于仪表的测量上限是产品的固定数值，而仪表的绝对误差又大体保持不变，所以可用引用误差表示指示仪表的准确度。

（三）指示仪表的准确度

指示仪表的准确度，是用仪表的最大引用误差来表示的，它包括了整个指示仪表的基本误差（即本身固有的误差）。仪表的最大绝对误差 Δ_m，与仪表最大读数 A_m 比值的百分数，称为仪表的准确度 K，即

$$\pm K = \pm \frac{\Delta_m}{A_m} \times 100\%$$ （附录 1 - 5）

显然，准确度表明了仪表基本误差的最大允许范围，国家标准 GB776—1976 中《电测量指示仪表通用技术条件》规定各个准确度等级的仪表，在规定的使用条件下测量时，其基本误差不应超过附录表 1 - 2 中的规定值。

附录表 1 - 2 仪表的准确度等级及其基本误差

准确度等级	0.1	0.2	0.5	1.0	1.5	2.5	5.0
基本误差%	±0.1	±0.2	±0.5	±1.0	±1.5	±2.5	±5.0

我国生产的电工仪表的准确度等级共分为七个等级，即 0.1、0.2、0.5、1.0、1.5、2.5、5.0 级。不同仪表等级所允许的最大绝对误差，在知道测量上限后，均可用式（附录 1 - 5）算出。在一般情况下，测量结果的准确度；并不等于仪表的准确度，只有当被测量正好等于仪表量程时，两者才会相等。因此，决不能把仪表准确度与测量结果的准确度混为一谈。

（四）量程的选择

为确保测量结果的准确性，不仅要考虑仪表本身的准确度，还要选择合适的量程。量程的选择原则，首先估计被测量的大小，再选择仪表的量程，使仪表量程略大于被测量的值。若无法估计被测量的大小时，应先选量程大的测试，再依次降量程测量，最终使其指示值在量程值的 2/3 以上范围，或至少为仪表量程一半以上，这样才能使测量的误差较小，科学合理。若被测量较小，选择了大量程，使测出的量偏离实际值太大，造成错误判断；若被测量较大，选择了小量程，会造成仪表的损坏。故选择合适的量程，在线测量中是非常重要的环节。

附录2 常用指示类仪表的工作原理

一、指示类仪表的基本结构

电器测量指示仪表的种类很多,但是它们的主要作用都是将被测量转换成仪表活动部分的偏转角位移。

(一)电工指示类仪表的组成

人们经常接触的指示类仪表,一般由测量线路和测量机构两部分组成。

1. 测量线路

测量线路是将被测电量转换为测量机构能直接测量的电量。测量线路的构成,必须根据测量机构能够直接测量的电量与被测量的关系来确定,它是被测量与测量机构的一个中间环节。它一般由电阻、电容、电感或其他电子元件等构成。

2. 测量机构

测量机构的任务是把测量电路转换的电量接受后,按比例关系产生偏转角位移,也就是常说的表头机构。

3. 电工指示仪表结构框图

指示仪表要把被测量转换为可动部分的偏转角,一般要经过两步变换。如附录图2-1所示,第一步,把被测量 x 转换成测量机构可以直接接受的过渡量 y,这一步由测量线路完成;第二步,将过渡量 y 转换成仪表可动部分的偏转角,这一步由测量机构完成。在两步转换过程中,x 与 y 之间,y 与 α 之间都应保持一定的函数关系。

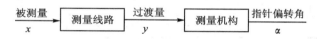

附录图2-1 指示仪表结构框图

(二)测量机构的一般部件

1. 产生转矩装置

为了使可动部分的偏转角反映被测电量的大小,测量机构必须具有转动力矩的装置。不同类型的仪表,产生转动力矩的原理和方式也不同。转动力矩可用电磁力、电动力、电场力或其他力产生。

2. 产生反作用力矩的装置

仪表的可动部分在转动力矩作用下产生偏转时,测量机构中游丝或其他控制装置产生与偏转角成正比的反作用力矩,它随偏转角增大而增大。反作用力矩的方向和转动力矩的方向相反,其作用是平衡转动力矩。如果只有转动力矩,没有反作用力矩,则仪表的指针在转动力矩作用下,都要偏转到最终位置。这样的仪表只能反映被测量有无,不能反映被测电量的大小。而有了反作用力矩,则当转动力矩和反作用力矩完全相等时,可动部分由于力矩平衡而不再偏转,这时,偏转角的大小就能反映被测电量的大小。

3. 阻尼装置

当仪表的可动部分达到平衡位置时,由于惯性作用,指针不会立即停下来,而在平衡位置附近来回摆动一段时间后才能稳定;为了能尽快读数,减少指针可动部分摆动的时间,仪表中装有阻尼装置,用来消耗可动部分的动能,限制指针来回摆动。常用的阻尼装置有空气阻尼、电磁感应式阻尼两种。

空气阻尼装置如附录图 2-2 所示,它是利用阻尼盒的空气节流作用起阻尼的。当阻尼片被可动转轴带动摆动时,一侧压缩空气,另一侧抽吸空气,由阻尼盒的空气节流作用,起到阻尼作用,使指针很快停止在应指示的位置。阻尼片摆动的速度越大,阻尼作用就越大。

附录图 2-2 空气阻尼器

电磁感应式阻尼装置如附录图 2-3 所示,它是利用电磁感应起阻尼的。当可转动阻尼金属片摆动时,切割永久磁场,在阻尼片上形成感应电流(涡流),同时磁场对涡流有电磁力的作用形成阻尼力,且阻尼力的方向与阻尼金属片的运动方向相反,使指针很快停止在应指示的位置。阻尼片摆动速度越大,切割磁场就越大,产生的涡流就越大,阻尼力就越大。电磁感应式阻尼装置在仪表中,虽然结构类别很多,但就其阻尼原理是相同的。

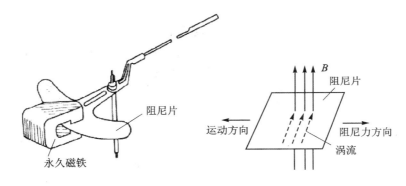

附录图 2-3 电磁感应式阻尼器

4. 读数装置

读数装置由指示器和标尺(即刻度盘)组成。指示器有指针式和光标式两种,指针又分矛形和刀形两种。矛形指针多用于大、中型安装式仪表中,以便于在一定的距离之外取得读数。刀形指针则用于便携式或小型安装式仪表中,便于精确读数。指针一般用铝制成。光标式指示器是由灯泡发出光线,经过反射镜反射到标尺上去读取指示值。光标指示器结构复杂、成本高,只在一些高灵敏度、高准确度的仪表中使用。

标尺是一块画了刻度的表盘,如附录图 2-4 所示。刻度一般为弧形状,并标有仪表基本特性标志符号。如仪表型号、工作原理符号、测量单位符号、准确度等级等。为了减少读数时的误差,0.5 级以上精密仪表通常在标尺下装有反射镜,又称镜子标尺,当指针和指针在镜子中的影像重合时再进行读数。

5. 支承装置

测量机构的可动部分,要随被测量的大小而偏转(转动),因此必须有支承装置。常用的支承装置有两种方式,一种是轴尖轴承支撑方式,可分为普通轴承和弹性轴承支撑,如附录

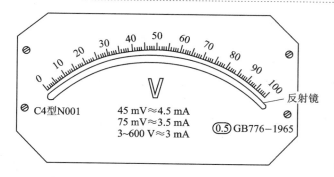

附录图 2-4　仪表标度尺(表盘)

图 2-5 所示;另一种是张丝弹片支撑方式,如附录图 2-6 所示。不论哪种支撑方式,都是为了减少转动部分摩擦,使转动灵活。

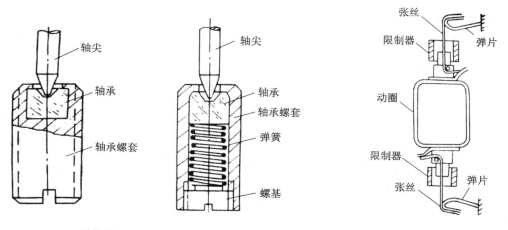

附录图 2-5　轴尖轴承支承　　　　附录图 2-6　张丝弹片支承装置

测量机构是表头部分,也是仪表的脆弱部分,非技术人员不可随便打开。当表头损坏后,要更换表头,一般不作检修与调整。

二、指示类仪表的工作原理

本附录以磁电系、电磁系、电动系仪表为主,重点介绍它们的测量机构,测量线路,读者可查阅有关资料。

(一) 磁电系仪表测量机构

1. 结构

电系测量机构是由固定的磁路系统和可动的线圈部分组成,其结构如附录图 2-7 所示,仪表的固定部分是永磁磁路系统,用它来得到一个较强的磁场。它由永久磁铁、极掌、圆柱形铁芯组成。可动部分由薄铝皮做成一个矩形框架,上面绕有漆包线多匝线圈,转轴的两个半轴分别固定在铝线框两侧;另一端通过轴尖支承在轴承中,前半轴还装有指针。反作用力矩由游丝产生,两个游丝螺旋方向相反,线圈的电流由游丝导入和导出。

仪表的阻尼装置由闭合矩形铝框架产生,属于电磁感应式阻尼。当铝框架转动时切割磁场,产生感应电流,同时磁场对感应电流产生电磁力,形成阻尼力矩(与转动方向相反)。高灵

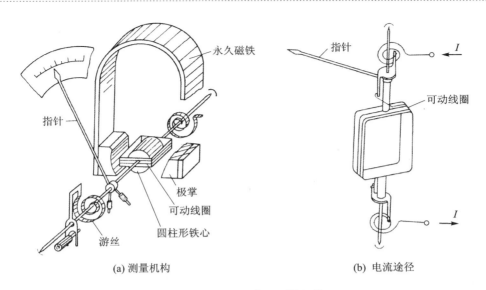

(a) 测量机构　　　　　　　(b) 电流途径

附录图 2 - 7　磁电系测量机构

敏度的仪表为了减轻可动部分质量,通常采用无框架线圈,设置短路线圈产生阻尼作用,工作原理与铝框架阻尼相同。

　　磁电系测量机构按磁路的形式不同可分为外磁式、内磁式、内外磁式三种。虽然磁路结构不同,但是磁场是永磁式的,工作原理是相同的,如附录图 2 - 8 所示。

2. 工作原理

　　磁电系测量机构是利用线圈在磁场中受到电磁作用力产生转动力矩的原理制成的。如附录图 2 - 9 所示,当可动线圈通电时,永久磁场对线圈电流产生电磁力,从而形成转动力矩 M,使可动部分发生偏转(用左手定则判断)。设均匀辐射的磁感应强度为 B,线圈匝数为 N,垂直于磁场方向的线圈有效边长度为 L,离转轴的距离为 r,则当线圈通过的电流为 I 时,每个有效边所受电磁力 F 为

$$F = NBLI$$

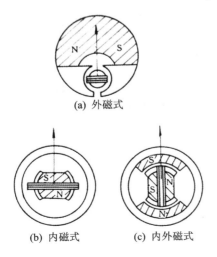

(a) 外磁式

(b) 内磁式　　　　(c) 内外磁式

附录图 2 - 8　磁电系测量机构的磁路

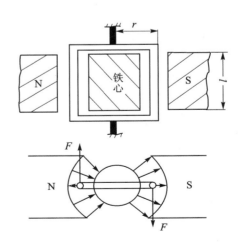

附录图 2 - 9　产生转动力矩的原理

转动力矩为

$$M = 2Fr = 2NBLrI$$

线圈转动时游丝变形,产生反作用力矩 M_α,这个力矩的大小与游丝变形的大小成正比,也就是和线圈的偏转角 α 成正比,即反作用力矩。

$$M_\alpha = D \cdot \alpha$$

式中,α 为指针偏转角;D 为游丝的反作用系数,与游丝的性质和尺寸有关。

随着偏转角 α 不断增大,反作用力矩 M_α 也增大,直到和转动力矩相等时,可动部分因所受力矩达到平衡而稳定在一个平衡位置上。根据力矩平衡式关系有

$$M_\alpha = M$$
$$D \cdot \alpha = 2NBLrI$$

即

$$\alpha = \frac{2NBLr}{D} \cdot I$$

对已经制成的仪表,N、B、L、r、D 都是常量,所以 $\dfrac{2NBLr}{D}$ 也是一个常量。

令

$$K_1 = \frac{2NBLr}{D}$$

则

$$\alpha = K_1 \cdot I \tag{附录 2-1}$$

式(附录 2-1)说明,指针的偏转角 α 与通过线圈的电流 I 成正比。

3. 主要技术特征

(1)准确度、灵敏度高。由于磁电系仪表采用了永久磁铁,且工作气隙又小,磁场强且磁场基本恒定。受外磁场影响又小,可以在小电流作用下产生较大的转矩,故准确度、灵敏度较高。

(2)标尺刻度均匀。由于指针转角 α 又与电流 I 成正比,故在标尺上的刻度是均匀的,便于读数。

(3)仪表过载能力差。由于通过线圈的电流要经过游丝(或张丝),而且线圈线径又细,当电流超过仪表的额定值,容易过载,烧毁线圈(或使游丝退火,失去弹性或弹性变化)。

(4)表头只通过直流电。由于磁场恒定方向不变,当通入交流电流,则所产生的转动力矩也是交变的,可动部分由于惯性作用而来不及转动。

磁电系仪表的测量机构过渡电量是直流电流,只要把被测量通过测量线路按一定关系变换为直流电流,就可以用它来构成不同功能的仪表,如配用整流器、变换器、传感器等,就可以测量交流电量、温度、压力等,所以它在电工仪表中占有重要的地位。

(二)电磁系仪表测量机构

1. 结　构

电磁系测量机构的结构形式有扁线圈的吸引型和圆线圈的排斥型两种,它们是利用固定的通电线圈的磁场,磁化可转动的铁片,使之异极性相吸,同极性相斥,吸力和斥力带动转轴转动,使指针偏转。

(1)吸引型

吸引型电磁系测量机构如附录图 2-10 所示。吸引型结构的主要特点是固定线圈为扁形

结构。固定线圈和装在转轴上的偏心式可动铁片构成电磁系统,且偏心式铁片在扁形线圈端部,转轴上还装有指针、电磁感应式阻尼片和游丝等。游丝的作用只产生反作用力矩,而不通过被测量电流。磁屏用来屏蔽内外磁场对线圈磁场的影响。

（2）排斥型

排斥型测量机构如附录图 2-11 所示。排斥型结构的主要特点是固定线圈为圆形结构,固定线圈和装在转轴上的弧形式可动铁片构成电磁系统,可动弧形铁片装在转轴上,固定弧形铁片装在圆线圈内部,转轴上还装有指针,电磁感应式阻尼片和游丝等,游丝的作用也只产生反作用力矩,而不通过被测量的电流。

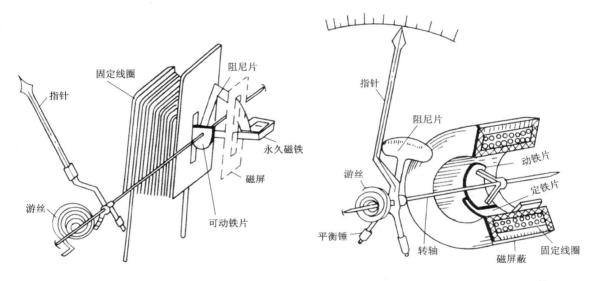

附录图 2-10　扁线圈吸引型测量机构　　　　附录图 2-11　圆线圈排斥型测量机构

2. 工作原理

（1）吸引型

在扁线圈吸引型结构中,线圈通电后,其磁场将可动铁片磁化,铁片磁化后的极性（即铁片靠近线圈侧）是 N 极还是 S 极,完全由线圈中的电流方向所决定,如附录图 2-12 所示,由图可知,不管线圈电流是什么方向,线圈极性与铁片被磁化的极性为异性,使偏心可动铁片被吸引而转动,并且转动方向不变,产生转动力矩。

（2）排斥型

在圆线圈排斥型结构中,线圈通电后,其磁场将两个弧形铁片同时磁化。如附录图 2-13 所示,两个弧形铁片顺同磁场方向同时被磁化,不管线圈电流是什么方向,两个弧形铁片两侧是同极性的,同极性相斥,使可动弧形铁片转动,且转动方向不变,产生转动力矩。

由上述所知,不论哪种结构形式的电磁测量机构,都是由通过固定线圈的电流产生磁场,使处于磁场中的铁片被磁化,从而产生转动力矩,带动指针偏转,指示被测电量的值。

电磁系测量机构的转动力矩和被测电流之间的关系可以用下式表示:

$$M = K' \cdot (IN)^2$$

式中,IN 为固定线圈的安匝数;K' 是一个系数,与线圈、铁片尺寸、形状以及它们的相对位置有关;I 是通电线圈的电流（交流时为有效值）。

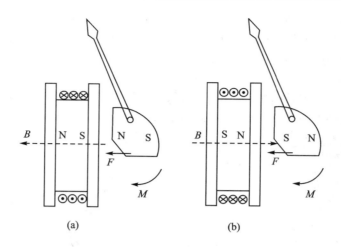

附录图 2 - 12　吸引型测量机构工作原理图

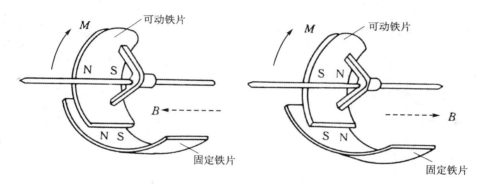

附录图 2 - 13　排斥型测量机构工作原理图

当可动部分偏转一个角度 α 时,其游丝的反作用力矩为

$$M_\alpha = D \cdot \alpha$$

式中,D 为游丝的反作用系数。

当游丝的反作用力矩和转动力矩平衡时:

$$M_\alpha = M \qquad D \cdot \alpha = K'(IN)^2 \qquad \alpha = \frac{K'}{D}(IN)^2$$

当

$$K_1 = \frac{K'}{D}N^2, \qquad \alpha = K_1 I^2 \hspace{3cm} (\text{附录}\ 2-2)$$

由此可见,电磁系测量机构指针偏转角与被测电流的平方有关(K_1 不为常数,因为磁场分布与铁片位置有关,且存在磁滞)。

3. 主要技术特性

(1) 可测直流、交流。常用于测交流的固定式仪表,测直流的磁滞误差较大。当采用优质导磁材料(坡莫合金)时可制成交直流两用仪表。

(2) 过载能力强。测量机构的可动部分不通过电流,而电流通过固定线圈,线圈可用较粗导线绕制,能通过较大的电流。

（3）容易受外磁场的影响。电磁系测量机构的磁场是由固定线圈流过被测电流产生的，与永久磁场相比较弱，容易受外磁场影响，因此电磁系测量机构一般设置磁屏蔽，减少外磁场的影响。

（4）标尺刻度不均匀。电磁系测量机构的偏转角随被测电流的平方而改变。因此，标尺刻度具有平方律的特性，即前密后疏。

（三）电动系测量机构

磁电系测量机构由永久磁铁和可动线圈组成，电磁系测量机构由固定线圈和被磁化的可动铁芯组成。如果利用固定线圈代替永久磁铁，可动线圈代替可动铁片，便构成了电动系测量机构。

1. 结 构

电动系测量机构是利用两个通电线圈之间的电动力来产生转动力矩的，其结构如附录图 2-14 所示，固定线圈分为平行排列，互相对称的两部分，中间留有空隙，以便使转轴可以穿过，这种结构可获得均匀的工作磁场。转轴上装有可动线圈、游丝、指针和空气式阻尼器，游丝用来产生反作用力矩，同时游丝又起引导电流的作用。

由于固定线圈产生的工作磁场很弱，一般只有磁电系测量机构中磁场的 $1\% \sim 5\%$，因此，电动系测量机构容易受外磁场的影响。为减少外磁场的影响，一般采用磁屏蔽装置。

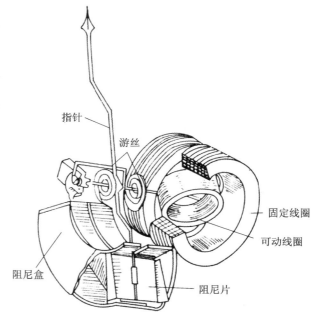

附录图 2-14 电动系测量机构

2. 工作原理

如附录图 2-15(a)所示，当固定线圈通有直流电流 I_1 时，固定线圈就产生一个磁场。此时如果可动线圈通过电流 I_2，它处于固定线圈的磁场中，必将受到电磁力 F 的作用（其方向可由左手定则确定），使仪表可动部分在转动力矩作用下发生偏转，直到与游丝产生的反作用力矩相平衡为止，指针只停在某一刻度上，指示被测电量的值。

当电流 I_1 和 I_2 同时改变方向时，见附录图 2-15(b)所示，则电磁力 F 的方向也不会改变，也就是说，可动线圈所受到的转动力矩的方向不会改变。因此，电动系测量机构可以测量直流电量，还可以测量交流电量。

电动系测量机构，用在直流电路时，其转动力矩 M 与固定线圈、可动线圈的电流乘积成正比，即

$$M = K'_1 \cdot I_1 \cdot I_2$$

其中 K' 是与仪表结构有关的系数。在转动力矩作用下，可动部分发生偏转并扭紧反作用的游丝，游丝的反作用力矩为

$$M_\alpha = D_\alpha \cdot \alpha$$

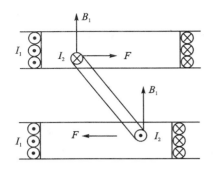
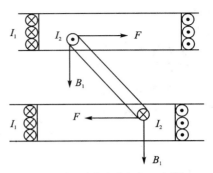

(a) 可动线圈在固定线圈磁场　　　　(b) 两线圈中的电流方向同时改变
　　中受到电磁力作用而旋转　　　　　　时,可动线圈受力方向不变

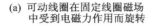

附录图 2−15　电动系测量机构工作原理图

式中：D 为游丝反作用系数；α 为可动部分转角。

根据力矩平衡关系有：

$$M = M_\alpha$$
$$K'_1 \cdot I_1 \cdot I_2 = D_\alpha \cdot \alpha$$
$$\alpha = \frac{K'_1 \cdot I_1 \cdot I_2}{D_\alpha}$$

令

$$\frac{K'_1}{D_\alpha} = K_1$$

$$\alpha = K_1 \cdot I_1 \cdot I_2 \qquad\qquad (附录2-3)$$

式(附录2-3)说明,当电动系测量机构测量直流电量时,偏转角与两个线圈中的电流乘积有关。

当电动系测量机构测量交流电量时,I_1 和 I_2 分别是通过固定线圈和可动线圈的电流的有效值,φ 为两个电流之间的相位角,可以证明转动力矩的平均值为

$$M_\mathrm{P} = K'_1 \cdot I_1 \cdot I_2 \cdot \cos \varphi$$

根据力矩平衡关系有：

$$M_\alpha = M_\mathrm{P}$$

得到

$$D_\alpha \cdot \alpha = K'_1 \cdot I_1 \cdot I_2 \cdot \cos \varphi$$
$$\alpha = \frac{K'_1}{D_2} I_1 \cdot I_2 \cdot \cos \varphi$$
$$\alpha = K_1 \cdot I_1 \cdot I_2 \cdot \cos \varphi \qquad\qquad (附录2-4)$$

式(附录2-4)说明电动系测量机构用于测量交流电量时,其可动部分的偏转角,不仅和通过两线圈的电流 I_1、I_2 有关,还取决于两个电流相位差的余弦 $\cos \varphi$ 的大小,这一点与用于直流是有区别的,应该注意。

3. 主要技术特征

(1) 准确度高。因为磁路中没有铁磁物质,基本上不存在磁滞和涡流效应,因而它的准确度可达 0.1～0.05 级。

（2）使用范围广。可以交直流两用,对非正弦交流电路也能适用。

（3）过载能力较差。由于可动线圈是通过游丝导入电流的,如果电流过大,游丝将变质烧毁。

（4）标尺刻度因表而异。电动系测量机构制成的功率表,标尺刻度均匀。用此机构制成的电流表、电压表、其偏转角随两个线圈电流的乘积而变化,故标尺刻度不均匀,起始部分刻度较密,即前密后疏。

（5）受外磁场影响较大。原因是测量机构内部的工作磁场较弱。

根据以上的技术特性,电动系测量机构适用于较精密的测量,并可制成可携式交、直流两用的电流表和电压表。电动系测量机构,广泛用于制成各种功率表,应用于各种电路的功率测量。

电动系测量机构中,有的仪表使用铁磁电动系测量机构,如附录图 2-16 所示,它用硅钢片与固定线圈组成磁路,与磁电式测量机构相近,但工作原理与电动系测量机构相同,由于使用铁磁材料,故准确度较低,它主要用来制造安装式功率表,功率因数表及要求转矩较大的自动记录仪表。

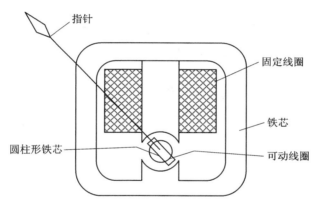

附录图 2-16 铁磁电动系测量机构

附录 3 电流、电压的测量

一、电流的测量

测量电路中的电流用电流表。在测量中应把电流表串联在被测电路中,如附录图 3-1 所示。当电流表接入被测量电路后,由于电流表有内阻,使原来电路状况发生改变,而产生测量误差,为了减小测量误差,要求电流表的内阻越小越好。在电路分析计算中,经常把电流表看成短路,即看成内阻为零的器件,忽略了内阻对电路的影响。

在电流的测量中,特别要注意电流表的量程选择,大量程测小电流误差大,小量程测大电流要烧毁仪表。在未能估计被测电流大小的情况下,在量程选择上,从大到小,合理选择合适量程。

在测量直流电流时,一般选用磁电系直流电流表,因磁电系电流表的灵敏度、准确度较高。但在接入电路时,应注意极性,电流应从"＋"端钮流入,从"－"端钮流出,切不可接错,否则仪表指针将反偏,仪表受损伤。

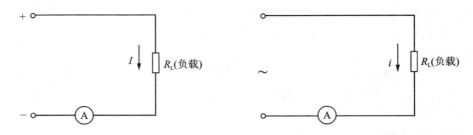

附录图 3-1　电流表接线方法

在测量交流电流时,一般选用电磁系交流电流表,或者整流磁电系交流电流表,在接入电路时没有极性的要求,测出的数值是交流电流的有效值。

由于磁电系、电动系仪表游丝要通过电流,表头线圈通过的电流也有限,所以,仪表表头通过电流较小(μA、mA 数量级)。如果测量大电流,一般都要采用分流器或电流互感器的方法扩大量程。

(一) 电流表扩大量程的方法

1. 分流器法

当测量电路的大电流时,在仪表内或仪表外,与表头并联分流电阻,这个分流电阻也称分流器。如附录图 3-2 所示,在图中,根据并联电路的特点:

$$I_X = I_A + I_B$$

式中,I_X 为被测电流;R_A 为表头内阻值;R_B 为并联分流电阻;I_A 为表头满量程电流值;I_B 为通过分流器的电流值。

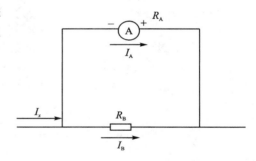

而　　　　$I_A \cdot R_A = I_B \cdot R_B$

$$\frac{R_B}{R_A} = \frac{I_A}{I_B} = \frac{I_A}{I_X - I_A}$$

将上式整理后可得

$$I_X = \left(\frac{R_A}{R_B} + 1\right) \cdot I_A = K \cdot I_A$$

附录图 3-2　分流电阻接线图

式中,K 为电流表扩大量程倍数

$$K = \frac{R_A}{R_B} + 1, \quad R_B = \frac{R_A}{K - 1} \tag{附录 3-1}$$

多量程的电流表如附录图 3-3 所示,(a)为开路式接法。其优点是各量程间相互独立,互不影响,缺点是转换开关的接触电阻包含在分流电阻中,可能引起较大的测量误差,特别是当转换开关触头接触不良,导致分流电路断开时,被测电流将全部流过测量机构烧毁表头,因此,开路式分流电路目前极少使用。

闭路式分流电路如附录图 3-3(b)所示,其优点是转换开关的接触电阻处于被测电路中,对分流准确度没有影响,当转换开关接触不良或断开时,不会烧坏测量机构,缺点是各个量程之间相互影响,计算分流电阻较复杂,多量程电流表常使用闭路式分流电路,它的分流电阻越小,电流表的量程越大。有的磁电系仪表分流器在仪表的外部设置,测量原理相同,这里不再单独介绍。在测量交流电流时,还有的电流表采用整流磁电系表头(即磁电系附加整流装置),用整流装置,作为交直流的转换过渡。

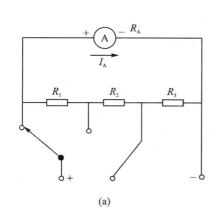

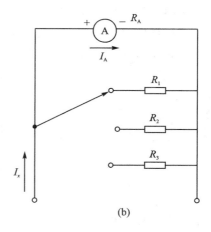

附录图 3－3　多量程电流表电路原理图

2. 采用电流互感器扩大交流量程的交流电流表

在测量交流大电流时,不采用并联分流器的方法,而是用外设电流互感器与电流表配合来扩大量程。

（1）电流互感器构造与原理

电流互感器是一个特殊的仪用变压器,一次侧只有一匝或几匝粗绕组线圈,二次侧是匝数多细绕组线圈。电流互感器的符号如附录图 3－4(a)所示,使用时,将一次侧线圈串入被测电路中,二次侧线圈与配用电流表并联,如附录图 3－4(b)所示。由于电流表内阻很小,所以电流互感器在正常工作时,接近于变压器的短路状态。所以电流互感器相当于一个二次侧短路的升压变压器。

电流互感器一次侧额定电流 I_1 与二次侧额定电流 I_2 之比,称为电流互感器的额定变流比,用 K_{TA} 表示,即

$$K_{TA} = \frac{I_1}{I_2} = \frac{N_2}{N_1} \qquad （N_1、N_2 \text{ 为一次侧、二次侧绕组匝数}）$$

每个电流互感器铭牌上都标有它的额定变流比,测量时可根据电流表的指示值 I_2,计算出一次侧被测电流 I_1 的数值,即

$$I_1 = K_{TA} \cdot I_2 \qquad （\text{附录 } 3-2）$$

同理,对与电流互感器配合使用的电流表,也可按一次侧电流直接进行刻度。例如,$K_{TA} = 300 \text{ A}/5 \text{ A}$ 的电流互感器,配用与二次侧额定电流一致的,量程为 5 A 的电流表,其电流表的标度尺可按 300 A 进行刻度。

（2）电流互感器正确使用

电流互感器要正确接线。二次侧在运行中绝对不允许开路。因此,在电流互感器的二次侧回路严禁加装熔断器。运行中需拆除或更换仪表时,应先将二次侧短路后再进行操作。有的电流互感器

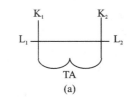

(a)

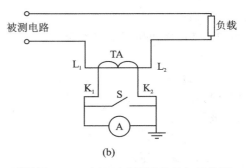

(b)

附录图 3－4　电流互感器的符号与接线图

中装有供短路用的开关,如附录图 3 – 4 中的开关 S 就起这个作用。电流互感器的铁芯和二次侧一端必须可靠接地,以保人身和设备的安全。

　　电流互感器与电流表常用接线方法,如附录图 3 – 5 所示。

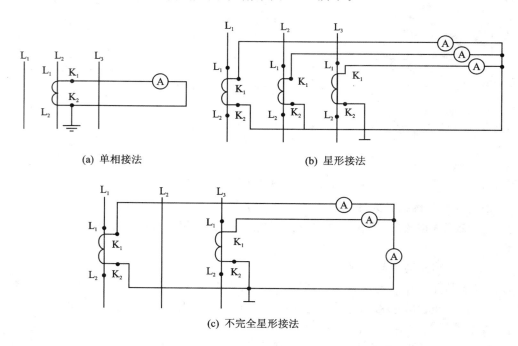

(a) 单相接法　　　　　　　　　　　　　　(b) 星形接法

(c) 不完全星形接法

附录图 3 – 5　电流互感器与电流表常用接线方法

(二) 钳形电流表

　　通常使用电流表直接测电流时,必须切断被测电路,再串入电流表进行测量,而用钳形电流表进行测量时,则可在不切断被测电路的情况下测量电流。它是一种便携式仪表。

1. 交流钳形电流表

　　这种钳形电流表由电流互感器和整流系(磁电系表头加设整流装置)电流表组成,只能用来测量交流电流,其外形如附录图 3 – 6 所示,电流互感器的铁芯在捏紧扳手时就可张开。如附录图 3 – 6 中虚线所示。这样,被测电流通过的导线不必切断就可穿过铁芯的缺口,然后放松扳手使铁芯闭合,这样被测电流相当于互感器的一次侧线圈,二次侧线圈并联的电流表就指示出被测电流的数值。使用这种类型的钳形电流表时,还可以通过调节电流互感器的线圈的变比,变换电流表的量程。

2. 交直流两用钳形电流表

　　这种钳形电流表采用电磁系测量机构,其内部结构示意图如附录图 3 – 7 所示。它将钳口中被测电流的导线作为电磁系测量机构中的固定线圈,以产生工作磁场,可动铁片位于铁芯缺口之中;在被测电流产生磁场的作用下,可动铁片和铁芯之间产生转动力矩,带动指针偏转,指示出被测电流的数值。

　　钳形电流表是一种可携式较方便使用的仪表,但测量的误差较大,常用来估测电流的大小、有无,比较方便。

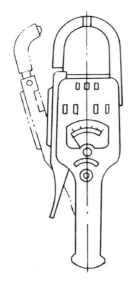

附录图 3-6　交流钳形电流表

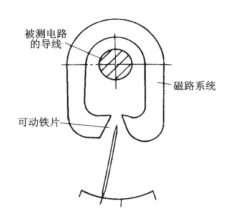

附录图 3-7　交直流两用钳形电流表示意图

二、电压的测量

测量电路中的电压用电压表。在测量中应把电压表并联在被测电路的两端,如附录图 3-8 所示,为了减小电压表并入电路后对电路原始状态的影响,要求电压表的内阻越大越好。电压表刻度盘标有灵敏度,如"10 kΩ/V"如果使用 10 V 电压挡,则表内电阻为 10 kΩ/V×10 V=100 kΩ。在电路分析计算中,经常把电压表看成内阻为无穷大的器件,就忽略了内阻对电路的影响。

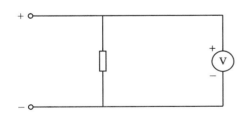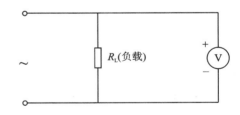

附录图 3-8　电压表的接线方法

在电压的测量中,特别要注意电压表量程的选择,大量程测低电压误差较大,小量程测高电压,要烧毁仪表,在未能估计被测电压高低的情况下,在量程的选择上,从大到小合理选择合适量程。

在测量直流电压时,一般选用磁电系直流电压表,因磁电系电压表的灵敏度、准确度较高,但在并入电路时,应注意极性,切不可接错,否则仪表指针反偏,仪表受损伤。

在测量交流电压时,一般选用电磁系交流电压表或整流磁电系电压表。在并入电路时没有极性要求,测出的数值是交流电压的有效值。

若测量高电压,采取的措施和电流表的方法基本相同,则使用分压器或电压互感器的方法扩大量程。

1. 附加分压电阻扩大电压表量程

当测量电路的高电压时,在仪表内或仪表外与表头串联附加分压电阻,如附录图 3-9 所示直流电路。图中:R_V 表示表头内电阻值;R_1 表示串联分压电阻值;U_V 表示表头端电压值;U 表示被测电压值。

而

$$U_V = \frac{R_V}{R_1 + R_V} \cdot U, \quad U = \left(\frac{R_1}{R_V} + 1\right) \cdot U_V = K_V \cdot U_V, \quad \frac{U}{U_V} = \frac{R_1 + R_V}{R_V}$$

式中,K_V 为电压表扩大量程倍数

$$K_V = \frac{R_1}{R_V} + 1, \quad R_1 = R_V \cdot (K_V - 1) \qquad (附录 3-3)$$

多量程电压表的电路原理图如附录图 3-10 所示,分压电阻越大,量程越大,外置式附加分压电阻在仪表的外部设置,测量原理与电流表相近,这里不再单独介绍。

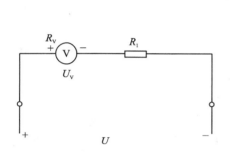

附录图 3-9 分压电阻接线图

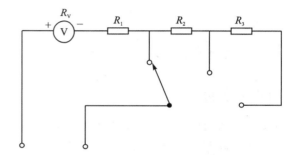

附录图 3-10 多量程电压表电路原理

专业电工常用的 MF500 型万用表直流电压挡的内阻为 20 kΩ/V DCV,有较多文献资料中电路中的参考电压即以该表测试数据为依据。现在各学校学生用 MF47 型万用表直流电压挡的内阻也为 20 kΩ/V DCV。

测量交流电压时,有的电压表用整流磁电系表头(即磁电系附加整流装置),用整流装置,作为交直流的转换过渡。

2. 采用电压互感器扩大交流量程的交流电压表

在测量交流高电压时,不采用串联附加分压电阻的方法,而是利用外设电压互感器与电压表配合来扩大量程。

(1) 电压互感器构造与原理

电压互感器也是一个特殊的仪用变压器,一次侧是多匝数绕组,二次侧是少匝数的绕组,电压互感器符号如附录图 3-11(a)所示。使用时将一次侧绕组并入被测电路上,二次侧绕组与配用的电压表并联如附录图 3-11(b)所示,由于电压表内阻很大,所以电压互感器在正常工作时,接近于开路状态。所以电压互感器相当于一个二次侧开路的降压变压器。

电压互感器一次侧电压 U_1 与二次侧电压 U_2 之比,称为电压互感器的变压比,用 K_{TV} 表示,即

$$K_{TV} = \frac{U_1}{U_2} = \frac{N_1}{N_2} \qquad (N_1 、 N_2 \text{ 为一次侧、二次侧绕组匝数})$$

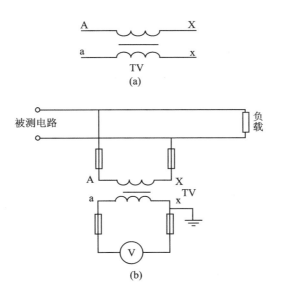

附录图 3-11 电压互感器的符号与接线图

每个电压互感器铭牌上都标有它的额定变压比,测量时可根据电压表的指示值 U_2,计算出一次侧被测电压 U_1 的数值,即

$$U_1 = K_{TV}U_2 \qquad\qquad (附录3-4)$$

同理,对与电压互感器配合使用的电压表,也可按一次测电压直接进行刻度。例如 $K_{TV} = 10\ kV/100\ V$ 的电压互感器,配用与二次侧额定电压一致的,量程为 $100\ V$ 的电压表,其电压表的标度尺可按 $10\ kV$ 进行刻度。

(2)电压互感器的正确使用

电压互感器要正确接线。二次侧在运行中绝对不允许短路。一次侧、二次侧要装保护熔断器。电压互感器的铁芯和二次侧的一端必须可靠接地,以保人身和设备安全。

三、相序表

相序表是用来检测三相电源的相序。

三相电源中假如按 ABC 相序接入电动机,电动机是正转,按 ACB 相序接入电动机,电动机就是反转。

相序表可检测工业用电中出现的缺相、逆相、三相电压不平衡、过电压、欠电压五种故障现象,并及时将用电设备断开,起到保护作用。最早的相序表内部结构类似三相交流电动机,有三相交流绕组和非常轻的转子,可以在很小的力矩下旋转,而三相交流绕组的工作电压范围很宽,从几十伏到五百伏都可工作。测试时,依转子的旋转方向确定相序。也有通过阻容移相电路,不同相序就有不同的信号灯显示相序。

相序表的使用方法如下:

(1)接 线

将相序表三根表笔 A(红,R)、B(蓝,S)、C(黑,T)分别对应接到被测源的 A(R)、B(S)、C(T)三根线上。

（2）测　量

按下仪表左上角的测量按钮,灯亮,即开始测量。松开测量按钮时,停止测量。

（3）缺相指示

面板上的 A、B、C 三个红色发光二极管分别指示对应的三相来电。当被测源缺相时,对应的发光管不亮。

（4）相序指示

当被测源三相相序正确时,与正相序所对应的绿灯亮,当被测源三相相序错误时,与逆相序所对应的红灯亮,蜂鸣器发出报警声。

附录 4　电功率的测量

一、直流电路功率的测量

直流电路电功率 $P=UI$,可以使用直流电压表和电流表分别测出电压值 U 和电流值 I,再计算出功率 P 的值,也可以使用功率表直接测量功率。功率表通常采用电动系表,如附录图 4-1(a)所示固定线圈 A 匝数少导线粗,与负载串联,测出流过负载的电流,故称为电流线圈,可动线圈 D 匝数多导线细,附加分压电阻 R_s 在表内所设置,它与负载并联,测出负载两端电压,故称为电压线圈。功率表指针偏转角的大小取决于负载电流和负载电压的乘积。

电动系功率表结构示意图及电路原理图如附录图 4-1 所示,在图(b)中圆内,水平粗线表示电流线圈,垂直细线表示电压线圈,在电压线圈和电流线圈上各有一端标有"＊"号,称为电源端,表示电源应从这"＊"端流入线圈。

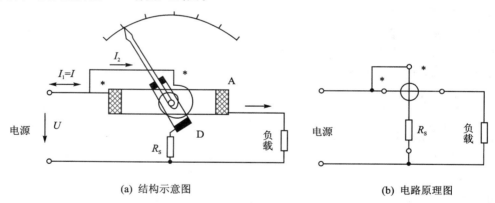

(a) 结构示意图　　　　　　　　(b) 电路原理图

附录图 4-1　电动系功率表结构示意图及电路原理图

1. 正确选择功率表的量程

选择功率表的量程,就是选择功率表中的电流量程和电压量程,必须使电流量程能允许通过负载电流,电压量程能承受负载电压、即负载的实际电压,电流都不能超出功率表的电流、电压量程。所以在测量功率前应先测出或估出负载的电压和电流,然后去选择适当量程的功率表。

2. 功率表的正确接线

电动系仪表测量机构转动力矩和两个线圈通电电流方向有关,为了防止电动系功率表的指针反偏,接线时功率表标有"＊"号的电流端钮必须接到电源的正极性端,而另一端接到负载的一端,标有"＊"号的电压端钮,可接到电流线圈端钮的任一端,而另一个电压端钮则跨接到负载的另一端,如附录图4-2所示。

附录图4-2(a)为电压线圈前接法,附录图4-2(b)为电压线圈后接法。

采用电压线圈前接法时,电压支路所测的电压是负载和电流线圈的电压之和,如果负载电阻远远大于电流线圈的电阻,则可以忽略电流线圈分压对负载电压实际值的影响。

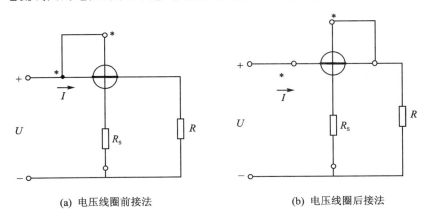

(a) 电压线圈前接法　　　　　　　　　　(b) 电压线圈后接法

附录图4-2　功率表的接线方法

当采用电压线圈后接法时,电压支路所测的电压虽然等于负载电压,但电流线圈中的电流增加了电压支路的电流。所以,当负载电阻远远小于功率表电压支路电阻时,应采用电压线圈后接法。

如果被测负载功率本身较大,可以不考虑功率表本身对功率的影响,则两种接法可以任意选择,但最好选择电压线圈前接法,因为功率表中,电流线圈电阻小,它的功率都小于电压线圈支路的功耗。

3．功率表的正确读数

便携式功率表一般都是多量程的,但标度尺只有一条,因此功率表的标度尺上只标分格数。当选用不同量程时,功率表标度尺的每一分格所表示的功率值不同,通常把每一分格所表示的瓦特数称为功率表的分格常数。功率表的分格常数 C 可按下式计算:

$$C = \frac{UI}{\alpha_m}, \quad W/ 格 \tag{附录4-1}$$

式中,U 为功率表的电压量程;I 为功率表的电流量程;α_m 为功率表标度尺满刻度的格数。

求得功率表的分格常数 C 后,便可求出被测功率:

$$P = C\alpha \tag{附录4-2}$$

式中,α 为指针偏转格数。

二、单相交流电路功率的测量

单相交流电路有功功率为

$$P = UI\cos\varphi$$

式中,U 为负载电压的有效值;I 为负载电流的有效值;$\cos\varphi$ 为负载电压与负载电流之间的相位差角。

电动系功率表在测交流电功率时,电压线圈因串入阻值较大的附加电阻 R_s,电压支路可看成是纯电阻支路,电压与电流同相位,固定的电流线圈受负载性质的影响而与电压存在一个相位差角。因此,功率表的指针偏转角就和电路中的交流有功功率 $P = UI\cos\varphi$ 成正比,即可以使用电动系功率表直接测量单相电路的功率,其使用方法和注意事项与测量直流电路功率基本相同。

三、三相交流电路功率的测量

测量三相交流电路功率时,一般使用三相功率表测量,也可以使用单相功率表进行测量。

（一）用一个单相功率表（一表法）测量三相对称负载的有功功率

在对称的三相负载中,每相负载的功率都相等,可以用一块单相功率表测量。

任意一相负载的功率 P_1,其接线如附录图 4-3 所示,三相总功率 P 就等于功率表读数乘以 3,即

$$P = 3P_1 \qquad\qquad (附录 4-3)$$

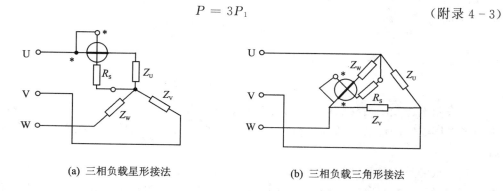

(a) 三相负载星形接法　　　　　　　(b) 三相负载三角形接法

附录图 4-3　一表法测量三相对稳负载

（二）用三个单相功率表（三表法）测量不对称三相四线制电路的有功功率

三相四线制负载是不对称的,需要三个单相功率表测量功率。其接线,如附录图 4-4 所示。用三个单相功率表分别测出各相功率表,总功率为三表读数之和,即

$$P = P_U + P_V + P_W \qquad\qquad (附录 4-4)$$

也可用一个单相功率表,分别在电路中测三次,道理相同。

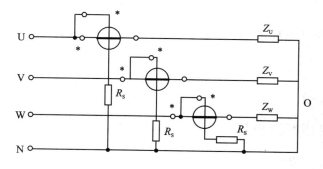

附录图 4-4　三表法测量三相四线制负载功率

（三）用两个功率表（二表法）测三相三线制有功功率

对于三相三线制电路,不论负载是否对称,也不论负载是三角形连接还是星形连接,都可用二表法来测量负载的总功率,接线方法如附录图 4-5 所示。

1. 二表法原理

设负载为星形连接（若三角形接法,也可等效变换为星形连接）,三相电路总瞬时功率为

$$p = p_U + p_V + p_W = u_U i_U + u_V i_V + u_W i_W$$

由基尔霍夫定律可将:

$$i_U + i_V + i_W = 0$$

$$i_W = -i_U - i_V$$

则

$$p = u_U i_U + u_V i_V + u_W (i_U - i_V) =$$
$$i_V (u_U - u_W) + i_V (u_V - u_W) =$$
$$i_U u_{UW} + i_V u_{VW}$$

$$P = P_1 + P_2 \qquad\qquad (附录 4-5)$$

结果表明,两功率表测得的瞬时功率之和等于三相总瞬时功率,因此,两表所测瞬时功率之和在一个周期内的平均值,也就等于三相总瞬时功率在一个周期内的平均值,即三相负载的总有功功率就等于两功率表读数之和。

当三相电路对称时,由附录图 4-6 所示,由相量图可以知道,三相负载的总有功功率为

$$P = P_1 + P_2 = I_U U_{UW} \cos\varphi + I_V U_{VW}$$

$$P = I_U U_{UW} \cos(\varphi - 30°) + I_V U_{VW} \cos(\varphi - 30°) \qquad (附录 4-6)$$

式中,φ 为相电压与相电流之间的相位差;φ_1 为线电压 U_{UW} 与线电流 I_U 之间的相位差;φ_2 为线电压 U_{VW} 与线电流 I_V 之间的相位差。

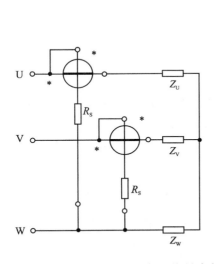

附录图 4-5 二表法侧量三相三线制功率

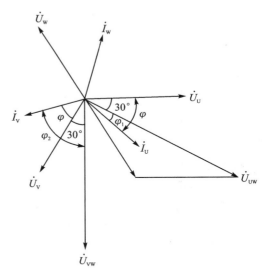

附录图 4-6 三相对称负载相量图

2. 采用二表法接法时,功率表可能出现四种情况

(1) 当 $\cos\varphi = 1$,$\varphi = 0$ 时,负载为纯电阻,两表读数相等,$P = 2P_1$;

(2) 当 $\cos\varphi > 0.5$ 时,两功率表读数都为正偏 $P = P_1 + P_2$;

(3) 当 $\cos\varphi = 0.5$,$\varphi = \pm60°$ 时,有一个功率表读数为零,$P = P_1 + P_2$;

（4）当 $\cos \varphi < 0.5$，$|\varphi| > 60°$ 时，有一个功率表为正偏，另一个为反偏，应在切断电源之后，将反偏功率表的电流线圈的端钮调换，使指针正偏，此时 $P = |P_1 - P_2|$。

如果三相负载不对称时，两只功率表也会出现上述情况，需对调反偏功率表的电流端钮，$P = |P_1 - P_2|$。

（四）用三相功率表测三相有功功率

三相功率表通常有三相二元件的功率表和三相三元件的功率表两种，测量机构常用铁磁电动系仪表。

三相二元件的功率表，内部有两个固定电压线圈和固定在同一转轴上的两个可动线圈。功率表外部有四个电流端钮（线电流），三个电压端钮（线电压），实际是利用两个单相功率表的组合制成的，这种功率表适用于测量三相三线制功率，其测量线路接线，如附录图 4-7 所示。

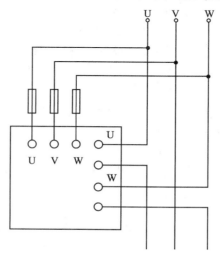

附录图 4-7　三相功率表接线图

四、三相无功功率的测量

有功功率表不仅能测量有功功率，如果适当改换它的接线方式，还可用来测量无功功率，用一只功率表测量三相对称负载电路的无功功率时，功率表的电流线圈串入一相相线内，电压线圈跨接在另外二相相线之间，如附录图 4-8 所示。

已知单相无功功率 $Q = UI \cos \varphi = UI \cos (90° - \varphi)$

上式说明，如果设法使加在电压线圈支路上的电压 U 与流过电流线圈的电流 I 之间的相位差等于 $(90° - \varphi)$，那么，功率表就能够测量无功功率了。

由附录图 4-9 所示的三相对称负载的相量图可以看出线电压 U_{VW} 与相电流 I_U 之间有 $(90° - \varphi)$ 的相位差，所以，只要按图 4-8 所示接线方式，则功率表的读数就是：

$$Q_1 = U_{VW} I_U \cos (90° - \varphi) = U_{VW} I_U \sin \varphi$$

只要把 Q_1 乘以 $\sqrt{3}$，则得三相无功功率

$$Q = \sqrt{3} Q_1 = \sqrt{3} U_{VW} I_U \sin \varphi \qquad （附录 4-7）$$

在实际测量中，有专用的单相无功功率表和三相无功功率表，可以按照产品说明书直接接线使用，这里不再叙述。

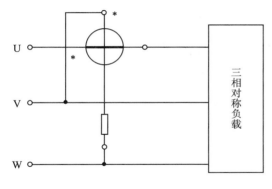

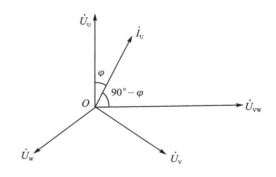

附录图 4 - 8　单表法测三相对称无功功率　　　　附录图 4 - 9　三相对称负载相量图

附录 5　电阻的测量

电阻的测量在电工测量中占有十分重要的地位。工程中所测量的电阻值,一般在 $1\ \mu\Omega$ ($1\times10^{-6}\ \Omega$)~$1\ T\Omega$($1\times10^{12}\ \Omega$)的范围内,为了选用适合的测量电阻的方法,减小测量误差,通常可将电阻按其阻值大小分成三类:$1\ \Omega$ 以下以小电阻,$1\ \Omega$~$100\ k\Omega$ 为中电阻,$100\ k\Omega$ 以上为大电阻。

一、电阻测量方法的分类

测量电阻的方法较多,分类的方法也较多,常用的分类方法如下:

（一）按获取测量结果的方式分类

1．直接法

直接法即采用只读式仪表测量电阻的方法。如用万用表测量电阻或兆欧表测量电阻就属于直接法。

2．比较法

比较法即采用比较式仪表测量电阻的方法。如用直流电桥测量电阻就属于比较法。

3．间接法

间接法即采用间接获取测量电阻值的方法。如用伏安法间接获取被测电阻的阻值。

（二）按所使用测量仪表分类

如万用表法、伏安、兆欧表法、电桥法等,常用的电阻测量方法及优缺点如附录表 5 - 1 所列。

附录表 5 - 1　电阻测量方法比较表

测量方法	测量范围	测量优点	测量缺点
万用表法	中电阻	直接读数使用方便	测量误差较大
伏安法	中电阻	测量工作状态下的电阻	测量误差较大,需要计算
兆欧表法	大电阻	直接读数使用方便	测量误差较大
单臂电桥法	中电阻	准确度高	操作麻烦
双臂电桥法	小电阻	准确度高	操作麻烦
接地摇表法	接地电阻	准确度较高,测接地电阻	操作麻烦

二、用万用表测电阻的方法

万用表又称为繁用表或多用表,它具有多种用途、多种量程,携带方便等一系列优点,因此在电气测量、调试、维修工作中被广泛应用。万用表由整流磁电系测量机构(即表头),测量线路和转换开关组成,一般万用表可测量直流电流、直流电压、交流电压、直流电阻、音频电平等电量。有的万用表还可测量交流电流、电容、电感以及晶体管 β 值等,500 型万用表总电路图如附录图 5-1 所示,读者可分析其他电量测量线路工作原理。这里只介绍 500 型用万用表测量电阻的原理及方法。

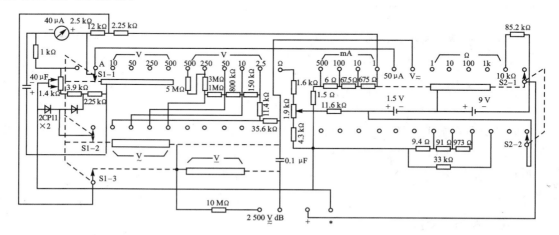

附录图 5-1　500 型万用表测量线路总电路图

(一) 万用表欧姆挡基本原理

欧姆表测量电阻的基本原理,如附录图 5-2 所示。

由全电路欧姆定律可知:

$$I = \frac{E}{R_{\mathrm{X}} + \left(R_1 + \frac{R_0 R_{\mathrm{C}}}{R_0 + R_{\mathrm{C}}} + r \right)}, \quad R_{\mathrm{Z}} = R_1 + \frac{R_0 R_{\mathrm{C}}}{R_0 + R_{\mathrm{C}}} + r, \quad I = \frac{E}{R_{\mathrm{X}} + R_{\mathrm{Z}}}$$

(附录 5-1)

式中,R_0 为欧姆调零电阻;r 为电池内阻;R_1 为限流电阻;R_{C} 为测量机构内阻;R_{X} 为被测电阻;R_{Z} 为欧姆表总内阻。

式(附录 5-1)说明,若欧姆表总内阻 R_{Z} 和电池 E 保持不变,则测量电路中的电流 I 将随被测电阻的大小变化而变化,且 I 与 R_{X} 成反比关系。

(二) 欧姆表零欧姆调整与中心电阻

(1) 由附录图 5-2 可知:

$$I = \frac{E}{R_{\mathrm{Z}}} = I_{\mathrm{m}}$$

$R_{\mathrm{X}} = 0$ 时,即"+"、"-"极短接,调整 R_0 的阻值,使指针指在满刻度位置,规定此位置为"零欧姆"位置,测量电阻时,每个挡位下都应进行调零,然后再去测量。

(2) 当 $R_{\mathrm{X}} = R_{\mathrm{Z}}$ 时,$I = \dfrac{E}{2R_{\mathrm{Z}}} = \dfrac{1}{2} I_{\mathrm{m}}$

$$R_\mathrm{X} = 2R_\mathrm{Z}, \quad I = \frac{E}{3R_\mathrm{Z}} = \frac{1}{3}I_\mathrm{m}$$

$$R_\mathrm{X} = \infty, \quad I = 0$$

由于仪表指针的偏转角与电流 I 成正比,而电流 I 与 R_X 成反比。因此,仪表指针的偏转角就能够反映被测电阻 R_X 的大小。由以上分析可知,欧姆表的标度尺是不均匀的,前密后疏,并且是反向刻度,如附录图 5-3 所示。

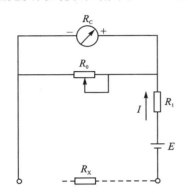

附录图 5-2　欧姆表测量电阻原理图

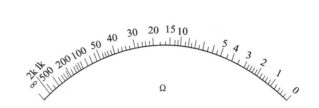

附录图 5-3　欧姆表的标度

（3）$R_\mathrm{X} = R_\mathrm{Z}$ 时,$I = \frac{1}{2}I_\mathrm{m}$,欧姆表的指针将指在仪表标度尺（表盘）的中心位置,所以 R_Z 又称欧姆表的中心阻值,因为欧姆表中心阻值正好等于该挡位欧姆表的总内阻值 R_Z,欧姆表量程的扩大设计都是以标度尺中心阻值为标准,然后再求出其他位置的电阻刻度值。

理论上讲,欧姆表可以测量 $0 \sim \infty$ 任意阻值的电阻,实际上由于测量电流与被测电阻成反比关系,呈非线性,刻度不均匀,所以它的有效测量范围选在 0.1~10 倍欧姆中心值的刻度范围内,超出刻度范围,测量将引起很大的误差。所以使用欧姆表,当指针指在中心位置时,测出的误差最小。越偏离中心位置,测出的误差越大。

（三）欧姆表量程的扩大

为了使欧姆表能在较大范围内对被测电阻进行较准确的测量,万用表欧姆挡都做成多量程的。同时为了能共用一条标度尺,以便读数,一般都以 $R \times 1$ 挡为基础,按 10 的倍数来扩大量程。这样,各量程的欧姆中心值就应是十的倍数。例如,在 500 型万用表中,$R \times 1$ 挡的欧姆中心阻值为 16.5 Ω,那么,$R \times 10$ 挡的欧姆中心阻值为 165 Ω,$R \times 100$ 挡为 1 650 Ω 等。

由于欧姆表量程的扩大,实际上是通过改变欧姆中心阻值来实现的,所以,随着量程的扩大,欧姆表的总内阻和被测电阻都将增加,这必然引起流过测量机构的电流减小。因此,在扩大欧姆量程的同时,还必须设法增加测量机构的电流。通常可采取以下两种措施。

（1）保持电池电压不变,改变分流电阻值,来扩大量程。如附录图 5-4 所示,即低阻挡（$R \times 1$）用小的分流电阻、高阻挡（$R \times 1\mathrm{k}$）用大的分流电阻,虽然在高阻挡时的总电流减小了,但保障了通过测量机构的电流仍可保持不变。图中各挡的总内阻应等于该挡的欧姆中心阻值。一般万用表 $R \times 1 \sim R \times 1\mathrm{k}$ 挡都采用这种方法扩大量程。

（2）提高电池电压,来扩大量程,如附录图 5-5 所示。当被测电阻和欧姆表总内阻增大后,仍保障其通过测量机构的电流仍可保持不变,通常万用表中 $R \times 10\mathrm{k}$ 挡就是采用这种方法来扩大量程的,图中 R_2 是限流电阻,也是该挡欧姆表总内阻的一部分。另外,为了减小体积,不用 1.5 V 干电池串联增高电压,通常采用叠层电池。常用的叠层电池的额定电压为 6 V、9 V、15 V 和 22.5 V 等。

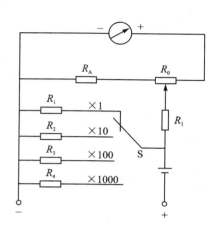

附录图 5-4　分流法扩大欧姆表量程

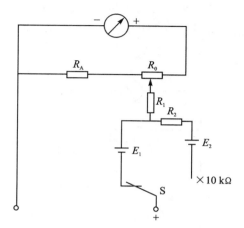

附录图 5-5　提高电池电压扩大欧姆表量程

(3) 500 型万用表欧姆挡测量电路。当转换开关置于电阻挡时,其电路组成如附录图 5-6 所示。由图中可以看出,电阻 4.3 kΩ、1.6 kΩ 和可调电阻 1.9 kΩ 共同组成分压式欧姆调零电路,1.9 kΩ 可调电阻就是欧姆调零电阻。一般情况下,只要表内电池不低于 1.3 V,当 $R_x=0$ 时,调节欧姆调零旋钮总能使指针指在欧姆标度尺"0"的位置上($R \times 10k$ 挡除外)。

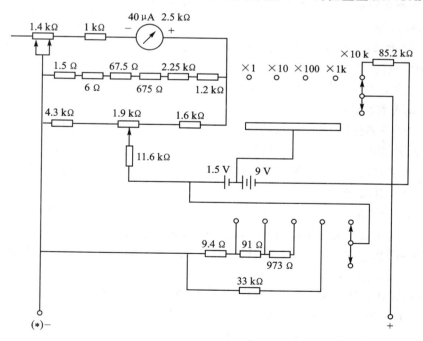

附录图 5-6　500 型万用表电阻测量电路

500 型万用表的电阻挡共有五挡倍率。$R×1$～$R×10k$ 各挡的欧姆中心值分别为 16.5 Ω、165 Ω、1.65 kΩ、16.5 kΩ 和 165 kΩ,如 $R×1$ 挡,所用分流电阻为 9.4 Ω,加上电池内阻,再考虑与其他电路并联,则该挡总内阻为 16.5 Ω。

在 $R×1$～$R×1k$ 各电阻挡,电池电压约为 1.5 V,采用改变分流电阻的方法扩大量程。在 $R×10k$ 挡,电池电压为 1.5 V＋9 V＝10.5 V,同时去掉了分流电阻,再串联一只限流电阻,使其欧姆中心值达到 165 kΩ。

其他测量电阻的方法,因篇幅有限,在这里不再介绍。人们在使用时,可参照仪表说明书的介绍,进行测量。

三、兆欧表和接地摇表

(一) 兆欧表

1. 兆欧表的结构

兆欧表又称摇表、绝缘电阻测定仪,是一种测量电气设备及电阻的绝缘电阻的仪表。兆欧表主要由三个部分组成:手摇直流发电机(有的用交流发电机加整流器)、磁电式流比计及接线柱(L、E、G)。

2. 兆欧表的使用方法与操作步骤

使用前的准备工作:

(1) 检查兆欧表是否正常工作。

将兆欧表水平放置,空摇兆欧表,指针应该指到∞处,再慢慢摇动手柄,使 L 和 E 两接线柱输出线瞬时短接,指针应迅速指零。注意在摇动手柄时不得让 L 和 E 短接时间过长,否则将损坏兆欧表。

(2) 检查被测电器和电路,看是否已全部切断电源。绝对不允许设备和线路带电时用兆欧表去测量。

(3) 测量前应对设备和线路先行放电,以免设备和线路的电容放电危及人身安全和损坏兆欧表,这样还可以减少测量误差,同时注意将被测试点擦拭干净。

正确使用:

(1) 兆欧表必须水平放置于平稳牢固的地方,以免在摇动时因抖动和倾斜产生测量误差。

(2) 接线必须正确无误,兆欧表有三个接线柱,"E"(接地)、"L"(线路)和"G"(保护环或称屏蔽端子)。保护环的作用是消除表壳表面"L"与"E"接线柱间的漏电和被测绝缘物表面漏电的影响。在测量电气设备的对地绝缘电阻时,"L"用单根导线接设备和待测部位,"E"用单根导线接设备外壳;如测量电气设备内两绕组之间的绝缘电阻时,将"L"和"E"分别接两绕组的接线端;当测量电缆的绝缘电阻时,为消除因表面漏电产生的误差,"L"接线芯,"E"接外壳,"G"接线芯与外壳之间的绝缘层。其中"L"、"E"、"G"与被测物的连接必须用单根接,绝缘良好,不得绞合,表面不得与被测物体接触。

(3) 摇动手柄的转速要均匀,一般规定为 120 r/min,允许有±20％的变化,最多不应超过 25％。通常都要摇动 1 min 后,待指针稳定下来再读数。如被测电路中有电容时,先持续摇动一段时间,让兆欧表对电容充电,指针稳定后再读数,测完后先拆去接线,再停止摇动。若测量中发现指针指零,应立即停止摇动手柄。

(4) 兆欧表使用后应把 L、E 两端子短接。

(5) 测量完毕,应对摇表和被测设备进行放电处理。

(6) 禁止在雷电时或附近有高压导体的设备上测量绝缘。只有在设备不带电又不可能受其他电源感应而带电的情况下才可测量。

(7) 兆欧表应定期校验。校验方法是直接测量有确定值的标准电阻,检查其测量误差是否在允许范围以内。

(二) 接地电阻测定仪

接地电阻测定仪又称接地摇表,主要用于测量电气系统、避雷系统等接地装置的接地电阻和土壤电阻率。它也是一种携带式指示仪表,规格有多种,用法也不尽相同,但工作原理却基本一样。本节将以 ZC–8 型接地电阻测定仪为例介绍它的基本结构及使用方法。

1. 基本结构

ZC–8 型接地电阻测定仪由高灵敏度的检流计 G、交流发电机 M、电流互感器 TA 及调节电位器 R_P、测量用接地极 E、电压辅助电极 P 和电流辅助电极 C 等组成,被测接地电阻 R_X 接于 E 和 P 之间。

2. 使用方法与步骤

(1) 将被测接地装置的接地体接仪表的 P2、C2(或 E)接线柱,电压探针接 P1 接线柱,电流探针接 C1 接线柱。两个探针之间及接地极均应保持 20 m 以上的距离。

(2) 将仪表置于水平位置,对指针机械调零,使其指在标度尺红线上。

(3) 将量程(倍率)选择开关 S 置于最大量程位置,缓慢摇动发电机摇柄,同时调整"测量标度盘",即可调节电位器 RP 的阻值,使检流计指针始终指在红线上,这表明仪表内部电路工作在平衡状态。当指针接近红线时,加快发电机摇柄转速,使其达到额定转速(120 r/min),再次调节"测量标度盘",使指针稳定在红线上,这时用"测量标度盘"的读数(R_p)乘以倍率标度,即得所测接地电阻值。

(4) 测量中若发现"测量标度盘"读数小于 1,应将量程选择开关 S 置于较小的一挡,重新测量。

3. 用 ZC—8 型接地电阻测定仪测量导体电阻

(1) 将 P1、C1 接线柱用导线短接,再将被测电阻接于 E(或 P2、C2 短接的公共点)与 P1 之间,其余测量方法和步骤与测量接地电阻相同。

(2) 用 ZC—8 型接地电阻测定仪可测土壤电阻率,因电工上用得不多,这里不作介绍。

4. 使用注意事项

测接地装置的接地电阻,必须先将接地线路与被保护的设备断开,方能测得较准确的接地电阻值。

若仪表中检流计灵敏度不够,可沿电压探针 P1 和电流探针 C1 的接地处注水,以减小两探针接地电阻。如果检流计灵敏度过高,则可减小电压探针插入土中的深度。

随着电子技术的发展、数字电路的应用、计算机相关知识的开发,新一代的仪表仪器(如数字式仪表等)的出现,给测量技术开辟了更宽更广的途径,但新一代仪表仪器的出现,并没有把传统的仪表仪器完全淘汰,而是各自发挥自身的特点,使用在不同的场合,以满足不同的需要。所以,对从事电气技术的工作人员,掌握各种仪表的原理和使用技术是十分必要的。

四、直流电桥

直流电桥是一个比较式仪表,它用于电阻的精确测量。

（一）直流单臂电桥

直流单臂电桥又称惠斯登电桥,属于较精确测量 $1\sim10^6\,\Omega$ 电阻的常用仪表,常用于测量各种电机、变压器及各种电器的直流电阻。

（二）直流双臂电桥

直流双臂电桥又称凯文电桥,它是用来精密测量 $1\,\Omega$ 以下的导线、分流器、电机、变压器、线圈、低阻值电阻的常用仪器。

当测量 $1\,\Omega$ 以下电阻时,由于直流单臂电桥的连接导线电阻和接触电阻的影响,将造成很大的测量误差,直流双臂电桥可消除误差,测量小电阻更精确。

（三）直流电桥的使用

直流电桥是将被测电阻与电桥上的标准电阻进行比对得出精确阻值。具体的电桥结构与使用说明请阅读仪表说明书,从而进行有效操作。由于篇幅限制,这里不多叙述。

附录6　电度表的使用

电度表是一个感应式仪表,根据交流磁场对涡流的作用制成的。它用来测量单相、三相交流电路所消耗的电能,称为电度表或瓦时计。

一、单相电度表

单相电度表的型号很多,结构大致相同。

（一）单相电度表的基本结构

单相电度表的基本结构参见附录图 6-1 及附录图 6-2。

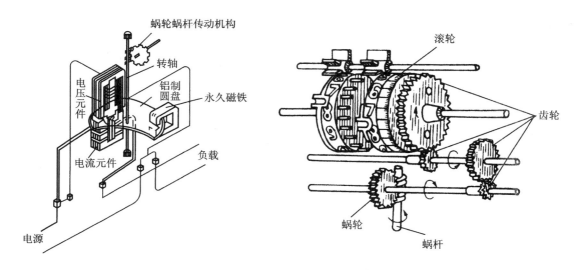

附录图 6-1　感应系电度表的结构示意图　　　　附录图 6-2　计度器结构示意图

1. 驱动元件

电流元件和电压元件组成单相电度表的一组驱动元件。

（1）电流元件是由导线截面粗、匝数少的电流线圈及硅钢片叠成的铁芯构成,电流线圈与负载串联。

（2）电压元件是由导线截面细、匝数多的电压线圈及硅钢片叠成的铁芯构成，电压线圈与负载并联

2．转动元件

铝盘和铝盘转轴构成单相电度表的转动元件，转轴安装在上下轴承中。电度表工作时，铝盘产生的涡流和驱动元件的交变磁场相互作用产生转动力矩，驱动铝盘转动，磁场越强，涡流越大，产生的转动力矩越大。

3．制动元件

永久磁铁和铝盘构成电磁感应式制动元件，用它在铝盘转动时产生反方向力矩，使铝盘转速与负载的大小成正比，便可用铝盘的转数来反映电能的大小。

4．计度器

与转轴装成一体的蜗杆、蜗轮、齿轮和滚轮构成单相电度表的计度器。铝盘转动时，通过蜗杆、蜗轮及齿轮等传动机构带动滚轮组转动。5 个滚轮侧面刻有 0～9 的数码，滚轮与滚轮之间按十进制数进位。通过滚轮上的数字来反映铝盘的转数，从而达到累计电能的目的，并可以从计度器窗口直接显示所测电能的千瓦时数（即多少度电）。

（二）单相电度表的接线方法

在单相交流电路中，电度表的电流线圈与负载串联，电压线圈与负载并联，附录图 6-3 为单相电度表的原理接线图。单相电度表有专门的接线盒，线盒内设有 4 个端子。

电压和电流线圈的接线在出厂时已在线盒中连好，配线时跳入式 1、3 接电源，2、4 接负载；顺入式 1、2 接电源，3、4 接负载，如附录图 6-4 与附录图 6-5 所示。

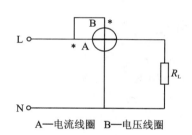

A—电流线圈　B—电压线圈

附录图 6-3　单相电度表的原理接线图

在低压小电流的单相电路中，电度表可以直接接在线路上，若负载电流很大或电压很高，则应通过电流、电压互感器才可接入电路。接线时应按照电流互感器的一次侧与负载串联，二次侧与电度表的电流线圈串联，电压互感器的一次侧与负载并联，二次侧与电度表的电压线圈并联的原则接线。

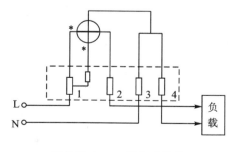

附录图 6-4　跳入式接线

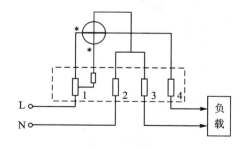

附录图 6-5　顺入式接线

（三）单相电度表的使用

在使用单相电度表时，要熟悉各类电度表的技术性能，以便减少不必要的损失。

1. 主要技术特性

（1）准确度

准确度是指电度表的基本误差。标准规定准确度应分为 1.0 级和 2.0 级两种。

（2）灵敏度

灵敏度即电度表在额定电压、额定频率及 $\cos \varphi = 1$ 的条件下，负载电流从零增加至铝盘开始转动时最小电流与额定电流的百分比。标准规定负载电流应小于额定电流的 0.5％。

（3）潜　动

潜动指电度表无载自转。按规定当负载电流为零、电压为电度表额定电压的 80％～110％时，铝盘的潜动不应超过一转。

2. 读数方法

对于单相电度表，被测电能均可从电表中直接读数。当电度表上标有"10×千瓦时"或"100×千瓦时"字样时，应将表的读数乘 10 或 100 倍才是被测电能值。

二、三相电度表

（一）三相电度表简介

三相电度表的型号较多，结构大致相同。三相电度表的结构、工作原理和单相电度表基本相同。三相电度表是根据两表法（二元）或三表法（三元）原理，将两只或三只单相电度表的测量机构合成一体，构成一个测量三相电能的电度表。

（二）三相电度表的分类

1. 三相三线（二元）电度表

（1）元器件组成

① 两组驱动元件（二组电压、电流线圈和铁芯）；

② 两个转动元件（上、下两个铝盘）；

③ 两组制动磁铁（两个铝盘各有制动磁铁）；

④ 一只总计度器（五位十进位计度器）。

（2）工作过程

它主要用于测量三相三线对称的动力负载，电压线圈承受的是线电压，电流线圈流过的是线电流。将三相对称负载接入三相三线（二元）电度表上，作用在转轴上的总转矩为两组驱动元件产生的转矩之和，从而反映三相负载消耗的电能。

2. 三相四线（三元）电度表

（1）元器件组成

① 三组驱动元件（三相电压、电流线圈和铁芯）；

② 三个转动元件（上、中、下三个铝盘，有的电度表是两个铝盘）；

③ 三组制动磁铁（三个铝盘各有制动磁铁，有的电度表用两个磁铁）；

④ 一个总计度器（五位十进位计度器）。

（2）工作过程

它主要用于测量三相四线不对称负载，电压线圈承受的是相电压，电流线圈流过的是线电流。将三相不对称负载接入三相四线（三元）电度表上。作用于转轴上的总转矩为三组驱动元件产生的转矩之和，从而反映三相四线不对称负载所消耗的电能。

(三) 三相电度表的接线方法

1. 三相三线(二元)电度表接线

(1) 若负载电流未超过电度表电流量程,可直接接入,如附录图6-6所示。

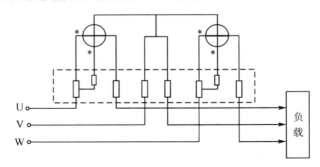

附录图 6-6　三相三线(二元)电度表的接线图

(2) 若负载电流超过电度表电流量程,则要配电流互感器接入,如附录图6-7所示。

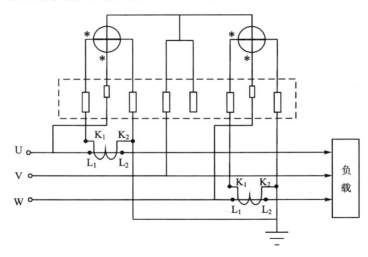

附录图 6-7　三相三线(二元)电度表配以电流互感器的接线图

2. 三相四线(三元)电度表接线

(1) 若负载电流未超过电度表的电流量程,可直接接入,如附录图6-8所示。

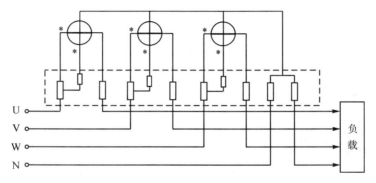

附录图 6-8　三相四线(三元)电度表的接线图

（2）若负载电流超过电度表的电流量程,则要配电流互感器接入,如附录图6-9所示。

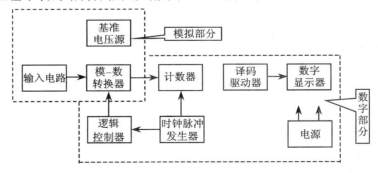

附录图6-9　三相四线(三元)电度表配以电流互感器的接线图

（四）三相电度表的读数

（1）对于直接接入电路的电度表以及与所标明的互感器配套使用的电度表,被测电能均可从仪表中直接读取。当电度表上标有"10×千瓦时"或"100×千瓦时"字样时,应将表的读数乘10或100倍才是被测电能值。

（2）配套使用的互感器变比和电度表标明的不同时,必须将电度表读数进行换算才能表示被测电能。例如,电度表上标注互感器变比为10000 V/100 V、100 A/5 A,而实际使用的互感器变比为10000 V/100 V、50 A/5 A,则被测电能实际值应通过电度表读数除以2得到。

附录7　数字式仪表基础

一、数字式电压基本表的组成

数字式电压基本表的结构方框图如附录图7-1所示。

附录图7-1　数字式电压基本表的结构方框图

模拟部分:输入电路、A/D 转换电路、基准电压源。

数字部分:电源、逻辑控制器、计数器、译码驱动器、数字显示器、时钟脉冲发生器。

二、CC7106 型 A/D 转换器简介

为了对模拟量(如电压)进行数字化测量,必须将被测的模拟量转换成数字量,我们把完成这种转换的装置称为模−数转换器,即 A/D 转换器。A/D 转换器是数字式电压基本表的核心。

TEST——测试端:该端经内部 500 Ω 电阻接至数字电路的公共端,故也称为"数字地"或"逻辑地"。此端可用来检查显示器有无笔端残缺现象,具体检查方法是:将该端与 V+短接后,LCD 显示器的全部笔端点亮,显示值应为"1888",否则表示显示器有故障。

CC7106 型 A/D 转换器的主要特点如下:

(1) 采用单电源供电,电压范围较宽,规定为 7~15 V。

(2) 低功耗。一节 9 V 叠层电池大约可使用半年以上。

(3) 输入阻抗高。对输入信号基本无衰减作用。

(4) 内部有异或门输入电路,能直接驱动 LCD 液晶显示器工作。

(5) 具有自动调零功能,能自动判定被测电压的极性。

(6) 整机组装方便。只要配上 5 个电阻、5 个电容和 LCD 显示器,就能组成一块数字式电压表。

三、数码显示器

数字式仪表所用的显示器一般采用发光二极管式(LED)显示器和液晶(LCD)显示器。

LED 数码显示器是用七个条状的发光二极管组成。特点是发光亮度高,但驱动电流较大(约 5~10 mA),功耗大。适用于安装式的数字式仪表。

液晶显示器的特点是工作时所需要的驱动电压低(3~10 V),工作电流小(μA 级),可以直接用 CMOS 集成电路驱动,因此被广泛应用于数字式仪表、电子表和计算器中。

液晶显示器属于无源显示器件,它本身不发光,只能反射外界光线。

液晶显示器必须用交流(频率在 30~200 Hz 的方波)电压驱动。若采用直流驱动或用直流成分较大的交流驱动,将会使液晶材料发生电解,出现气泡而变质。

四、数字式万用表的组成及基本工作原理

1. 数字式万用表直流电压测量电路

数字式万用表直流电压测量电路是利用分压电阻来扩大电压量程。如附录图 7-2 所示。

在计算分压电阻时,应遵照下列原则:

(1) 由于数字式电压基本表的输入电阻极大(约为 1 MΩ),故可认为输入端开路。

(2) 由于数字式电压基本表的最大显示值是"1999",因此,量程扩大后的满量程显示值也只能是"1999",仅仅是单位和小数点的位置不同而已。

2. 数字式直流电流表原理

数字式直流电流表是由数字式电压基本表和分流电阻并联组成的。如附录图 7-3 所示。

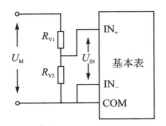

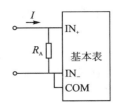

附录图 7-2　数字式直流电压表测量电路　　**附录图 7-3　数字式直流电压表原理**

由于数字式电压基本表的输入阻抗极高,可视为开路,对电流的分流作用近似等于零。所以,这里的分流电阻只起到将被测电流 I 转换为输入电压的作用。

3. 交流电压的测量

在数字式万用表中,为提高测量交流信号的灵敏度和准确度,一般采用先将被测交流电压降压后,经线性 AC(交流)/DC(直流)转换器变换成微小直流电压,再送入电压基本表中进行显示的方法。

4. 电阻测量电路

利用 A/D 转换器中的 2.8 V 基准电压源向被测电阻 R_X 和基准电阻 R_0 提供测试电流,U_X 作为输入电压,则

$$\frac{U_X}{U_0} = \frac{IR_X}{IR_0} = \frac{R_X}{R_0}$$

当 $R_X = R_0$ 时,显示值为"1000",当 $R_X = 2R_0$ 时满量程。

$$通常显示值 = \frac{U_X}{U_0} \times 1\,000 = \frac{R_X}{R_0} \times 1\,000$$

以 200 Ω 挡为例,取 $R_0 = 100$ Ω,并代入上式,显示值 $= 10R_X$,只要将小数点定在十位,即可直接读取测量结果。

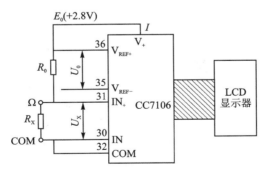

附录图 7-4　比例法测电阻的原理

5. 使用数字式万用表的注意事项

(1) 使用数字式万用表之前,应仔细阅读使用说明书,熟悉面板结构及各旋钮、插孔的作用,以免使用中发生差错。

(2) 测量前,应校对量程开关位置及两表笔所插的插孔,无误后再进行测量。

(3) 测量前若无法估计被测量大小,应先用最高量程挡测量,再视测量结果选择合适的量程挡。

（4）严禁测量高压或大电流时拨动量程开关，以防止产生电弧，烧毁开关触点。

（5）由于数字式万用表的频率特性较差，故只能测量 $45\sim500$ Hz 范围内的正弦波电量的有效值。

（6）严禁在被测电路带电的情况下测量电阻，以免损坏仪表。

（7）若将电源开关拨至"ON"位置，液晶显示器无显示，应检查电池是否失效，或熔丝管是否烧断。若显示欠电压信号"←"，需更换新电池。

（8）为延长电池使用寿命，每次使用完毕应将电源开关拨至"OFF"位置。长期不用的仪表要取出电池，防止因电池内电解液漏出而腐蚀表内元器件。

附录习题

附-1　指示类仪表如何进行分类？

附-2　误差的表达方式有几种？各表示什么含义？

附-3　仪表为什么要设置阻尼装置？有几种阻尼方式？各自的工作原理如何？

附-4　试叙述磁电系测量机构的工作原理。

附-5　试叙述电磁系测量机构的工作原理。

附-6　试叙述电动系测量机构的工作原理。

附-7　电流表和电压表有什么区别？如何在测量电路中正确使用电流表和电压表？

附-8　怎样扩大电流表和电压表的量程？互感器如何使用？

附-9　单相功率表使用什么类型的测量机构？如何接线？

附-10　一表法、二表法、三表法测三相有功功率，如何接线？

附-11　如何用一表法测三相无功功率，怎样接线？

附-12　电阻的测量中，如何按所用测量仪表分类？

附-13　万用表可以测量哪一些电量？

附-14　万用表欧姆挡的表头刻度为什么为非线性、反向刻度？

附-15　万用表欧姆挡如何进行"调零"？

附-16　万用表欧姆挡的中心电阻指什么？为减小测量误差，如何选择欧姆挡量程？

附-17　兆欧表用于测量什么电阻？如何使用？

附-18　接地电阻如何使用？兆欧表、接地摇表使用时手柄摇动转速应为多少转/min？

附-19　直流电桥用于测量什么电阻？它属于哪一类仪表？

附-20　单相、三相电度表结构上包括哪几部分？如何接线？简述其工作原理。

参 考 文 献

[1] 杨荣昌. 电工基础[M]. 北京:中国农业出版社,2004.

[2] 陈菊红. 电工基础[M]. 北京:机械工业出版社,2002.

[3] 薛涛. 电工基础[M]. 北京:高等教育出版社,2002.

[4] 邱关源. 电路[M]. 北京:高等教育出版社,1999.

[5] 王运哲. 电工基础[M]. 北京:高等教育出版社,1994.

[6] 沈裕钟. 电工学[M]. 北京:高等教育出版社,1982.

[7] 李翰荪. 电路分析基础[M]. 北京:高等教育出版社,1993.

[8] 申凤琴. 电工电子技术及应用[M]. 北京:机械工业出版社,2004.

[9] 杨达等. 电工仪表与测量[M]. 北京. 电子工业出版社,1998.

[10] 孙达夫. 维修电工技术[M]. 北京:高等教育出版社,2007.

[11] 周绍敏. 电工基础[M]. 北京:高等教育出版社,2004.

[12] 吴任宏,高艳萍. 电路[M]. 大连:大连理工大学出版社,2012.

习题及测试题简答

第 1 章

习题参考答案

1-4 2.5 mm², 1.69 Ω

1-5 b 点

1-6 选 C 为参考点，−5 V，3 V，−8 V；选 B 为参考点，−8 V，0 V，−3 V，−5 V，3 V，−8 V

1-7 −8 W，16 W，−4 W，3 W，−7 W

1-9 (a)−18 V;(b) 1.5 A

1-10 15 Ω，30 V

1-12 100 W，1 000 W，−1 100 W，110 V

1-13 (a) 0 A，1 A，−10 V;(b) 0A，0 V

1-14 (1) 40 W 灯泡电阻大；(2) 并联时，100 W 灯较亮；串联时，40 W 灯较亮

1-15 (a) 2 V;(b) 6 V

1-16 以 B 点为参考点，60 V，140 V，90 V，−80 V，−30 V，50 V；
　　　以 C 点为参考点，−80 V，0 V，−50 V，−80 V，−30 V，50 V

1-18 −1 V

1-19 电流表读数 1 A，电流方向向左

1-20 5 V，17 V，65 V，43 V

测试题参考答案

1-1 (1) 图形符号, 字母符号;(2) 非激励;(3) 参考点;(4) 关联;(5) 电流, 电压

1-2 (1) ×;(2) √ ;(3) × ;(4) ×;(5) √

1-3 (1) A;(2) B;(3) B;(4) C;(5) C

1-5 (1) 17 V;(2) 1 A，0 A，−3 A，0 A;(3) 3 A

第 2 章
习题参考答案

2-1 (a) 3 Ω;(b) 2 Ω;(c) 4.5 Ω

2-2 −1 A

2-4 −1 A

2-7 3.5 A，4.5 A，0.5 A，1.5 A

2-8 4 A，1 A，3 A

2-10 −2.5 A，7.5 V

2-11 2 A

2-12 (a) 5 V，2/3 Ω;(b) 20 V，6 Ω;(c) 12 V，11/4 Ω

2-13 1 A

2-14 4 V

2-15 (a) 7.5 A，2/3 Ω;(b) 10/3 A，6 Ω;(c) 30/11 A，11/4 Ω

2-16 2 Ω，12.5 W

2-18 36 V

2-19 0.5 A

测试题参考答案

2-1 (1) 3:2;(2) 480 kΩ;(3) 理想电压源;(4) 6 S;(5) $n-1$, $b-(n-1)$

2-2 (1) A;(2) B;(3) A;(4) C;(5) A ;(6) B;(7) A ;(8) A ;(9) B;(10) A

2-4 (1) 12.5 Ω，50 Ω，62.5 Ω;(2) −6 V;(3) 1.25 A

第 3 章
习题参考答案

3-6 $U_1 >$ 200 V，超过 C_1 耐压值，所以电路不能正常工作

3-7 0.01 A

3-8 开关 S 闭合时，9 μF；开关 S 打开时，8 μF

3 - 9　当 C_1、C_2 串联时,3 μF,200 V;当 C_1、C_2 并联时,16 μF,150 V

3 - 10　1 000 cos(5 000t) V

3 - 11　1 H,50 J

3 - 12　1 400 V,19.8 J

3 - 13　2t A,2 V

测试题参考答案

3 - 1　(1) √;(2) ×;(3) √;(4) √;(5) ×;(6) ×;(7) ×;(8) ×;(9) √;(10) ×

3 - 2　(1) B;(2) B;(3) A;(4) C;(5) A;(6) A;(7) C;(8) B;(9) C;(10) C

3 - 3　(1) 8×10^{-9} F,3.2×10^{-7} C;(2) 增大,减小,增大;(3) 欧姆,×100,×1K,无漏电,已击穿(短路);
　　　(4) 1:2;(5) 96 V,64 V,12 μF;(6) <,>;(7) 100 μA,0 A;(8) 储能,耗能;(9) 电流变化,电磁感应,
　　　自感磁链,电流;(10) 非线性,变化;(11) 形状,几何尺寸,媒质,无关

3 - 4　(1)当 C_1、C_2 串联时,200 V,当 C_1、C_2 并联时,150 V;(2) 1.6×10^{-6} J

第 4 章
习题参考答案

4 - 1　(1) 100 V,$50\sqrt{2}$ V,0.02 s,50 Hz,314 rad/s,30°;(2) 50 V;(3) -50 V

4 - 2　(1) $i=2\sqrt{2}\sin(314t+30°)$ A ,$u=36\sqrt{2}\sin(314t-45°)$ V ;(2) i 超前 $u75°$

4 - 3　$u_2=311\sin(314t-120°)$ V

4 - 4　220 V,10 A

4 - 5　(1) $\dot{U}_1=220\underline{/0°}$ V;(2) $\dot{U}_2=10\underline{/30°}$ V;(3) $\dot{I}_1=5\underline{//-60°}$ A ;(4) $\dot{I}_2=2\underline{/120°}$ A

4 - 6　(1) $u_1=220\sqrt{2}\sin(314t+50°)$ V;(2) $u_2=380\sqrt{2}\sin(314t+120°)$ V ;
　　　(3) $i_1=5\sqrt{2}\sin(314t+90°)$ A ;(4) $i_2=5\sqrt{2}\sin(314t+53.1°)$ A

4 - 7　(1) $440\sin(\omega t+15°)$V;(2)$440\sin(\omega t-75°)$V

4 - 8　同相,反相,正交

4 - 9　(1) 50 V,$25\sqrt{2}$ V,$u=50\sin(\omega t+30°)$ V;(2) 125 W

4 - 10　48.4 Ω,4.55 A

4 - 11　0 Ω,∞,1.89 Ω,5.29 A,189 Ω,0.052 9 A

4 - 12　0.14 H

4 - 13　1 000 Ω,$u_C=10\sqrt{2}\sin\left(100t-\dfrac{\pi}{6}\right)$ V,0 W,10 var

4 - 14　(1) ∞,0 A;(2) 1 592 Ω,0.138 A;(3) 159.2 Ω,1.38 A

4 - 15　29 μF

4 - 16　(a) 0 A;(b) 11.3 A;(c) 8 A

4 - 17　(a) 141.4 V;(b) 100 V

4 - 18　(1)×;(2) ×;(3) √;(4) ×

4 - 19　20 Ω,1.19 mH

4 - 20　5.2 kΩ,0.052 μF

4 - 21　$1\underline{/-15°}$ A,$15\underline{/-15°}$ V,$20\underline{/75°}$ V,$5\underline{/-105°}$ V,感性

4 - 22　(1) √,(2) ×,(3) √,(4) ×

4 - 23　18.3 Ω,0.113H

4 - 24　$267.88\underline{/21.92°}$ Ω,$25.52\underline{/-60.41°}$ A,$23.47\underline{/108.92°}$ A

4 - 25　(10+j17.3)Ω, (0.025-j0.043)S

4 - 26　(1) 80 V,60 V;(2) 80 V,60 V

4 - 27　1.97 A,51 μF

4 - 28　5 A,39 Ω,19.5 Ω,19.5 Ω

4 - 29　0.5,69 var

4 - 30　(1) 44 A;(2)132 V,176 V,5 808 W,7 744 var,9 680 V·A,0.6,12.7 mH

4 - 31　4 800 W,1 385 var,4 995 V·A,0.96

4 - 32　(1)0.5;(2)0.845

4 - 33　(1) 50 个;(2)100 个

4-34　(1) 200 kHz,0.5 A,2 500 V,100;(2) 0.025 A,112.5 V

4-35　0.3 mH,25.87 pF

4-36　5 V,0.052 mV

测试题参考答案

4-1　(1) 50 Hz,0.02 s,314 rad/s,220 V,311 V;(2) 最大值,角频率,初相位;(3) 1 A,0.707 A,50 Hz,

0.02 s,$-\dfrac{\pi}{4}$;(4) $u=220\sqrt{2}\sin(314t+60°)$V,$i=10\sqrt{2}\sin(314t-30°)$A,90°;(5) 初相位,负值,正值,

0°;(6) 有效值,初相角,正弦量,正弦量;(7) 2t,$10\sqrt{6}$ V;(8) 感抗,188.4 Ω,0 Ω,短路;(9) 容抗,1 590 Ω,

31.8 MΩ,无穷大,断路;(10) 14 520 J,$i_C=22\sin(100\pi t+150°)$ kA,$i_L=2.2\sin(100\pi t-30°)$ A;

(11) 有功功率,瓦,电阻,无功功率,乏,电感,电容,视在功率,伏安,电源;(12) 60°,0.5,50 W,

$50\sqrt{3}$ var,100 V·A;(13) 1,0,0,提高,减小,不变,减小;(14) 50 Ω,电容性,750 W,0,0,1 000 var,0,

2 000 var;(15) 复阻抗,阻抗,电压与电流

4-2　(1) ×;(2) ×;(3) ×;(4) √;(5) √;(6) √;(7) √;(8) ×;(9) ×;(10) √;(11) √;(12) ×;

(13) √;(14) ×

4-3　(1) C;(2) B;(3) C;(4) A;(5) B;(6) D;(7) A;(8) B;(9) C;(10) A;(11) D;(12) C;(13) A;

(14) D;(15) D

4-4　(1) $u_1=12\sqrt{2}\sin 314t$ V,$u_2=6\sqrt{2}\sin\left(314t-\dfrac{\pi}{2}\right)$ V;(2) 0.07 A,1A,烧毁线圈;(3) ② 0.37 A;③ 111

V,192 V;④ 41 W,0.5;⑤ 3.1 μF;(4) 1.6×10⁸ W,0.625×10⁸ W,

2.34×10⁶ kW·h;(5) 5 Ω,110 mH;(6) ① 1.8 μH;② 21.2 kΩ;③ 212 V;④ 740 kHz

第5章
习题参考答案

5-8　$U\underline{/-60°}$ V,$U\underline{/0°}$ V

5-9　14.43 A

5-10　$22\underline{/-53.1°}$ A,$22\underline{/-173.1°}$ A,$22\underline{/66.9°}$ A

5-11　$44\underline{/36.9°}$ A,$22\underline{/0°}$ A,$10\underline{/-150°}$ A,$53\underline{/23.79°}$ A

5-12　$11\sqrt{2}$ Ω,$-11\sqrt{2}$ Ω,容性

5-13　(1) $5.5\underline{/0°}$ A,$5.5\underline{/-120°}$ A,$22\underline{/120°}$ A,$16.5\underline{/120°}$ A;(2) $-\dot{I}_W=\dot{I}_V=7.6\underline{/-90°}$ A,$304\underline{/-90°}$ V,$76\underline{/90°}$ V

5-14　$22\underline{/0°}$A,$22\underline{/150°}$ A,$22\underline{/30°}$ A,$11.4\underline{/75°}$ A,$42.5\underline{/165°}$ A,$38.1\underline{/0°}$ A

5-15　10.5 A,18.1A;断相的负载电流为0,另两相负载电流不变,与断相相连的两端线的线电流为10.5 A,

另一端线电流18.1 A;若一端线断,与此端线相连的两相相电流为5.23 A,另一相相电流不变

10.5 A,断路端线电流为0,另两端线电流为15.7 A

5-16　$350\underline{/-8.4°}$ V,$350\underline{/-128.4°}$ V,$350\underline{/111.6°}$ V;$4.04\underline{/-38.4°}$ A,$4.04\underline{/158.4°}$ A,$4.04\underline{/81.6°}$ A

5-17　0.844,0.482

测试题参考答案

5-1　(1) 频率相同,振幅值相同,相位互差120°;(2) 定子,转子;(3) 线电压,相电压,线电压,相电压,线电

压,相电压,线电压,相电压;(4) 三相四线制,三相三线制,380 V,220 V,380/220 V;(5) 星形,三角形;

(6) 数值,120°;(7) 先后次序,正序,相序;(8) $\sqrt{3}$倍,1倍;(9) 等于,$\sqrt{3}$倍;(10) $\sqrt{3}UI\cos\varphi$,$\sqrt{3}UI\sin\varphi$,

$\sqrt{3}UI$;(11) 10.392 kV;(12) 220 V;(13) 17.32 A

5-2　(1) √;(2) √;(3) ×;(4) √;(5) ×;(6) √;(7) √;(8) √;(9) √;(10) ×

5-3　(1) A;(2) A;(3) B;(4) D;(5) C;(6) A;(7) C;(8) A;(9) A;(10) A

5-4　(1)① 5.5 A,5.5 A,2.896 kW,2.172 kvar,3.62 kV;② 5.5 A,9.53 A,2.897 kW,

2.173 kvar,3.62 kV

(2) $350\underline{/-8.4°}$ V,$350\underline{/-128.4°}$ V,$350\underline{/111.6°}$ V;Z_1 中的电流 $4.04\underline{/-38.4°}$ A,$4.04\underline{/158.4°}$ A,

$4.04\underline{/81.6°}$ A;Z_2 的相电流 $2.33\underline{/-61.5°}$ A,$2.33\underline{/-181.5°}$ A,$2.33\underline{/-58.5°}$ A

第6章
习题参考答案

6-5　自左向右1、3、6端钮为同名端

6-7　L_1+L_2-2M

6－8　A 端和 C 端或 B 端和 D 端为同名端,25 mH

6－9　0.036 H

6－10　5:1

6－11　(1) 0.67;(2) 2.24 mH;(3) 4.48 mH

6－12　当 S 断开时,1.52$\underline{/-75.96°}$ A

6－13　(1) 1 000 rad/s;(2) 2 236 rad/s

6－14　(a) $-$j1 A,$-$j1 A,0 A;(b)$-$j5 A,$-$j3 A,$-$j2 A

6－15　4$\underline{/36.8°}$ V

6－16　0.35 H

6－17　$\dfrac{1}{n_1^2}\left(R_1+\dfrac{R_2}{n_2^2}\right)$

6－18　(1) 4×10^{-6} W ;(2) 0.001 6 W

测试题参考答案

6－1　(1) 自感,互感;(2) $0\leqslant k\leqslant1$,弱耦合,强耦合;(3) 直接判定法,直流判定法,交流判定法;

　　(4) 顺串,反串,$L_S=L_1+L_2+2M$,$L_F=L_1+L_2-2M$;(5) 顺并,反并,$L_S=\dfrac{L_1L_2-M^2}{L_1+L_2-2M}$,

　　$L_F=\dfrac{L_1L_2-M^2}{L_1+L_2+2M}$;(6) 变换电压,变换电流,变换阻抗;(7) 降压变压器,升压变压器;(8) 正比,反比

6－2　(1) √;(2) √;3) √;(4) ×;(5) √;(6) ×;(7) ×;(8) ×;(9) √;(10) ×

6－4　(1) 7.27$\underline{/-42°}$ A,7.27$\underline{/-42°}$ A,0;(2) 57 匝

第 7 章
习题参考答案

7－1　(1) ×;(2) ×;(3) ×;(4) ×;(5) √;(6) ×;(7) √

7－2　$i=\dfrac{10}{\pi}\left(\dfrac{1}{2}+\dfrac{\pi}{4}\cos 314t+\dfrac{1}{3}\cos 2\times314t-\dfrac{1}{15}\cos 4\times314t\right)$A

7－3　10.42 V

7－4　$i_R(t)=(\sin100\pi t+0.05\sin 300\pi t)$A, $i_L(t)=[\sin(100\pi t-90°)+\dfrac{1}{60}\sin(300\pi t-90°)]$A,

　　$i_C(t)=[\sin(100\pi t+90°)+0.15\sin(300\pi t+90°)]$A

7－5　(100$-$j317.6) Ω,(100$-$j104) Ω,(100$-$j60.2) Ω

7－6　10 V,5$\sqrt{3}$ V

7－7　10.84 W

7－8　240 W,240 var,379 V·A

7－9　$u_R=[100+3.53\sqrt{2}\cos(2wt-175.2°)-0.17\sqrt{2}\cos(4wt-177.5°)]$ V

7－10　(1) $C=318.3$ μF,$L=31.83$ mH;(2) $-99.45°$;(3) 515.4 W

7－11　9.39 μF,75.13 μF

7－12　54.2 V,22.9 A,1 188.2 W

测试题参考答案

7－1　(1) ×;(2) √;(3) ×;(4) √;(5) √;(6) ×

7－2　(1) C;(2) A;(3) D;(4) A;(5) B;(6) C;(7) D;(8) B;(9) C、A、B;(10) C

7－3　(1) 周期性;(2) 不同频率,谐波分量,整数;(3) 50 V,120 sin ωt V,[60sin 3ωt+30 sin(5ωt+60°)+
　　…]V;(4) 15 A,1 125 W;(5) 2,22.4 V,10 V;(6) ① 对称于纵轴,② 对称于纵轴,③ 对称于原点,且
　　为奇谐波函数,④ 对称于原点;(7) 20sin($\omega t-70°$)+5sin 3ωt

7－4　(3) $\dfrac{1}{900}$ H,$\dfrac{1}{1\ 600}$ H

第 8 章
习题参考答案

8－1　2 V,1 A,1 A,0 A

8－2　$0.4e^{-2\ 500t}$ V

8－3　$2.5e^{-100t}$ A,$-22.5e^{-100t}$ V

8－4　144.3 μF

8－5　$40(1-e^{-5t})$ mV，$2(1-e^{-5t})$ mA

8－6　4.83 s

8－7　$5-3e^{-2t}$ A

8－8　$18+9e^{-15t}$ V

8－9　$12.5+27.5e^{-200t}$ V

测试题参考答案

8－1　(1) 1 V；(2) 6.93 s；(3) $u_C=12(1-e^{-t})$ V；(4) $i_L=0.4e^{-5t}$ A；(5) 零状态响应，暂态分量

8－2　(1) C；(2) B；(3) C；(4) C；(5) A

8－4　(1) $10+2e^{-5t}$ V ；(2) $0.7-0.2e^{-10t}$ A

第 9 章
习题参考答案

9－1　Y 参数 $\dfrac{1}{j\omega L}$，$-\dfrac{1}{j\omega L}$，$-\dfrac{1}{j\omega L}$，$j\omega C+\dfrac{1}{j\omega L}$

　　　Z 参数 $j\omega L+\dfrac{1}{j\omega C}$，$\dfrac{1}{j\omega C}$，$\dfrac{1}{j\omega C}$，$j\omega L+\dfrac{1}{j\omega C}$

　　　T 参数 $-\omega^2 LC+1$，$j\omega L$，$j\omega C$，1

9－2　Y 参数 $\dfrac{5}{12}$ S，$-\dfrac{1}{12}$ S，$-\dfrac{1}{4}$ S，$\dfrac{1}{4}$ S

　　　Z 参数 3 Ω，1 Ω，5 Ω，3 Ω

9－3　(a) 1，0，0，1；(b) 1，$\dfrac{1}{j\omega C}$，0，1；(c) 1，0，$\dfrac{1}{j\omega L}$，1；(d) 1，Z_2，$\dfrac{1}{Z_1}$，$\dfrac{Z_2}{Z_1}+1$；(e) 3，6 Ω，$\dfrac{5}{6}$ S，2

9－4　$j\omega L_1$，$j\omega M$，$j\omega M$，$j\omega L_2$

9－5　40 Ω，$\dfrac{1}{2}$，-1，$\dfrac{1}{20}$ S

测试题参考答案

9－1　(1) 开路阻抗参数；(2) 三；(3) $H_{12}=-H_{21}$；(4) $AD-BC=1$；(5) $\dot{I}_1$、$\dot{I}_2$

9－2　(1) C；(2) B；(3) A；(4) A

9－3　(1) Y 参数 $\dfrac{1}{R}$，$-\dfrac{1}{R}$，$-\dfrac{1}{R}$，$\dfrac{1}{R}+\dfrac{1}{j\omega L}$

　　　Z 参数 $R+j\omega L$，$j\omega L$，$j\omega L$，$j\omega L$

　　　(2) $R_1+j\omega L_1$，$j\omega M$，$j\omega M$，$R_2+j\omega L_2$

　　　(3) 1 Ω，$\dfrac{1}{4}$ Ω，2 Ω

第 10 章
习题参考答案

10－1　(a)

10－2　0.425 A

10－3　496 匝

10－4　99.9 V

10－5　0.4，72 W

测试题参考答案

10－1　(1) 磁感应强度；(2) 磁导率；(3) $4\pi\times10^{-7}$ H/m；(4) $\oint Hdl=\sum I$；(5) 硬磁材料；(6) 正比；(7) 铁损；(8) $\sum Hl=\sum NI$

10－2　(1) A；(2) A ；(3) C；(4) C

10－4　(1) 1.44×10^{-3} Wb ，(2) 9.91×10^{-3} Wb，6.245 Ω，54.64 Ω